"十四五"普通高等教育本科部委级

U0157826

食品生物化学

Shipin Shengwu Huaxue

张忠 李凤林 罗晓妙 ◎主编

中国纺织出版社有限公司

内 容 提 要

本书是根据我国高等院校食品专业的教学特点和需要，结合国内外食品生物化学发展的实际情况进行编写的。此次参加编写的人员大多是我国高等院校本学科处于教学和科研一线的教师和研究人员。在编写过程中，本书努力结合目前国内外的最新研究成果和进展，在保证科学性、先进性和实用性的基础上，尽可能地体现食品专业生物化学教材的特点，注重本专业的针对性和适用性，同时触及本学科的前沿，反映当代的发展水平，力求做到编写内容丰富、条理清晰、特色突出。

本书可作为大专院校、高等职业院校食品及相关专业的教材，也可作为食品生产企业、食品研究机构有关人员的参考用书。

图书在版编目(CIP)数据

食品生物化学 / 张忠，李凤林，罗晓妙主编. -- 北京：中国纺织出版社有限公司，2021.4

"十四五"普通高等教育本科部委级规划教材

ISBN 978 - 7 - 5180 - 7259 - 0

Ⅰ.①食… Ⅱ.①张… ②李… ③罗… Ⅲ.①食品化学—生物化学—高等学校—教材 Ⅳ.①TS201.2

中国版本图书馆 CIP 数据核字(2020)第 220420 号

责任编辑：闫 婷 潘博闻　　　　责任校对：楼旭红
责任印制：王艳丽

中国纺织出版社有限公司出版发行
地址：北京市朝阳区百子湾东里 A407 号楼　邮政编码：100124
销售电话：010—67004422　传真：010—87155801
http://www.c-textilep.com
中国纺织出版社天猫旗舰店
官方微博 http://weibo.com/2119887771
三河市宏盛印务有限公司印刷　各地新华书店经销
2021 年 4 月第 1 版第 1 次印刷
开本：787×1092　1/16　印张：17
字数：339 千字　　　定价：49.80 元

普通高等教育食品专业系列教材
编委会成员

前　言

　　食品生物化学作为食品类专业的专业基础课,是一门核心课程,是学习各门专业课程的前提与基础。食品原料保鲜,食品加工方法的改进,新型方便食品、健康食品的开发,都需要建立在食品生物化学的理论与技能基础之上。本书是为食品科学与工程、食品质量与安全、农产品加工与贮藏等相关专业学生编写的教材,也可供其他专业学生、教师和科技工作者参考。

　　本书以食品主要成分为主线,讲述了水分,矿物质,糖类,脂类,蛋白质,核酸,酶,维生素与辅酶,食品色素和着色剂,食品风味物质等食品成分的结构、性质、功能以及这些物质在食品加工贮藏过程中的变化和在人体内的代谢调节。各章内容自成体系,力求在阐明基本理论知识的基础上,尽可能反映现代食品科学的新进展。本书绪论由李凤林、张忠编写,第二章由张忠编写,第一章、第三章主要由罗晓妙、吕俊丽编写,第四章、第五章主要由史碧波、罗晓妙编写,第六章由蔡利编写,第七章由李凤林编写,第八章、第九章主要由熊建文、张媛编写,第十章由吕俊丽、刘燕编写,第十一章由郭志军编写。此外刘晓燕、李瑶佳、甘国超、杨咏洁等同志也参与了本书部分章节的编写工作。

　　教材初稿经副主编和主编审阅、修改后,最后由主编通读、审定。为了保证教材质量,我们邀请了西华大学车振明教授、四川大学何强教授和西昌学院肖诗明教授、巩发永教授对本教材进行了全面审阅,他们提出的许多宝贵意见为教材增色不少,在此,特表示衷心的感谢。

　　在编写过程中,本书参考了国内外许多作者的著作和文章,在此也表示衷心的感谢。限于编写人员的水平和经验有限,书中难免有种种缺陷甚至错误,蒙同行、专家和广大读者指正。

编　者

2019 年 8 月

目 录

绪　论

一、食品生物化学的概念和内容

食品生物化学是食品化学和生物化学融合而形成的一门科学,主要研究食品的化学组成、结构、理化性质和功能,以及这些物质在生物体内的化学变化和调节规律。概括起来,食品生物化学的主要内容如下:

(1)食品的化学组成、主要结构、性质及生理功能;

(2)食品成分在食品原料生长过程、加工、贮藏过程中的变化规律;

(3)食品成分在人体内的变化规律。

由此可以看出,食品生物化学既不同于以研究一般生物体的化学组成、生命物质的结构和功能、生命过程中物质变化和能量变化的规律,以及一切生命现象的化学原理为基本内容的普通生物化学,也不同于以研究食品的组成、主要结构、特性及其产生的化学变化为基本内容的食品化学,而是将二者的基本原理有机地结合起来,应用于食品科学的研究所产生的一门交叉学科。

二、食品生物化学在食品行业中的地位和作用

无论是食品保鲜、保藏方法的发展,还是食品生产加工方法的改进,都是建立在食品生物化学理论基础上的。

随着社会的发展和人民群众生活水平的不断提高,人民的购买力也在不断增长,不但要求有足够数量的食品,而且需要有更多更好的营养食品和保健食品,并且随着人们生活节奏的加快和越来越有充分的休闲时间,也希望食品工厂能生产更多、更好的方便食品和快餐食品。这些都需要我们以食品生物化学为理论基础,进行更广泛更深入地研究。同时,食品生物化学对食品资源的开发,对新型食品的生产,都将提供重要的理论指导。随着食品生物化学理论的发展,还可以创造出更新、更优良的食品贮藏、加工方法。我们可以充分相信,食品生物化学一定会为食品工业的不断发展做出更大的贡献。

三、食品生物化学的学习方法

食品生物化学的知识体系既不同于无机化学以元素周期表为主线,也不同于有机化学以化合物官能团性质为体系,它主要是以食物生物学功能为体系来研究食物生物体系的化学组成及其性质,并且以人和食物的关系为核心,研究食物组织离体后及在人体内的动态变化过程。比如食物淀粉进入人体降解成葡萄糖,由葡萄糖又分解成水和二氧化碳,释放

能量,需要数十步化学反应才能实现。生物体内的化学变化是互相协调、互相联系的,如体内的血糖浓度太高,葡萄糖合成糖原或合成脂肪贮存起来,反之又分解产生葡萄糖。又如,已知的几十种维生素,在化学结构上并无共同之处,但它们却都有重要的生理功能,等等。这说明食品生物化学与无机化学、有机化学的知识体系完全不同,这就需要我们用新的学习方法来学习食品生物化学知识。

学好食品生物化学要注意以下四点。第一,建立四个概念,即建立生理功能是生物体系中成分分类的基本出发点的概念;建立生物体系的化学反应是多步骤的概念;建立生化反应过程是互相联系、互相制约的概念;建立生物化学反应基本上都是酶促反应的概念。第二,善于科学归纳,例如,维生素虽有几十种,但可归纳为水溶性和脂溶性两类;物质的反应数以千计,但可归纳为分解和合成两类;食物中成分形形色色,但可归纳为营养成分和非营养成分两类,等等。第三,在归纳理解的基础上适当记忆,从某种意义上说任何知识只有强化记忆才能加深理解。第四,重视实验,食品生物化学也像其他自然科学一样,是一门以实验为基础的自然科学,它运用了理化学科,尤其是化学学科的种种实验手段与方法来描述与分析食物的组成及生物组织内发生的各种化学变化。实验不但是一种技能训练,也能提高我们分析问题与解决问题的能力,而且更能加深对已学知识的理性认识。只要我们做到了上述四点,食品生物化学就不难学习了。

第一章 水 分

第一节 概 述

水在人类生存的地球上普遍存在,是人类赖以维持最基本生命活动的物质,对维持机体的正常功能和代谢具有重要作用。水也是食品中的重要组分,各种食品都有其特定的水分含量,并且因此才能显示出它们各自的色、香、味、形等特征。水在食品中起着分散蛋白质和淀粉等成分的作用,使它们形成溶胶或溶液。另外,水对食品的鲜度、硬度、流动性、呈味性、保藏性和加工特性等方面都具有重要的影响,水也是微生物繁殖的重要因素,影响着食品的可储藏性和货架寿命。在食品加工过程中,水还能发挥膨润、浸透等方面的作用。

一、水在生物体内的含量及生理功用

(一)水在生物体内的含量

在大多数生物体内,水分的含量都超过任何一种物质成分,通常占体重的70% ~ 80%。含水量最高的生物是水母,可达体重的98%以上。成年男子体重的60%,女子体重的50% ~ 55%是水。水在动物体内的分布是不均匀的。脊椎动物体内各器官组织的含水量为:肌肉和薄壁组织器官(肝、脑、肾等)中为70% ~ 80%;皮肤中为60% ~ 70%;骨骼中为12% ~ 15%。动物体内肌肉占体重的40%,故全身肌肉所含的水约占全身总水量的一半。水在植物体内的含量与分布也因种类、部位、发育状况而异,变化很大。一般说来,植物营养器官组织的含水量特别高,占器官总质量的70% ~ 90%,而繁殖器官中则很低,占总质量的12% ~ 15%。

(二)水的生理功用

水虽无直接的营养价值,但却是维持生理活性和进行新陈代谢不可缺少的物质。水是体内化学反应的介质,同时也是生物化学反应的反应物以及组织和细胞所需的养分和代谢物在体内运转的载体。水的热容量大,当人体内产生的热量增多或减少时不致引起体温太大的波动;水的蒸发潜热大,因而蒸发少量汗水可散发大量热能,通过血液流动,可平衡全身体温,因此,水又能调节体温。水的黏度小,可使摩擦面滑润,减少损伤,所以还有润滑作用。

二、水和冰的物理性质

水与一些具有相近相对分子质量以及相似原子组成的分子(HF、CH_4、H_2F、H_2S、NH_3

等)的物理性质相比较,除了黏度外,其他性质均有显著差异。表1-1列出了水和冰的一些物理性质数据,可以看出:冰的熔点和水的沸点比较高;水的表面张力、介电常数(溶剂对两个带相反电荷离子间引力的抗力的度量)、比热容及相变热(熔化热、蒸发热和升华热)高得多;冰的密度较低;水冻结成冰时,表现出异常的膨胀特性。水的热导值大于其他液体,冰的热扩散率略大于其他非金属固体。0℃时冰的热导率为水的4倍,冰的热扩散率是水的9倍,表明在一定环境中,冰的温度变化速度要比水快得多。冰和水在热导率和热扩散率上的差别,具有重要的实际意义,因为这些数据指出了固体冰和液体水经受温度改变的速度,很好地解释了在温差变化相同、方向相反的情况下,生物材料中水的结冻速度远大于解冻速度。

表1-1　水和冰的部分物理常数

物理量名称		物理常数值		
相对分子质量		18.0153		
相变性质	熔点(101.3kPa)/℃	0.000		
	沸点(101.3kPa)/℃	100.000		
	临界温度/℃	373.99		
	临界压力	22.064MPa(218.6atm)		
	三相点	0.01% 和 611.73Pa(4.589mmHg)		
	熔化热(0℃)	6.012kJ(1.436kcal)/mol		
	蒸发热(100℃)	40.657kJ(9.711kcal)/mol		
	升华热(0℃)	50.91kJ(12.06kcal)/mol		
其他性质		20℃(水)	0℃(水)	0℃(冰)	-20℃(冰)
	密度/(g/cm³)	0.99821	0.99984	0.9168	0.9193
	黏度/Pa·s	1.002×10^{-3}	1.793×10^{-3}	-	-
	界面张力(相对于空气)/(N/m)	72.75×10^{-3}	75.64×10^{-3}	-	-
	蒸汽压/kPa	2.3388	0.6113	0.6113	0.103

第二节　食品中的水

一、食品中水的存在形式

从水与食品中非水成分的作用情况来划分,水在食品中是以游离水(或称为体相水、自由水)和结合水(或称为固定水、束缚水)两种状态存在的,这两种状态水的区别就在于它们同亲水性物质的缔合程度的大小不同,而缔合程度的大小则又与非水成分的性质、盐的组成、pH、温度等因素有关。

（一）结合水

结合水（Bound water）通常是指存在于溶质或其他非水组分附近的、与溶质分子之间通过化学键结合的那一部分水。根据结合水被结合的牢固程度的不同，结合水又可分为化合水、邻近水和多层水。

1.化合水

又称为组成水，是指与非水物质结合得最牢固的并构成非水物质整体的那部分水，如位于蛋白质分子内空隙中或者作为化学水合物中的水。它们在 −40℃时不结冰、不能作为所加入溶质的溶剂，也不能被微生物所利用，在食品中仅占很少部分。

2.邻近水

是指处在非水组分亲水性最强的基团周围的第一层位置的水，主要的结合力是水−离子和水−偶极间的缔合作用，与离子或离子基团缔合的水是结合最紧密的邻近水。包括单分子层水（monolayer water）和微毛细管（<0.1μm 直径）中的水。它们在 −40℃不结冰，也不能作为所加入溶质的溶剂。

3.多层水

是指位于以上所说的第一层的剩余位置的水和在单分子层水的外层形成的另外几层水，主要是靠水−水和水−溶质氢键的作用。尽管多层水不像邻近水那样牢固地结合，但仍然与非水组分结合得非常紧密，且性质也发生了明显的变化，所以与纯水的性质也不相同。即大多数多层水在 −40℃仍不结冰，即使结冰，冰点也大大降低，溶剂能力部分下降。

（二）游离水

游离水（Free water）又称为体相水（Bulk water），就是指没有与非水成分结合的水。它又可分为三类：不移动水或滞化水（entrapped water）、毛细管水（capillary water）和自由流动水（free flow water）。

1.滞化水

是指被组织中的显微和亚显微结构与膜所阻留住的水，由于这些水不能自由流动，所以称为不移动水或滞化水。

2.毛细管水

是指在生物组织的细胞间隙和食品结构组织中，由毛细管力所截留的水，在生物组织中又称为细胞间水，其物理和化学性质与滞化水相同。

3.自由流动水

是指动物的血浆、淋巴和尿液，植物的导管和细胞内液泡中的水以及食品中肉眼可见的水，系可以自由流动的水。

（三）结合水与游离水的差别

结合水与游离水在性质上有着很大的差别，首先，结合水的量与食品中有机大分子的极性基团的数量有比较固定的比例关系。据测定，每 100g 蛋白质可结合水分平均高达50g，每 100g 淀粉的持水能力在 30～40g。其次，结合水的蒸汽压比游离水低得多，所以在一定温度(100℃)下结合水不能从食品中分离出来。结合水沸点高于一般水,而冰点却低于一般水,甚至环境温度下降到 -40℃ 时还不结冰。结合水不易结冰这个特点具有重要的实际意义,由于这种性质,使植物的种子和微生物的孢子(其中几乎不含有游离水)能在很低的温度下,保持其生命力。而多汁的组织(含有大量游离水的新鲜水果、蔬菜、肉等)在冰冻时细胞结构容易被冰晶所破坏,解冻时组织容易崩溃;结合水对食品的可溶性成分不起溶剂的作用;游离水能为微生物所利用,结合水则不能。因此,游离水也称为可利用的水。在一定条件下,食品是否为微生物所感染,并不决定于食品中水分的总含量,而仅仅决定于食品中游离水的含量;结合水对食品的风味起着重大作用,尤其是单分子层结合水更为重要,当结合水被强行与食品分离时,食品风味、质量就会改变。

二、水在不同条件下与食物成分的作用

(一)水的冻结

1.冰冻对食物材料造成的机械伤害

如对食品采取缓慢冷冻,动植物组织的细胞间隙中会形成大的冰晶,导致食品材料的组织结构受损,解冻后不能恢复到原来状态,严重时,组织软化,汁液流出,风味降低,甚至失去食用价值。若选用速冻技术,使食品内部的温度很快降低到 -18℃。这样,在冷冻的过程中可以形成数量众多、颗粒细小的冰晶,这些细小的冰晶均匀地分布在细胞的内外,对动植物组织结构基本上不会产生破坏作用,食品解冻后,基本上可以回复到原来的新鲜状态。因此,速冻是保存食品的良好方法。速冻应确保食品在 0 ~ -5℃ 停留的时间不超过30min,因为在 -1 ~ -5℃ 时易形成大的冰晶。

2.冰冻浓缩对食品质量的影响

在结冰的过程中,液态水不断减少,非冻结相逐渐浓缩,导致有关反应物浓度增大,加速了多种反应的进行,如多种化学因素(pH 等)引起的蛋白质变性。有研究指出,牛肉在 -2 ~ -5℃ 时因冰冻浓缩其变质的速度比温度在0℃以上速度还快。降温和浓缩同时发生在冷冻食品内,但它们对食品稳定性的影响是相反的。 -5℃ 左右时,以浓缩效果降低食品的稳定性为主,此时食品变质快;进一步降低温度,温度导致反应速度减小为主要因素,因而温度越低,对保存食品越有利,从保证食品质量和节约能源两方面考虑, -18℃ 是冷藏食品最理想的温度。

(二)水与其他物质的作用

根据水与各种物质相互作用的情况,可将全部化合物分为亲水性和疏水性两类。

亲水性物质为离子、离子化官能团和极性基团占优势的物质。水中有离子、离子化官能团时,水的氢键网络被破坏,水在离子的周围按一定方式排列,水分子以其电负性强的一端围绕阳离子,而以电负性小的一端围绕阴离子。在水中形成的这种结构可改变水的流动性,一般大体积离子(K^+、Rb^+、Cs^+、Cl^- 等)弱化水的结构使水更易流动,而小体积、多价离子可强化水的结构,使水流动性差一些。极性基团占优势的物质能与水形成氢键,因而可

与水混溶或吸水量大,这类物质显著改变水的流动性,但不改变每摩尔水中的氢键。它们主要为糖类和蛋白质等。

疏水性物质多为油脂和烃类,它们与水不能形成氢键,也没有其他的化学作用力存在,因而水与这类物质混合时,很快就会按相对密度大小分层。在两层的界面上,水分子以其分子中无极性的一面与疏水性物质相接触,水分子这种定向是一类熵减小的非自发反应。

在多种生物大分子中,同一分子中往往同时存在多个亲水性和疏水性侧链基团。水中有这类物质存在时,其分子中的疏水基团以色散力相互吸引,避开与水的接触,疏水基团包埋在分子内部,亲水基与水以氢键结合,这种现象叫"疏水性相互作用"。

第三节　水分活度

由于在含水食品中溶质对水的束缚能力会影响水的汽化、冻结、酶反应和微生物的利用等,仅仅将水分含量作为食品中各种生物、化学反应对水的利用性指标不是十分恰当的;另外,水与食品中非水成分作用后处于不同的存在状态,与非水成分结合牢固的水被微生物或化学反应利用程度降低。因此,目前一般采用水分活度(A_w)表示水与食品成分之间的结合程度。

一、水分活度及其测定

水分活度(A_w)定义为:食品的蒸汽压 p 与同温度下纯水蒸汽压 p_0 之比,可用下列公式表示:

$$A_w = p/p_0$$

式中,p 为食品的蒸汽压;p_0 为纯水的蒸汽压。

水分活度是从 $0 \sim 1$ 之间的数值。纯水的 $A_w = 1$。因溶液的蒸汽压降低,所以溶液的 A_w 小于 1。由于食品中的水总有一部分是以结合水的形式存在的,而结合水的蒸汽压远比纯水的蒸汽压低得多,故此,食品的水分活度总是小于 1。食品中结合水的含量越高,水分活度越低。水分活度反映了食品中水分的存在形式和被微生物利用程度。

水分活度与环境平衡相对湿度(Equilibrium relative humidity,ERH)和拉乌尔(Raoult)定律的关系如下:

$$A_w = p/p_0 = ERH/100 = N = n_1/(n_1 + n_2)$$

即食品的水分活度在数值上等于环境平衡相对湿度除以 100。其中 N 为溶剂(水)的摩尔分数,n_1 为溶剂的摩尔数,n_2 为溶质的摩尔数。

测定食品中的水分活度,常用的方法有水分活度计测定、恒定相对湿度平衡室法、化学法等。

二、水分活度与食品含水量的关系

(一)吸湿等温线

食品水分活度与食品含水量是两个不同的概念,食品的含水量是指在一定温度、湿度等外界条件下,处于平衡状态时食品的水分含量;而水分活度主要决定于自由水的含量。在一定温度条件下以食品的含水量对其水分活度的曲线图,称为吸湿等温线(Moisture sorption isotherms, MSI)。吸湿等温线对于了解以下信息是十分有意义的:在浓缩和干燥过程中样品脱水的难易程度与相对蒸汽压(RVP)的关系;应当如何组合食品才能防止水分在组合食品的各配料之间的转移;测定包装材料的阻湿性;可以预测多大水分含量时才能够抑制微生物的生长;预测食品的化学和物理稳定性与水分的含量的关系;可以看出不同食品中非水组分与水结合能力的强弱。

图 1-1 是高含水量食品的吸湿等温线示意图,包括了从正常到干燥状态的整个水分含量范围的情况,但在图 1-1 中并没有详细地表示出低水分区域的情况。因此,这类示意图并不是很有用,因为对食品来讲有意义的数据是在低水分区域。把水分含量低的区域扩大,忽略去高水分区就可得到一张更有价值的吸湿等温线,见图 1-2。

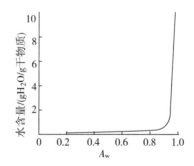

图 1-1　高含水量食品的吸湿等温线图

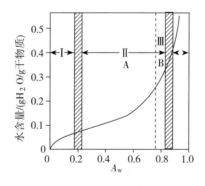

图 1-2　低含水量食品的吸湿等温线图(温度 20℃)

为了便于理解吸湿等温线的含义和实际应用,可以人为地将图 1-2 中表示的曲线范围分为三个不同的区间,Ⅰ区、Ⅱ区、Ⅲ区。

Ⅰ区:是食品中水分子与非水组分中的羧基和氨基等离子基团以水—离子或水—偶极相互作用而牢固结合的部分,是食品中最不容易移动的水。它不能作为溶剂,在 -40℃ 不结冰,对食品固体没有显著的增塑作用,可以简单地看作是食品固体的一部分。在区间Ⅰ的高水分末端(区间Ⅰ和区间Ⅱ的分界线)位置的这部分水相当于食品的"单分子层"水含量,这部分水可看成是在干物质可接近的强极性基团周围形成一个单分子层所需水的近似量。区间Ⅰ的水只占高水分食品中总水分含量的很小一部分,一般为 $0 \sim 0.07 g/g$ 干物质,A_w 一般为 $0 \sim 0.25$。

Ⅱ区:包括了区间Ⅰ的水和区间Ⅱ内增加的水。区间Ⅱ内增加的水分占据非水组分吸附水的第一层剩余位置和亲水基团(如氨基、羟基等)周围的另外几层位置,形成多分子层结合水,主要靠水—水和水—溶质的氢键与邻近的分子缔合,同时还包括直径 $< 1 \mu m$ 的毛细管中的水。它们的移动性比游离水差,蒸发焓比纯水大,大部分在 -40℃ 不结冰。当食品中的水分含量达到相当于区间Ⅲ和区间Ⅱ的边界时,其水将引起溶解过程,引起体系中反应物流动,加速了大多数反应的速率。

Ⅲ区:包括了区间Ⅰ和区间Ⅱ内的水及区间Ⅲ界内增加的水。实际上就是游离水,是食品中结合最不牢固和最容易移动的水。在凝胶和细胞体系中,因为游离水以物理方式被截留,所以宏观流动性受到阻碍,但它与稀盐溶液中水的性质相似。从区间Ⅲ增加或被除去的水,其蒸发焓基本上与纯水相同,这部分水既可以结冰也可作为溶剂,并且还有利于化学反应的进行和微生物的生长。区间Ⅲ内的游离水在高水分含量食品中一般占总水量的95% 以上。

虽然等温线划分为三个区间,但还不能准确地确定各区间分界线的位置,而且除化合水外,等温线区间内和区间与区间之间的水都能发生相互交换。另外,向干燥食品中增加水时,虽然能够稍微改变原来所含水的性质,如产生溶胀和溶解过程,但在区间Ⅱ增加水时,区间Ⅰ水的性质几乎保持不变。同样,在区间Ⅲ内增加水,区间Ⅱ水的性质也几乎保持不变。以上可以说明,对食品稳定性产生影响的水是体系中受束缚最小的那部分水,即游离水(体相水)。

(二)吸湿等温线的滞后现象

对于吸湿过程,需要用回吸曲线来研究,对于干燥过程,就需用解吸曲线来研究。回吸曲线是根据把完全干燥的样品放置在相对湿度不断增加的环境里,样品所增加的重量数据绘制而成,解吸曲线是根据把潮湿样品放置在同一相对湿度下,测定样品重量减轻数据绘制而成。理论上它们应该是一致的,但实际上二者之间有一个滞后现象(Hysteresis),不能重叠,如图 1 - 3 所示。这种滞后所形成的环状区域(滞后环)随着食品品种的不同、温度的不同而异,但总的趋势是在食品的解吸过程中水分的含量大于回吸过程中的水分含量(即解吸曲线在回吸曲线之上)。

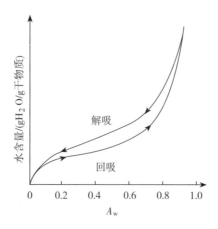

图 1-3 吸湿等温线的两种形式

三、水分活度的实践意义

各种食品在一定条件下都各有其一定的水分活度,各种微生物的活动和各种化学与生物化学反应也都需要有一定的 A_w 值。只要计算出微生物、化学以及生物化学反应所需要的 A_w 值,就可能控制食品加工的条件和预测食品的耐藏性。

(一)水分活度与微生物活动的关系

食品在储存和销售过程中,微生物可能在食品中生长繁殖,影响食品质量,甚至产生有害物质。各种微生物都要求适宜的水分活度范围,细菌最敏感,其次是酵母菌和霉菌。在一般情况下,$A_w < 0.90$ 时,细菌不生长;当 $A_w < 0.87$ 时,大多数酵母菌受到抑制;$A_w < 0.80$ 时,大多数霉菌不生长。

(二)水分活度与酶促反应的关系

水分在酶促反应中起着溶解基质和增加基质流动性等作用,食品中水分活度极低时,酶促反应几乎停止,或者反应极慢。当食品 A_w 值增加时,毛细管的凝聚作用开始,毛细管微孔充满了水,导致基质溶解于水,酶促反应速率增大。一般控制食品的 A_w 在 0.3 以下,食品中淀粉酶、酚氧化酶、过氧化酶受到极大的抑制,而脂肪酶,水分活度在 0.5~0.1 时仍能保持其活性。

(三)水分活度与生物化学反应的关系

毛细管凝聚水能溶解反应物质,起着溶剂的作用,有助于反应物质的移动,从而促进化学变化,引起食品变质。但对多数食品来说,如果过分干燥,既能引起食品成分的氧化和脂肪的酸败,又能引起非酶褐变(成分间的化学反应)。要使食品具有最高的稳定性所必需的水分含量,最好将水分活度保持在结合水范围内。这样,既能防止氧对活性基团的作用,也能阻碍蛋白质和碳水化合物的相互作用,从而使化学变化难于发生,同时又不会使食品丧失吸水性和复原性。

需要指出,即使是含水量相同的食品,在贮藏期间的稳定性也因种类而异。这是因为食品的成分和质构状态不同,水分的束缚度不同,因而 A_w 值也不同,由此可见 A_w 值对估计食品耐藏性的重要性。

第二章　矿物质

第一节　矿物质概述

存在于人体内的各种元素中,除碳、氢、氧、氮主要以有机物的形式存在外,其余的各种无机元素无论其存在的形式如何、含量多少,统称之为矿物质(或无机盐)。矿物质与其他有机的营养物质不同,它们既不能在人体内合成,也不能在体内代谢过程中消失,除非排出体外。所以人体应不断地从各类食物中补充矿物质以满足机体的需要。

一、矿物质的分类及特点

根据矿物质在人体中的含量和人体对它们的需要量,可分为常量元素和微量元素两大类。

1. 常量元素　常量元素又称宏量元素,其标准含量占人体重量 0.01% 以上,每人每日需要量在 100mg 以上。有钾、钠、钙、镁、硫、磷、氯七种。

2. 微量元素　微量元素又称痕量元素,其标准含量占人体重量 0.01% 以下,每人每日需要量在 100mg 以下。1990 年 FAO/WHO 的专家委员会,将"必需微量元素"分为了三类:第一类为人体必需的微量元素,有铁(Fe)、碘(I)、锌(Zn)、硒(Se)、铜(Cu)、钼(Mo)、铬(Cr)、钴(Co)等八种;第二类为人体可能必需的微量元素,为锰(Mn)、硅(Si)、镍(Ni)、硼(B)、钒(V)等五种;第三类具有潜在毒性,但在低剂量时,对人体可能具有必需功能的微量元素,包括氟(F)、铅(Pb)、镉(Cd)、汞(Hg)、砷(As)、铝(Al)、锂(Li)、锡(Sn)。

矿物质的特点主要有:

(1)矿物质在体内不能合成,必须从食物和饮水中摄取。

(2)矿物质在体内的分布极不均匀,同一元素在不同的机体组织、器官中的含量也有很大差异。例如钙和磷绝大部分在骨骼和牙齿等硬组织中,铁集中在红细胞。

(3)矿物质相互之间存在协同或拮抗作用。如膳食中钙和磷比例不合适可影响这两种元素的吸收,过量的镁会干扰钙的代谢。

(4)某些微量元素在体内虽需要量很少,但其生理剂量与中毒剂量范围较窄,摄入过多易产生毒性作用。如硒容易因为摄入过量而引起中毒,对硒的强化应注意不宜用量过大。

二、矿物质的存在形式

矿物质元素除了少量参与有机物的组成外(如 S,P),大多数以无机盐形式存在,尤其是一价元素都成为可溶性盐,大部分解离成离子的形式。而多价元素则以离子、不溶性盐和胶体溶液形成动态平衡的形式存在。

金属离子多以螯合物形式存在于食品中。螯合物形成的特点是:配位体至少提供两个配位原子与中心金属离子形成配位键。配位体与中心金属离子多形成环状结构。在螯合物中常见的配位原子是 O、S、N、P 等原子。影响螯合物稳定的因素很多,如配位原子的碱性大小,金属离子电负性以及 pH 等。一般来说,配位原子的碱性愈大,形成的螯合物愈稳定。螯合物的稳定性随着 pH 减小而降低。在金属离子中尤其是过渡金属容易形成螯合物。

三、矿物质的生理功能

(1)矿物质成分是构成机体组织的重要材料。钙、磷、镁是骨骼和牙齿中最重要的成分,硫、磷是构成某些蛋白质的材料。

(2)酸性、碱性的无机离子适当配合,加上碳酸盐和蛋白质的缓冲作用,维持人体的酸碱平衡。人体内 pH 恒定由两类缓冲体系共同维持,即有机缓冲体系(蛋白质、氨基酸等两性物质)和无机缓冲体系(碳酸盐缓冲体系,磷酸盐缓冲体系)。

(3)各种无机离子,特别是保持一定比例的 K^+、Na^+、Ca^{2+}、Mg^{2+} 是维持神经、肌肉兴奋性和细胞膜通透性的必要条件。

(4)无机盐与蛋白质协同维持组织、细胞的渗透压。体液的渗透压恒定主要由无机盐(主要由 NaCl)来维持。

(5)维持原生质的生机状态。作为生命基础的原生质蛋白的分散度、水合作用和溶解性等性质,都与组织细胞中电解质的盐类浓度、种类、比例有关,维持原生质的生机状态必须有某些无机离子存在。

(6)参与体内的生物化学反应。参与反应的形式有两种:即直接参与(如体内的磷酸化作用)和间接参与[如作为酶的激活剂、抑制剂,酶的重要组成成分(如过氧化氢酶中含有铁;酚氧化酶中含有铜;唾液淀粉酶的活化需要氯;脱羧酶需要锰等),辅酶等]。

四、成酸和成碱食品

食物的成酸、成碱作用是指摄入的某些食物经过消化、吸收、代谢后变成酸性或碱性"残渣"。体内的成碱物质只能直接从食物中摄取,而成酸物质则既可以来自食物,也可以通过食物在体内代谢的中间产物和"终"产物的形式提供。

成酸食品通常含有丰富的蛋白质、脂肪和碳水化合物。它们含成酸元素(Cl、S、P)较多,在体内代谢后形成酸性物质,大部分的谷类及其制品、肉类、鱼类、蛋类及其制品为成酸食品,可降低血液等的 pH。蔬菜、水果等富含 K、Na、Ca、Mg 等元素,在体内代谢后则生成碱性物质,能阻止血液等向酸性方面变化,故蔬菜、水果称为碱性食品。应当指出,并非具有酸味的食品是成酸食品。食品中的酸味物质是有机酸类,如水果中的柠檬酸及其钾盐,虽离解度低,但在体内可彻底氧化,柠檬酸可最后生成 CO_2 和 H_2O,而在体内留下碱性元素,故此类具有酸味的食品是成碱食品。如果在膳食中各种食物搭配不当,容易引起人体生理上酸碱平衡失调,所以在调整食物营养配比时,要注意酸性食品和碱性食品的平衡比例。

五、食品中矿物质的生物有效性

矿物质的生物有效性是指食品中矿物质实际被机体吸收、利用的程度。食品中矿物质的总含量不足以准确评价该食品中矿物质的营养价值,要考虑这些成分被生物体利用的实际可能性。在研究食品的营养以及食品制造中矿物质强化工艺时,对生物有效性的考虑是特别重要的。影响生物有效性的因素主要有以下几点。

(一)食物的可消化性

一种食物只有被人体消化后,营养物质才能被吸收利用。相反,如果食物不易消化,即使营养成分丰富也得不到吸收利用。因此,一般说来,食物营养的生物有效性与食物的可消化性成正比关系。

(二)矿物质的化学与物理形态

矿物质的化学形态对矿物质的生物有效性影响相当大,甚至有的矿物质只有某一化学形态才具有营养功能,例如,钴只有以氰基钴胺(维生素 B_{12})供应才有营养功能,又如铁,血红素铁生物有效性比非血红素铁高。矿物质的物理形态对其生物有效性也有相当大的影响,在消化道中,矿物质必须是溶解状态才能被吸收,颗粒的大小会影响可消化性和溶解性,因而影响生物有效性。若用难溶物质来补充营养时,应特别注意颗粒大小。

(三)矿物质与其他营养素的相互作用

矿物质与其他营养素的相互作用对生物有效性的影响应视不同情况而定,有的提高生物有效性,有的降低生物有效性,相互影响极为复杂。饮食中一种矿物质过量就会干扰对另一种必需矿物质的利用。例如,两种元素会竞争在蛋白载体上的同一个结合部位而影响吸收,或者一种过剩的矿物质与另一种矿物质化合后一起排泄掉,造成后者的缺乏。营养素之间相互作用,提高其生物有效性的情况也不少,如氨基酸促进铁的吸收,维生素 A、维生素 C 也有利于铁的利用,乳酸促进钙的利用等。

(四)螯合作用

在食品体系中螯合物的作用是非常重要的,不仅可以提高或降低矿物质的生物利用率,而且可以发挥其他作用,如防止铁、铜的助氧化剂作用。矿物质形成配位化合物或螯合物后,所产生的影响包括以下几种情况:矿物质与可溶性配位体作用后一般可以提高它们的生物利用率,例如 EDTA 可以提高铁的利用率;很难消化吸收的一些高分子化合物,例如纤维素,与矿物质结合后降低其生物利用率;矿物质与不溶性的配位体结合后,严重影响其生物利用率,如植酸盐抑制铁、钙、锌吸收,以及草酸盐影响钙吸收。

(五)加工方法

加工方法也能改变矿物质营养的生物有效性。磨得细可提高难溶元素的生物有效性;

添加到液体食物中的难溶性铁化合物、钙化合物,经加工并延长贮存期就可变为具有较高溶解性、生物有效性的形式;发酵后面团中锌、铁的有效性可显著提高。

第二节　重要的矿物质

一、钙

钙是构成人体的重要组分,占人体总重量的 1.5% ~ 2.0%,正常人体内含有 1000 ~ 1200g 的钙。其中大约99%的钙是以羟磷灰石$[3Ca_3(PO_4)_2 \cdot Ca(OH)_2]$结晶形式集中在骨骼和牙齿内,这一部分钙称为骨钙,其余1%的钙以游离或结合状态存在于体液和软组织中,这部分的钙统称为混溶钙池。混溶钙池中的钙与骨钙维持着动态平衡,为维持体内所有细胞的正常生理状态所必需。

骨钙的生理功能主要是构成骨骼和牙齿的主要成分。1%的骨外钙存在于软组织、细胞外液及血液中,并为各种膜结构的一种成分,其生理功能主要有:维持细胞的生理状态,与凝血有关,能催化凝血酶的形成;对于肌肉收缩、心肌功能、正常神经与肌肉的应激性以及细胞结合质和各种膜的完整性是必需的;是一些酶的激活剂和一些激素分泌的调节剂;对许多参与细胞代谢酶具有重要的调节作用。

人体对食品中钙的吸收量,不仅取决于食品中钙的含量,而且更重要的是对钙的吸收率。在正常饮食中,钙的含量不会出现缺乏现象。但是人体肠道对钙的吸收很不完全,成年人有 70% ~80% 残留在粪便中。影响钙吸收的因素主要包括机体与膳食两个方面。由于不同生命周期对钙的需要量不一样,因而机体对钙的吸收也有不同。膳食中由于钙离子可与食物和肠道中的植酸、草酸及脂肪酸等形成不溶性钙盐而影响钙吸收。因此钙在肠道中的吸收率与钙化合物的溶解度有重要关系,只有呈溶解状态时,才能被吸收。例如谷类含植酸较多,膳食组成以谷类为主时,应考虑供给更多的钙。又如,食品中草酸过多时,不但食品本身所含的钙不易吸收,而且会影响同时摄入的其他食品中钙的吸收。所以选择供钙的食物时,不能单纯地考虑钙的绝对含量,还应注意其草酸的含量。

食品中的柠檬酸有利于钙的吸收,维生素 D 和乳糖都能促进钙的吸收。食品中蛋白质含量丰富时,由于蛋白质水解所释放出的氨基酸与钙形成可溶性钙,因而也可以促进钙的吸收。

乳及乳制品含钙丰富,吸收率高,是钙的重要来源。水产品中小虾米皮含钙特别多,其次是海带。此外,豆腐及豆制品、排骨、绿叶蔬菜等食品中含钙量也很丰富。骨粉中含钙20%以上,吸收率约为70%,蛋壳粉也含有大量的钙,膳食中补充骨粉或蛋壳粉作为钙制剂可以改善钙的营养状况。

二、磷

磷是人体含量较多的元素之一,在人体中的含量居矿物质的第二位。正常成人体内含磷600～700g,约占体重的1%,矿物质总量的1/4。其中85%～90%与钙一起以羧磷灰石结晶的形式储存在骨骼和牙齿中,10%与蛋白质、脂肪、碳水化合物及其他有机物结合构成软组织,其余则分布于骨骼肌、皮肤、神经组织和其他组织及膜的成分中。软组织和细胞膜中的磷,多数是有机磷酸酯,骨中的磷为无机磷酸盐。

磷的生理功能主要有:构成骨骼和牙齿的重要材料;软组织结构的重要成分;贮存能量;组成酶的成分;维持细胞的渗透压和体液的酸碱平衡等。

磷在食物中分布很广,无论动物性食物或植物性食物都含有丰富的磷,动物的乳汁中也含有磷。瘦肉、禽、蛋、鱼、乳及动物的肝、肾等均是磷的良好来源,海带、紫菜、芝麻酱、花生、干豆类、坚果、粗粮中含磷也较丰富。但在粮谷类食物中磷主要是以植酸磷的形式存在,若不经过加工处理,吸收利用率低。膳食中应注意钙与磷的比例,对需要高钙膳食的人,膳食钙:磷比值1.5:1最适宜。

三、镁

镁是人体细胞内的主要阳离子,主要浓集于线粒体中,仅次于钾和磷;在细胞外液仅次于钠和钙居第三位。正常成人体内含镁约25g,其中60%～65%存在于骨骼和牙齿中,27%分布于肌肉和软组织中,2%存在于体液内。镁在软组织中以肝和肌肉浓度最高,血浆中镁浓度为1～3mg/100mL。

镁的生理功能主要有:参与骨骼和牙齿构成;参与体内重要的酶促反应;参与蛋白质合成;维持体液酸碱平衡和神经肌肉兴奋性;保护心血管等。

镁主要存在于绿叶蔬菜、谷类、干果、蛋、鱼、肉、乳中。谷物中小米、燕麦、大麦、豆类和小麦含镁丰富,动物内脏含镁亦多。由于叶绿素是镁卟啉的螯合物,所以绿叶蔬菜是富含镁的。糙粮、坚果中的镁含量较为丰富,而肉类、淀粉类食物及牛乳中的镁含量属中等。

四、钾

钾为机体最重要的阳离子之一。正常人体内钾总量约为175g。其中98%在细胞内,主要分布于肌肉、肝脏、骨骼以及红细胞中,2%存在于细胞外液,其中约1/4存在于血浆中。正常人血清钾浓度为3.5～5.0mmol/L。人体的钾主要来自食物,成人每日从膳食中摄入的钾为2400～4000mg,儿童为20～120mg/kg。

钾的生理功能主要有:参与细胞新陈代谢和酶促反应;维持细胞内正常渗透压;维持神经肌肉的应激性和正常功能;维持心肌的正常功能;维持细胞内外正常的酸碱平衡和离子平衡;降低血压等。

食物中含钾十分广泛,蔬菜和水果是钾的最好来源。每100g蔬菜和水果中含钾

200mg 左右,鱼类中含钾 200~300mg,肉类中含钾 150~300mg,谷类中含钾 100~200mg。

五、钠

钠是人体不可缺少的常量元素,自然界多以钠盐形式存在,食盐是人体获得钠的主要来源。一般情况下,成人体内钠含量为 6200~6900mg 或 95~106mg/kg,占体重的0.15%,体内钠主要存在细胞外液,占总钠量的 44%~50%,骨骼中含量高达 40%~47%,细胞内液含量较低,仅 9%~10%。

钠的生理功能主要有:调节体内水分;维持酸碱平衡;钠泵的构成成分;维护血压正常;增强神经肌肉兴奋性等。

钠普遍存在于各种食物中,一般动物性食物钠含量高于植物性食物,但人体钠来源主要为食盐以及加工、制备食物过程中加入的钠或含钠的复合物(如谷氨酸、碳酸氢钠等),以及酱油、盐渍或腌制肉或烟熏食品、酱咸菜类、发酵豆制品、咸味休闲食品等。

六、铁

铁是人体必需的微量元素,也是体内含量最多的微量元素。成人体内含铁总量约 4~5g,体内铁按其功能可分为功能铁和贮备铁两类,功能铁约占 70%,它们大部分存在于血红蛋白和肌红蛋白中,少部分存在于含铁酶和运铁蛋白中。贮备铁约占总铁量的 30%,主要以铁蛋白和含铁血黄素的形式存在于肝、脾和骨髓中。生物体内各种形式的铁都与蛋白质结合在一起,没有游离的铁离子存在。

铁的生理功能主要有:参与体内氧的运输、氧与二氧化碳的交换和组织呼吸过程;维持正常的造血功能;与维持正常的免疫功能有关;另外,铁还具有许多其他重要的功能,如催化促进 β – 胡萝卜素转化为维生素 A、嘌呤与胶原的合成、脂类从血液中转运以及药物在肝脏解毒等方面均需铁的参与。

铁在食物中广泛存在,但由于铁在食物中存在的形式不利于机体的吸收利用,所以人们容易患有缺铁症。食物中的铁有血红素型铁与非血红素型铁两种类型,它们的吸收与利用各有不同。

血红素铁是与血红蛋白及肌红蛋白中的卟啉结合的铁,可被肠黏膜上皮细胞直接吸收,在细胞内分离出铁并与脱铁蛋白结合。此型铁不受植酸等膳食成分因素的干扰,且胃黏膜分泌的内因子有促进其吸收的作用,吸收率较非血红素铁高。

非血红素铁又称离子铁,此类铁主要以 $Fe(OH)_3$ 络合物的形式存在于食物中。与其结合的有机分子有蛋白质、氨基酸及其他有机酸等。此型铁必须先溶解,与有机部分分离,还原为亚铁离子后,才能被吸收。膳食中存在的磷酸盐、碳酸盐、植酸、草酸、鞣酸等可与非血红素铁形成难溶性的铁盐而阻止铁的吸收。此为谷类食物铁吸收率低的主要原因。

人体对食物中铁的吸收率很低,膳食中铁的吸收率平均约为 10%。但各种食物间有很大的差异,一般动物性食物中铁的吸收率高于植物性食物,例如牛肉为 22%、牛肝为

14% ～16%、鱼肉为11%,而玉米、大米、大豆、小麦中的铁吸收率只有1% ～5%。所以,如果膳食中植物性食品较多时,铁的吸收率就可能不到10%。鸡蛋中铁的吸收率低于其他动物性食品,在10%以下。人乳中铁的吸收率最高,可达49%。

铁广泛存在于各种食物中,但分布极不均衡,吸收率相差也极大。动物性食物中含有丰富的铁,如动物肝脏、瘦猪肉、牛羊肉、禽类、鱼类、动物全血等不仅含铁丰富而且吸收率很高,是膳食中铁的良好来源,但鸡蛋和牛乳中铁的吸收率低。植物性食物中含铁量不高,且吸收率低。在我国的膳食结构中,植物性食物摄入比例较高,血红素铁的含量低,应注意多从动物性食物中摄取铁。

七、碘

碘是人体必需的微量元素,正常成人体内含碘20～50mg,其中70% ～80%存在于甲状腺组织内,是甲状腺激素合成的必不可少的成分。其余分布在骨骼肌、肺、卵巢、肾、淋巴结、肝、睾丸和脑组织中。甲状腺中的含碘量随年龄、摄入量及腺体的活动性不同而有差异。

碘在体内主要是参与甲状腺素的合成,其生理功能也是通过甲状腺激素的作用表现出来的。甲状腺激素的生理作用主要是:参与机体的能量代谢;促进机体的物质代谢;促进生长发育;促进神经系统发育;垂体的激素作用等。

人类所需的碘主要来自食物,占人体总摄入量的80% ～90%,其次为饮水与食盐。食物碘含量的高低取决于各地区的生物地质化学状况。含碘高的食品主要是海产品及海盐。内陆、山区中水和土壤中含碘极少,因而食物含碘也不高。动物性食物含碘量要高于植物性食物。在碘缺乏地区采用碘强化措施是防治碘缺乏的重要途径。

八、锌

锌作为人体必需的微量元素广泛分布于人体的所有组织和器官中,成人体内锌含量约2～2.5g,主要分布在肝、肾、肌肉、视网膜、前列腺、骨骼和皮肤中。视网膜内含量最高,其次是前列腺。血液中的锌,75% ～85%分布在红细胞中,3% ～5%分布于白细胞中,其余在血浆中。

锌的生理功能主要有:人体内许多金属酶的组成成分和酶的激活剂;促进机体的生长发育和组织再生;提高机体免疫功能;维持细胞膜的完整性等。

锌的来源广泛,普遍存于各种食物,但动植物性食物之间,锌的含量和吸收利用率很大差别。动物性食物含锌丰富且吸收率高,如贝壳类海产品、红色肉类、动物内脏等都是锌的极好来源。一般植物性食物含锌较低。粮食的精细加工可导致大量的锌丢失,如小麦加工成精面粉时大约损失80%的锌,豆类制成罐头时会损失60%左右的锌。

九、硒

成人体内含硒 $3 \sim 21mg$,分布于人体除脂肪以外的所有组织中,以指甲为最高,其次是肝、胰、肾、心、脾、牙釉质等。硒几乎遍布所有组织器官中,肝和肾中浓度最高,而肌肉总量最多,约占人体总量的一半。肌肉、肾脏和红细胞是硒的组织储存库。

硒的生理功能主要有:抗氧化作用;保护心血管和心肌的健康;解除体内重金属的毒性作用;保护视器官的健全功能和视力;另外,硒还具有促进生长、调节甲状腺激素、维持正常免疫功能、抗肿瘤及抗艾滋病的作用。

缺硒是发生克山病与大骨节病的主要病因。克山病是一种以多发性灶状坏死为主要病变的心肌病,由于硒对心脏有保护作用,用亚硒酸钠进行预防试验取得了显著的预防效果。大骨节病主要是发生在青少年期的一种骨关节疾病,补硒可有效地预防大骨节病的发生。另外,人类因食用含硒量高的食物和水,或从事某些常常接触到硒的工作时,可引起硒中毒。

食物中硒含量受产地土壤中硒含量的影响而有很大的地区差异,同一种食物会由于产地的不同而硒含量不同。一般来说,海产品、肝、肾、肉类、大豆和整粒的谷类是硒的良好来源。我国目前食物中的硒供给量一般存在不足。

十、铜

铜是机体的组成成分和人体必需的微量元素之一,广泛分布于各组织器官中,大部分以有机复合物存在,很多是金属蛋白,以酶的形式起着功能作用,对生命过程是至关重要的。正常人体内的含铜总量为 $50 \sim 120mg$,其中 $50\% \sim 70\%$ 在肌肉和骨骼中,20% 在肝脏中,$5\% \sim 10\%$ 在血液中,少量存在于铜酶中。

铜在体内的生理功能主要是通过酶的形式表现出来。目前已知的含铜酶约有十余种,且都是氧化酶,如铜蓝蛋白、细胞色素氧化酶、超氧化物歧化酶、多巴胺 $-\beta-$ 羟化酶、酪氨酸酶、赖氨酸氧化酶等等,参与体内的氧化还原过程,有着重要的生理功能。

铜广泛分布于各种食物中,如谷类、豆类、坚果、肝、肾、贝类等都是含铜丰富的食物。植物性食物中铜的含量受其培育土壤中铜含量以及加工方法的影响而有不同,蔬菜和乳类中铜的含量最低。人体一般不易缺乏。

第三节　食品加工对矿物质的影响

食品加工时矿物质的变化,随食品中矿物质的化学组成、分布以及食品加工工艺的不同而异。其损失可能很大,也可能由于加工用水及所用设备不同等原因不但没有损失,反而可有增加。

一、烫漂对食品中矿物质含量的影响

食品在烫漂或蒸煮时,若与水接触,则食品中的矿物质损失可能很大,这主要是因烫漂后沥滤的结果。至于矿物质损失程度的差别则与它们的溶解度有关。菠菜在烫漂时矿物质的损失如表 2 – 1 所示。值得指出的是在此过程中钙不但没有损失,似乎还稍有增加,至于硝酸盐的损失无论从防止罐头腐蚀和对人体健康来说都是有益的。

表 2 – 1 烫漂对菠菜矿物质的影响

名 称	含量/(g/100g)		损失率/%
	未烫漂	烫漂	
钾	6.9	3.0	56
钠	0.5	0.3	40
钙	2.2	2.3	0
镁	0.3	0.2	33.3
磷	0.6	0.4	33.3
硝酸盐	2.5	0.8	68

二、烹调对食品中矿物质含量的影响

烹调对不同食品的不同矿物质含量影响不同。尤其是在烹调过程中,矿物质很容易从汤汁内流失。此外,马铃薯在烹调时的铜含量随烹调类型的不同而有所差别(表 2 – 2)。铜在马铃薯皮中的含量较高,煮熟后含量下降,而油炸后含量却明显增加。

表 2 – 2 烹调对马铃薯铜含量的影响

烹调类型	含量/(mg/100g 鲜重)	烹调类型	含量/(mg/100g 鲜重)
生鲜	0.21 ± 0.10	油炸薄片	0.29
煮熟	0.10	马铃薯泥	0.10
烤熟	0.18	马铃薯皮	0.34

豆子煮熟后矿物质的损失非常显著(表 2 – 3),其钙的损失与其他常量元素相反而与菠菜相同,至于其他微量元素的损失也与常量元素相同。

表 2 – 3 生熟莞豆的矿物质含量

名称	含量/(mg/100g)		损失率/%
	生	熟	
钙	13.5	69	49
铜	0.80	0.33	59
铁	5.3	2.6	51

名称	含量/（mg/100g）		损失率/%
	生	熟	
镁	163	57	65
锰	1.0	0.4	60
磷	453	156	65
钾	821	298	64
锌	2.2	1.1	50

三、碾磨对食品中矿物质含量的影响

谷类中的矿物质主要分布在其糊粉层和胚组织中，所以碾磨可使其矿物质的含量减少，而且碾磨越精，其矿物质的损失越多。矿物质不同，其损失率亦可有不同。关于小麦磨粉后某些微量元素的损失如表 2 - 4 所示。

由表 2 - 4 可见，当小麦碾磨成粉后，其锰、铁、钴、铜、锌的损失严重。钼虽然也集中在被除去的麦麸和胚芽中，但集中的程度比前述元素低，损失也较低。铬在麦麸和胚芽中的浓度与钼相近。硒的含量受碾磨的影响不大，仅损失 15.9%。镉在碾磨时所受的影响很小。

表 2 - 4 碾磨对小麦微量元素的影响

名称	小麦/（mg/kg）	白面粉/（mg/kg）	损失率/%
锰	46	6.5	85.8
铁	43	10.5	75.6
钴	0.026	0.003	88.5
铜	5.3	1.7	67.9
锌	35	7.8	77.7
钼	0.48	0.25	48.0
铬	0.05	0.03	40.0
硒	0.63	0.53	15.9
镉	0.26	0.38	—

第三章 糖 类

第一节 概 述

糖类物质是生物体维持生命活动所需能量的主要来源,是合成其他化合物的基本原料,同时也是生物体的主要结构成分。人类摄取食物的总能量中40%~80%由糖类物质提供,是人类及动物的生命源泉。在食品中,糖类除具有营养价值外,其低分子糖类可作为甜味剂,大分子糖类可作为增稠剂和稳定剂。此外,糖类还是食品加工过程中产生香味和色泽的前体物质,对食品的感官品质产生重要作用。

一、糖的定义及分类

糖是多羟基醛或多羟基酮及其缩聚物和某些衍生物(糖胺、糖酸、糖脂)的总称。根据糖类能否水解及水解产物组成情况,可分成单糖、寡糖、多糖和复合糖。

1.单糖

不能被水解成更小分子的糖称为单糖(monosaccharide),是糖类物质中最简单的一类。我们可以根据单糖中碳基的位置将单糖划分为醛糖和酮糖,即含醛基的称为醛糖;含酮基的称为酮糖。单糖又可根据碳原子数目的多少分为三个碳的丙糖、四个碳的丁糖,依次类推至戊糖、己糖、庚糖。在自然界分布广、意义大的是五碳糖和六碳糖,分别被称为戊糖(pentose)和己糖(hexose)。核糖(ribose)、脱氧核糖(deoxyribose)属戊糖,葡萄糖(glucose)、果糖(fructose)和半乳糖(galactose)属己糖。

2.寡糖

能水解成少数(2~10个)单糖分子的称为寡糖(oligosaccharides)。其中双糖最为重要、存在最为广泛,蔗糖(sucrose)、麦芽糖(maltose)和乳糖(lactose)是其重要代表。单糖和寡糖能溶于水,有甜味。

3.多糖

能水解为多个单糖分子的糖称为多糖(polysaccharide)。其中淀粉(starch)、糖原(glycogen)、纤维素(cellulose)等最为重要。若构成多糖的单糖分子都相同就称同多糖(homopolysaccharide),不同就称杂多糖(heteropolysaccharide)。

4.复合糖

与非糖物质结合的糖称为复合糖(complex saccharide)或结合糖(compound saccharide),如糖蛋白、糖脂。

二、重要理化性质

(一)旋光性和变旋性

1.旋光性

一切单糖都含有不对称碳原子,所以都有旋光的能力,能使偏振光平面向左或向右旋转。使偏振光平面向右转的称右旋糖,使偏振光平面向左转的称左旋糖。糖的旋光性是用比旋度 $[\alpha]_D^{20}$ 来表示。比旋度的大小和糖的性质、浓度、温度、旋光管的长度、光源的波长和溶剂的性质都有关。故一种糖的比旋度可按下式求得:

$$[\alpha]_D^{20} = \frac{\alpha \times 100}{L \times \rho}$$

式中,L 为旋光管的长度,以分米(dm)表示;ρ 为质量浓度,即 100mL 溶液中所含溶质的质量(g);α 为旋光仪测得的读数。20 为 20℃;D 为所用光源为钠光,$[\alpha]_D^{20}$ 为上述条件下所计得的比旋光度(旋光率)。

2.变旋性

一个旋光体溶液放置后,其比旋度改变的现象称变旋。变旋的原因是糖从一种结构 α - 型变到另一种结构 β - 型,或相反地从 β - 型变为 α - 型。变旋作用是可逆的。当 α - 与 β - 两型互变达平衡时,比旋光度即不再改变。α - 及 β - D - 葡萄糖平衡时其 $[\alpha]_D^{20} = +52.5°$。加微量碱液可促进糖的变旋平衡。

$$\alpha - 葡萄糖 \longleftrightarrow 平衡 \longleftrightarrow \beta - 葡萄糖$$
$$+112.2° \qquad +52.5° \qquad +18.7°$$

(二)溶解度

单糖和寡糖是典型的亲水性分子,在水中具有较高的溶解度,尤其在热水中,在乙醇等低级醇中也可以溶解,但是在一些有机溶剂(如乙醚、苯等)中单糖的溶解度很低。在食品具有适宜的感官质量条件下,单糖和寡糖的溶解度可以满足食品加工的需要。葡萄糖、果糖、蔗糖在水中具有较大的溶解度,使得可以用于食品中来降低水分活度,达到保存食品的目的,例如在蜜饯、果酱等加工中应用。

多糖类物质由于其分子中含有大量的极性基团,因此对于水分子具有较大的亲和力;但随着多糖相对分子质量增大,其疏水性也增大;因此,相对分子质量较小、分支程度低的多糖在水中有一定的溶解度,加热情况下更容易溶解;而相对分子质量大、分支程度高的多糖在水中溶解度低。

(三)黏度及稳定性

单糖或寡糖溶液在黏度方面无明显体现,多糖溶液具有较大的黏度。多糖分子在溶液中以无规线团的形式存在,其紧密程度与单糖的组成和连接形式有关,当这样的分子在溶液中旋转时需要占有大量的空间,这时分子间彼此碰撞的概率提高,分子间的摩擦力增大,因此具有很高的黏度。

多糖分子的结构不同,其水溶液的黏度也有明显的不同。高度支链的多糖分子比具有相同分子量的直链多糖分子占有的空间体积小得多,因而相互碰撞的概率也要低得多,溶液的黏度也较低;带电荷的多糖分子由于同种电荷之间的静电斥力,导致链伸展、链长增加,溶液黏度大大增加。

大多数多糖溶液黏度在一定范围内随温度的升高而降低,因为温度升高导致水的流动性增加;但黄原胶是一个例外,其在 0~100℃内黏度保持基本不变。

多糖形成的胶状溶液其稳定性与分子结构有较大的关系。不带电荷的直链多糖由于形成胶体溶液后分子间可以通过氢键而相互结合,随着时间的延长,缔合程度越来越大,因此在重力作用下就可以沉淀或形成分子结晶。支链多糖胶体溶液也会因分子凝聚而变得不稳定,但速度较慢。带电荷的多糖由于分子间相同电荷的斥力,其胶状溶液具有相当高的稳定性,食品中常用的海藻酸钠、黄原胶、卡拉胶等即属于这样的多糖类化合物。

(四)形成糖苷

单糖的半缩醛羟基很容易与醇及酚的羟基反应,失水而形成缩醛式衍生物,通称糖苷(图 3-1)。其中,非糖部分称配糖体,如甲基等。如果配糖体也是单糖,如此缩合生成双糖。连续与单糖缩合可生成寡糖或多糖。由于单糖有 α-和 β-两种形式,生成的糖苷也有 α-型和 β-型之分。天然存在的糖苷多为 β-型。糖苷没有变旋光现象,也没有还原性,在碱性溶液中稳定,但在酸性溶液中易水解。

核糖与脱氧核糖和嘌呤或嘧啶碱形成的糖苷称核苷或脱氧核苷,在生物学上具有重要意义。

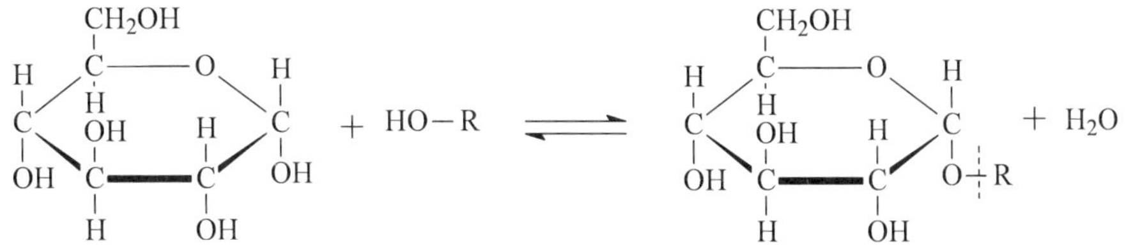

$$\alpha-D-吡喃型葡萄糖 \quad + \quad HO-R \quad \rightleftharpoons \quad \alpha-D-吡喃型葡萄糖苷 \quad + \quad H_2O$$

图 3-1　α-D-葡萄糖苷的形成

(五)氧化作用

糖有羰基或半缩醛基,因此具有还原能力。某些弱氧化剂(Cu^{2+}、Fe^{3+} 和 Hg^{2+},常用试剂是碱性硫酸铜溶液)能使还原糖的羰基或半缩醛基氧化成羧基,如氧化还原滴定法测定还原糖含量就是利用了这个性质。碱性硫酸铜和酒石酸钾钠反应生成可溶性氧化铜络合物,再与葡萄糖等分子上的羰基或半缩醛基发生氧化还原反应,在生成糖酸的同时铜离子转化为氧化亚铜,测定氧化亚铜生成量即可测知溶液中的糖含量,各步反应式如图 3-2。

除了羰基之外,单糖分子中的羟基也能被氧化。因氧化条件不同,单糖可被氧化成不同的产物。醛糖可以以 3 种不同的方式进行氧化而产生与原来糖含有的碳原子数相同的酸:在弱氧化剂(如溴水)作用下形成相应的糖酸;在较强的氧化剂(如硝酸)作用下,除了醛基被氧化外,伯醇基也被氧化成羧基,生成 1,6-葡萄糖二酸;有时只有伯醇基被氧化成羧基,这样形成糖醛酸。

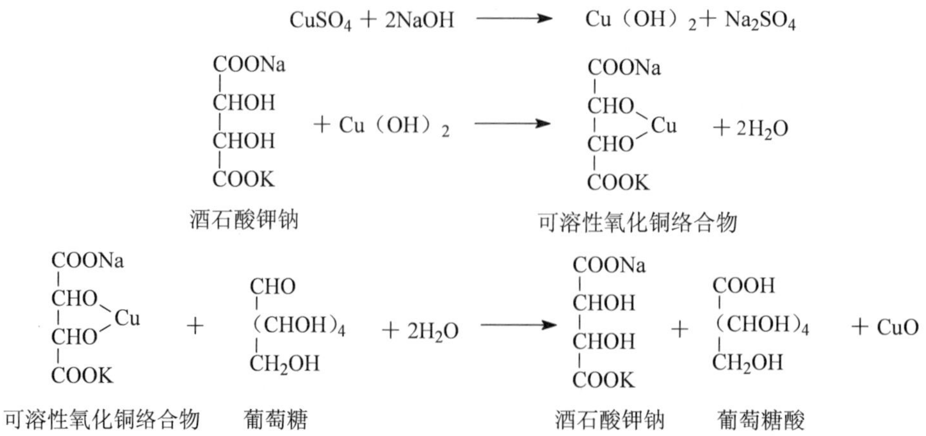

$$CuSO_4 + 2NaOH \longrightarrow Cu(OH)_2 + Na_2SO_4$$

图 3-2　氧化还原滴定法测定还原糖含量的反应步骤

溴的氧化作用对酮糖无影响,因此可将酮糖和醛糖分开。在强氧化剂作用下,酮糖将在羰基处断裂,形成两个酸。以果糖为例,则生成乙醇酸与三羟基丁酸。

(六)还原作用

单糖的羰基在一定条件下可被还原成羟基(图 3-3),常用的还原剂有钠汞齐(Na-Hg)和氢化硼钠(NaBH₄)等,如 D-葡萄糖还原后可得到山梨糖醇,木糖还原后可得到木糖醇;而果糖由于是酮糖,被还原后生成山梨糖醇和甘露糖醇两种产物,在 2-位碳原子上羟基的空间排布位置不同。

在机体内,以 NADH 或 NADPH 为供氢体,特异的脱氢酶能催化糖醇的合成。

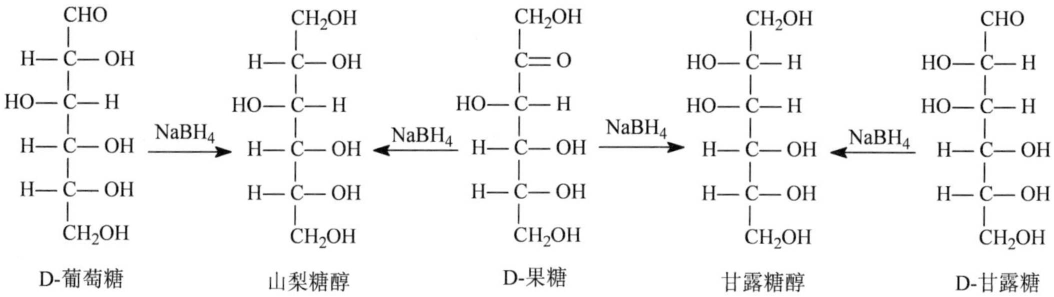

图 3-3　单糖的还原反应

(七)与氨基反应

糖与氨基的反应包括两个方面,一是羟基与氨基的反应,二是羰基与氨基酸中氨基的反应。

糖分子中的—OH 基(主要是 C_2、C_3 上的—OH 基)可被—NH₂ 基取代而产生氨基糖,也称糖胺。天然存在的氨基糖主要有 2-氨基-D-葡萄糖(又称 D-葡萄糖胺),2-氨基-D-甘露糖、2-氨基-D-半乳糖和 3-氨基-D-核糖等。自然界的氨基糖多以乙酰氨基糖的形式存在,是糖蛋白的组成成分。

糖分子中的—C ═O 基能与氨基酸发生反应,生成各种挥发性和非挥发性的化合物以及一些褐色多聚体。这就是食品科学中应用极为广泛的美拉德(maillard)反应。

利用美拉德反应可得到各种不同的风味物质。茶、可可和咖啡中的糖与氨基酸的非酶性褐变反应产物中已分离检测出一组 N – 烷基 – 2 – 酰基吡咯类化合物,这就是这些饮料散发的挥发性香味的物质。焙烤面包过程中,蛋白质、肽和氨基酸的氨基与麦芽糖、乳糖作用产生的焦香味为麦芽酚和异麦芽酚。糖与胺的美拉德反应中最终产生黑色物质。

(八)多糖水解

多糖的水解是指在一定条件下,糖苷键断裂,多糖转化为低聚糖或单糖的反应过程,调节或控制多糖水解是食品加工过程中的重要环节。多糖水解的条件主要包括酶促水解和酸碱催化水解。酶促水解常见处理对象、酶种类、意义总结见表 3 – 1。

表 3 – 1　酶促水解常见处理对象、酶种类、意义

待处理对象	所用酶	应用意义
淀粉	各类淀粉酶,如 α – 淀粉酶、β – 淀粉酶、葡萄糖淀粉酶、异淀粉酶	生产糖浆,改善食品感官品质
纤维素	纤维素酶,包括内切酶、外切酶、葡萄糖苷酶	生产膳食纤维、葡聚糖浆,提高果汁出汁率和澄清度
半纤维素	半纤维素酶,主要有 L – 半乳聚糖酶、L – 木聚糖酶、L – 阿拉伯聚糖酶、L – 甘露聚糖酶	生产半乳糖、木糖、阿拉伯糖、甘露糖等,提高食品质量
果胶	果胶酶	植物质地软化,提高果汁出汁率和澄清度

酸催化水解对中性多糖起作用,多糖与酸共热即进行水解,最后全部生成单糖。水解温度提高可使酸水解速度提高,α – 苷键比 β – 苷键水解容易,呋喃环比吡喃环容易水解,多糖的结晶区较难水解。

碱催化水解又称转消性水解,即多糖分子在碱催化作用下发生苷键断裂,本质是碱帮助半缩醛羟基形成的苷键发生断裂,类似于醚碱的反应,碱的帮助作用主要体现在亲核取代。果胶在碱性条件下的水解就属于此类反应,常被用在食品加工中的去皮过程。

第二节　食品中的糖类物质

一、食品中常见的糖类物质

(一)重要的单糖

单糖根据碳原子数多少,分别称为丙糖、丁糖、戊糖、己糖、庚糖。

1.丙糖

含 3 个碳原子的糖称丙糖。比较重要的丙糖有 D - 甘油醛和二羟基丙酮。它们的磷酸酯是糖代谢的重要中间产物。

2.丁糖

含 4 个碳原子的糖称丁糖。自然界常见的丁糖有 D - 赤藓糖及 D - 赤藓酮糖。它们的磷酸酯是糖代谢的重要中间产物。

3.戊糖

自然界存在的戊醛糖主要有 D - 核糖、D - 2 - 脱氧核糖、D - 木糖和 L - 阿拉伯糖。它们大多以多聚戊糖或以糖苷的形式存在。戊酮糖有 D - 核酮糖和 D - 木酮糖,均是糖代谢的中间产物(图 3 - 4)。

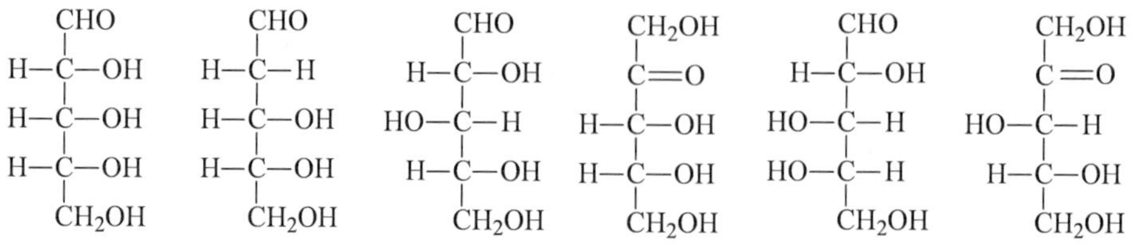

图 3 - 4　几种戊糖

（1）L - 阿拉伯糖　广泛存在于植物界中,是植物分泌的胶黏质及半纤维素等多糖的组成成分,通常将树胶或提取蔗糖以后剩下的甜菜渣加酸水解制取,平衡溶液的 $[\alpha]_D^{20} = +105.5°$。酵母菌不能使其发酵。

（2）D - 木糖　存在情况与 L - 阿拉伯糖相同。把麸皮、木材、棉子壳、玉米穗轴等水解即可制得。工业上以玉米穗轴加酸水解大规模生产,得率可达 12%,酵母菌不能使其发酵,但类酵母能很好地利用木糖,平衡溶液的 $[\alpha]_D^{20} = +18.8°$。

木糖为无色晶体粉末,易溶于水,有类似果糖的甜味,其甜度约为蔗糖的 65%,溶解性及渗透性大,易引起褐变反应,在人体内也不容易被吸收利用,是无热能的甜味物质,可供糖尿病等患者食用。

（3）D - 核糖及 D - 2 - 脱氧核糖　它们是核酸的组成成分。衍生物核醇是某些维生素与辅酶的组成成分。核糖与脱氧核糖以呋喃型存在于天然化合物中。D - 核糖的 $[\alpha]_D^{20} = -23.7°$,D - 2 - 脱氧核糖的 $[\alpha]_D^{20} = -60°$。

4.己糖

由于分子结构中含有不对称碳原子,所以己醛糖有 8 种 D - 型及 8 种对应的 L - 型异构体。每一种异构体的半缩醛环型又有 α - 及 β - 两种差向异构体。己酮糖则有 4 种 D - 型及 4 种 L - 型异构体,每种异构体的半缩醛环型也有 α - 及 β - 两种差向异构体。总起来,理论上讲,不算 α - 及 β - 差向异构,共应有 24 种己糖。但在生物体中常见的只有 D - 葡萄糖、D - 甘露糖、D - 半乳糖及 D - 果糖等四种,包括山梨糖在内的其他己糖只是偶见。

葡萄糖和甘露糖是一对 C_2 位差向异构体;葡萄糖与半乳糖则是 C_4 位差向异构体;山梨糖与果糖是 C_5 位差向异构体。

(1)D – 葡萄糖 又名右旋糖,是自然界分布最广也最重要的单糖,植物器官与组织各部、蜂蜜、动物的血液、淋巴液、脑脊液等中均有分布。

葡萄糖有两种结晶:室温下由乙醇或水溶液中析出的是熔点为146℃的 α – 葡萄糖,$[\alpha]_D^{20} = +112.2°$;由热吡啶溶液中析出的为熔点148~150℃的 β – 葡萄糖,$[\alpha]_D^{20} = +17.5°$。

葡萄糖甜度约为蔗糖的50%~70%,甜味有凉爽感。葡萄糖液能被多种微生物发酵,是发酵工业的重要原料,工业上生产葡萄糖都用淀粉为原料,经酸法或酶法水解而制得。

(2)D – 甘露糖及D – 半乳糖 这两种糖是一对 C_2 及 C_4 位差向异构体。在植物中主要以缩合物形态存在于甘露聚糖及半乳聚糖等多糖中,游离存在的几乎为痕量。

D – 半乳糖与D – 葡萄糖脱水缩合成乳糖(双糖),存在于动物乳汁中。在许多胶质多糖中含有半乳糖。少数植物中有游离存在的半乳糖,如常春藤中存在较多,其果实经冷冻后可在表面析出半乳糖结晶。甜菜中也可发现半乳糖。

D – 甘露糖可被酵母发酵。D – 半乳糖可被乳糖酵母发酵。

(3)D – 果糖 又名左旋糖。D – 果糖在多糖分子中以呋喃型存在。果糖也可以形成半缩醛,所以也呈环状结构,有变旋现象。果糖是无色结晶,吸湿性很强,是糖类中最甜的糖,酵母可使其发酵。

果糖多存在于瓜果和蜂蜜中,很容易消化,不需要胰岛素的作用就能被人体代谢利用。适合糖尿病患者食用。食品工业中用异构酶使葡萄糖转化为果糖。

5.庚糖

自然界存在的庚糖主要有D – 甘露庚酮糖和D – 景天庚酮糖(图3 – 5),是自然界中已知碳链最长的单糖。

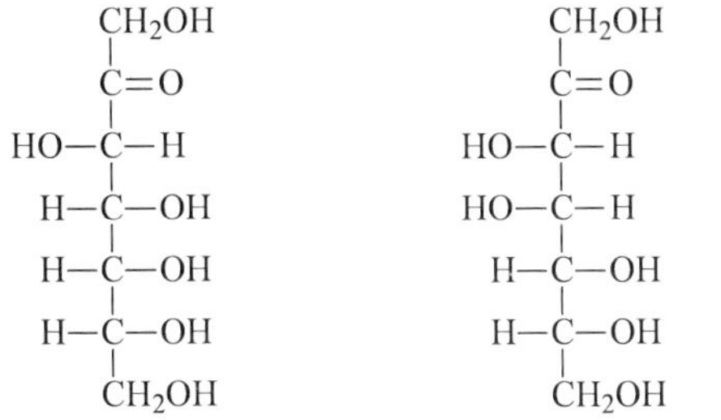

D-景天庚酮糖   D-甘露庚酮糖

图3 – 5 重要的庚糖

(二)重要的单糖衍生物

1.糖醇

溶于水及乙醇中,较稳定,有甜味,不能还原 Fehling 试剂。常见糖醇有甘露醇及山梨醇。山梨醇氧化时可形成葡萄糖、果糖或山梨糖。

2.糖醛酸

由单糖的伯醇基氧化而得。其中最常见的葡萄糖醛酸。它是肝脏内的一种解毒剂。半乳糖醛酸存在于果胶中。

3.糖胺

又称氨基糖。糖分子中一个羟基为氨基所代替(图3-6)。自然界中存在的糖胺都是己糖胺。常见的是D-葡萄糖胺,它存在于几丁质(即壳多糖)和黏液酸中。半乳糖胺是软骨成分软骨酸的水解产物。

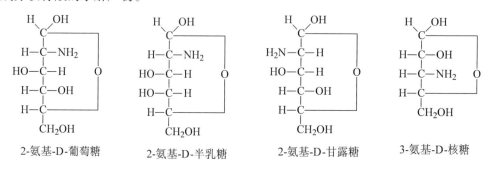

2-氨基-D-葡萄糖   2-氨基-D-半乳糖   2-氨基-D-甘露糖   3-氨基-D-核糖

图3-6   几种糖胺

4.糖苷

主要存在于植物种子、叶及皮内。天然糖苷中有醇类、醛类、酚类、固醇和嘌呤等。它们大多极毒,但微量糖苷可作药物。重要的糖苷有能引起溶血的皂角苷(saponin),有强心剂作用的洋地黄苷(digitalin),以及能引起葡萄糖随尿排出的根皮苷(phloridzin),苦杏仁苷(amygdalin)也是一种毒性物质。

5.脱氧糖

单糖的羟基被氢替换而成为脱氧糖。生物体存在的重要脱氧糖是前面已介绍的D-2-脱氧核糖,它是由D-核糖衍生而来的。

(三)重要的双糖

1. 蔗糖

蔗糖是存在于植物中最广泛的低聚糖,许多植物茎、根、籽、果、叶中都存在游离蔗糖。蔗糖甜度大,且甜味纯正,是传统的食品甜味剂。

蔗糖是由α-D-葡萄糖和β-D-果糖各一分子按α、β-1,2键型缩合、失水形成的,为白色结晶,易溶于水,有甜味,有旋光作用,但无变旋作用(因无α-型与β-型区别)。从结构上看,蔗糖无还原作用,不能与苯肼作用产生糖脎,因结合成二糖时醛基与酮基的特性都已完全丧失。蔗糖也不因弱碱的作用而起烯醇化,但可被强碱破坏。稀酸或转化酶都能水解蔗糖,产生等量的D-葡萄糖和D-果糖。

蔗糖可被酵母发酵,加热到200℃得到的棕黑色焦糖,常被用做酱油的增色剂。

2. 麦芽糖

麦芽糖大量存在于发芽的谷粒,特别是麦芽中。淀粉、糖原被淀粉酶水解也可产生麦芽糖。它是由两个葡萄糖分子缩合、失水形成的,其糖苷键型为 $\alpha - 1,4$。麦芽糖为白色晶体,易溶于水,甜度仅次于蔗糖,有旋光性与变旋性,$[\alpha]_D^{20} = +136°$。

麦芽糖有 $\alpha -$ 型及 $\beta -$ 型,区别仅在于右边 D – 葡萄糖 C_1 上—H 与—OH 基的位置。C_1 的—OH 在 α 位的为 α 型,在 β 位的称 β 型。六元环结构式中 β 型 C 上—OH 基在平面上。通常的晶体麦芽糖为 β 型。

麦芽糖分子内有一个游离的苷羟基,能使费林(Fehling)试剂还原,所以具有还原性。可被酵母发酵。

3. 乳糖

乳糖存在于哺乳动物的乳汁中,人乳中含 5% ~ 8% ,牛奶中含 4% ~ 6% ,有些水果中也含有乳糖,它是白色粉末,熔点 202℃ ,易溶于水,微甜,其相对甜度仅为蔗糖的 39% 。有还原性,能与苯肼结合成脎,与 HNO_3 同煮可产生黏酸(mucic acid)。

乳糖不能被酵母菌发酵,但能被乳酸菌作用产生乳酸发酵,把乳糖转换成乳酸,这也是酸奶形成的依据。

乳糖可被小肠内的乳糖酶水解成 D – 葡萄糖与 D – 半乳糖,而后被小肠吸收。如果缺少乳糖酶,未被消化的乳糖进入大肠,经厌氧微生物发酵成乳酸或其他短链脂肪酸。乳糖的存在可以促进婴儿肠道中双歧杆菌的生长。

(四)具有特殊功能的寡糖

目前已证实具有特殊保健功能的寡糖主要有寡果糖、乳果聚糖、低异聚麦芽糖、低聚木糖和低聚氨基葡萄糖,其中有的已经产业化规模生产。

1. 寡果糖

寡果糖又称为低聚果糖或蔗果三糖族低聚糖,它是由蔗糖和 1 ~ 3 个果糖基结合而成的蔗果三糖、蔗果四糖和蔗果五糖组成的混合物;是利用微生物或植物中具有果糖转移酶活性的酶作用于蔗糖而得到的。

寡果糖能被大肠内对人体有保健作用的双歧杆菌选择性地利用,使体内双歧杆菌数量大幅度增加;很难被人体消化道酶水解,是一种低热量糖;可认为是一种水溶性食物纤维;抑制肠内沙门氏菌和腐败菌的生长,促进肠胃功能;防止龋齿。

寡果糖存在于人们经常食用的天然植物中,如香蕉、蜂蜜、洋葱、大蒜、西红柿、芦苇、菊芋和麦类中。作为一种新型的食品甜味剂或功能性食品配料,寡果糖主要是采用含有果糖转移酶活性的微生物生产的。

2. 低聚木糖

低聚木糖分为木糖、木二糖、木三糖及少量木三糖以上的木聚糖,其中木二糖为主要有效成分,木二糖含量越高,则低聚糖产品质量越高。木二糖是由两个木糖分子缩合、失水形成的(图 3 – 7),其糖苷键型为 $\beta - 1,4$,甜度为蔗糖的 40% 。

低聚木糖具有较高的耐热和耐酸性能,在 pH 2.5 ~ 8.0 的范围内相当稳定。木二糖和木三糖属不消化但可发酵的糖,因此是双歧杆菌有效的增殖因子,它是使双歧杆菌增殖所需用量最小的低聚糖。低聚木糖还具有黏度较低,代谢不依赖胰岛素和抗龋齿等特性。

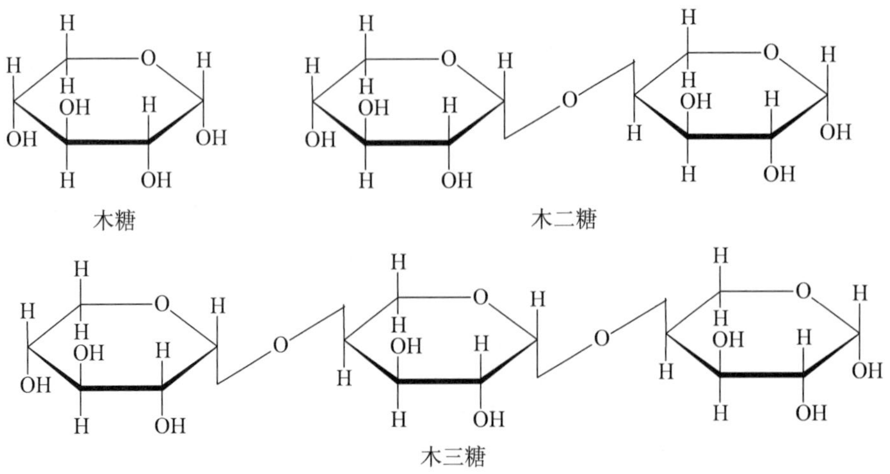

图 3 - 7　几种木糖

3. 甲壳低聚糖

甲壳低聚糖是一类由 N – 乙酰 – D – 氨基葡萄糖或 D – 氨基葡萄糖通过 β – 1,4 糖苷键连接起来的低聚合度水溶性氨基葡萄糖(图 3 – 8)。

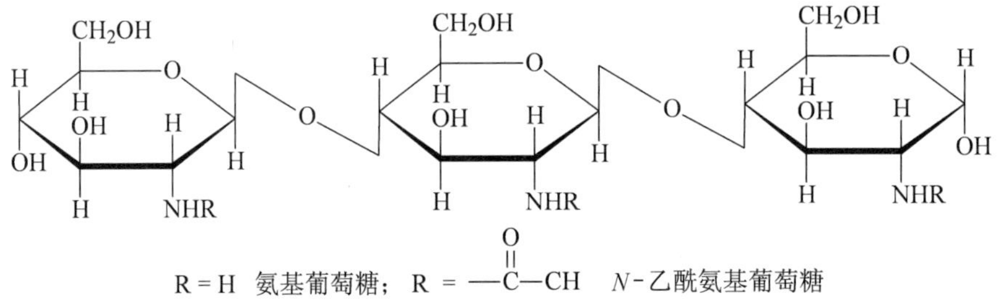

$R = H$　氨基葡萄糖；　$R = $ —C—CH　N – 乙酰氨基葡萄糖

图 3 – 8　甲壳低聚糖

由于分子中有游离氨基,在酸性溶液中易成盐,呈阳离子性质。随着游离氨基含量的增加,其氨基特性愈显著,这是甲壳低聚糖的独特性质,而许多功能性质和生物学特性都是与此密切相关的。

甲壳低聚糖能降低肝脏和血清中的胆固醇;提高机体免疫功能,增强机体的抗病和抗感染能力;具有强的抗肿瘤作用;是双歧杆菌的增殖因子;可使乳糖分解酶活性升高以及防治胃溃疡,治疗消化性溃疡和胃酸过多症。

(五)多糖

多糖是天然高分子化合物,是由很多单糖分子以糖苷键相连接而成的高聚物。组成多糖的单糖可以相同也可以不同,以相同的为常见,称为均多糖,如淀粉和纤维素等。不相同的单糖组成的多糖称为杂多糖。多糖不是一种纯粹的化学物质,而是聚合程度不同的物质的混合物。

多糖的性质与单糖和低聚糖很不相同,它没有甜味,一般不溶于水,有的即使能溶于水,也只能生成胶体溶液。多糖不具还原性和变旋现象,尽管某些多糖分子的末端含有苷羟基,但因相对分子质量很大,其还原性及变旋现象极不显著。

多糖广泛存在于自然界中,如植物的骨架——纤维素,植物储备的养分——淀粉,及动物体内储备的养分——糖原等。

1. 淀粉

淀粉几乎存在于所有绿色植物的多数组织中。光照下,它在叶中积累。长时间置黑暗下,则降解供能。淀粉在显微镜下可见大小的颗粒大量存在于植物种子(如麦、米和玉米等)、块茎(如薯类)以及干果(如栗子、白果等)中,也存在植物的其他部位。它是植物营养物质的一种贮存形式。淀粉的分子式为$(C_6H_{10}O_5)_n$,严格地讲为$C_6H_{12}O_6(C_6H_{10}O_5)_n$,$n$为不定数,称$n$为聚合度(DP)。

用热水处理,可将淀粉分为两种成分:一种为可溶解部分,称为直链淀粉;另一种不溶解部分称为支链淀粉。天然淀粉粒中直链淀粉和支链淀粉的比例相当稳定,多数谷类淀粉含直链淀粉在20%～30%,比根类淀粉要高,后者仅含17%～20%的直链淀粉。糯玉米、糯高粱和糯米等不含直链淀粉,全部是支链淀粉。

(1)淀粉的分子结构 直链淀粉是$\alpha-D-$吡喃葡萄糖基通过$\alpha-1,4$糖苷键连接的线型聚合物(图3-9),而支链淀粉是$\alpha-D-$吡喃葡萄糖基通过$\alpha-1,4$或$\alpha-1,6$糖苷键连接的高支化聚合物(图3-10)。

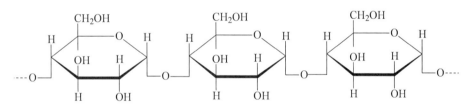

图3-9 直链淀粉分子

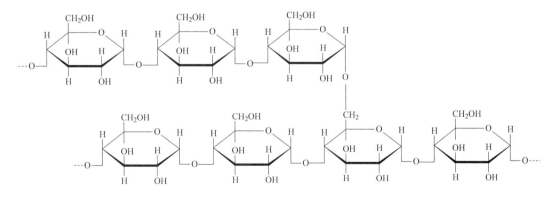

图3-10 支链淀粉分子

一般直链淀粉的分子量为5万～20万,相当于300～1200个葡萄糖基聚合而成。支链淀粉分子量要比直链淀粉大得多,为20万～600万,相当于1200～36000个葡萄糖基聚合而成。

（2）淀粉颗粒的晶体构造　淀粉颗粒构造可以分为以格子状态紧密排列着的结晶态部分和不规则地聚集成凝胶状的非晶态部分（无定形部分），结晶态部分占整个颗粒的百分比，称为结晶化度。淀粉颗粒的结晶化度最高者约为40%，多数在15%～35%。

淀粉颗粒由许多微晶束构成，这些微晶束如图3-11所示排列成放射状，看似为一个同心环状结构。微胶束的方向垂直于颗粒表面，表明构成胶束的淀粉分子轴也是以这样方向排列的。结晶性的微胶束之间由非结晶的无定形区分隔，结晶区经过一个弱结晶区的过渡转变为非结晶区，这是个逐渐转变过程。淀粉分子参加到微晶束构造中，并不是整个分子全部参加到同一个微晶束里，而是一个直链淀粉分子的不同链段或支链淀粉分子的各个分支分别参加到多个微晶束的组成之中，分子上也有某些部分并未参与微晶束的组成，这部分就是无定形状态，即非结晶部分。

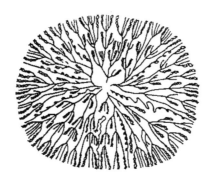

图3-11　淀粉颗粒超大分子模型

（3）淀粉重要加工性质

①淀粉的润胀　淀粉颗粒不溶于冷水，但将干燥的天然淀粉置于冷水中，它们会吸水，并经历一个有限的可逆的润胀。这时候水分子只是简单地进入淀粉颗粒的非结晶部分，与游离的亲水基相结合，淀粉颗粒慢慢地吸收少量的水分，产生极限的膨胀，淀粉颗粒保持原有的特征和晶体的双折射。若在冷水中不加以搅拌，淀粉颗粒因其相对密度大而沉淀，将其分离干燥仍可恢复成原来的淀粉颗粒。

②淀粉的糊化　若把淀粉的悬浮液加热，到达一定温度时（一般在55℃以上），淀粉颗粒突然膨胀，因膨胀后的体积达到原来体积的数百倍之大，所以悬浮液就变成黏稠的胶体溶液。这种现象称为淀粉的糊化（gelatinization）。淀粉颗粒突然膨胀的温度称为糊化温度，又称糊化开始温度。因各淀粉颗粒的大小不一样，待所有淀粉颗粒全部膨胀又有另一个糊化过程温度，所以糊化温度是一个温度范围。

淀粉糊化的本质是高能量的热和水破坏了淀粉分子内部彼此间氢键结合，使分子混乱度增大，糊化后的淀粉—水体系的行为直接表现为黏度增加。

③淀粉的老化　淀粉稀溶液或淀粉糊在低温下静置一定的时间，淀粉分子通过氢键相

互作用产生沉淀或不溶解的现象,称为淀粉的老化。淀粉老化的本质是一个再结晶的过程,是糊化的淀粉分子在温度降低时由于分子运动减慢,此时直链淀粉分子和支链淀粉分子的分支都回头趋向于平行排列,互相靠拢,彼此以氢键结合,重新组成混合微晶束。其结构与原来的生淀粉颗粒的结构很相似,但不成放射状,而是零乱地组合,我们通常将老化淀粉称为 β - 淀粉。许多食品在贮藏过程中品质变差,如面包的陈化、米汤的黏度下降并产生白色沉淀等,都是淀粉老化的结果。

2. 糖原

糖原广泛存在于人及动物体中,人体约含糖原 400g,肝脏及肌肉中含量尤多,肝脏中的糖原浓度比肌肉中要高些,但是在肌肉中储存的糖原则比肝脏多。糖原成分似淀粉,故又称动物淀粉。肝脏的糖原可分解为葡萄糖进入血液,供组织使用,肌肉中的糖原为肌肉收缩所需能量的来源。糖原在细胞的胞质中以颗粒状存在,直径为 10 ~ 40nm。除动物外,细菌、酵母、真菌及甜玉米中也有糖原存在。

糖原也是由 D - 葡萄糖构成的。与支链淀粉相似,以 $\alpha - 1,4$ 糖苷键为主,支链连接键为 $\alpha - 1,6$ 糖苷键。但糖原所含支链更多,主链上平均每 3 ~ 5 个葡萄糖基即有一个支链,糖原的分支程度比支链淀粉高 1 倍多。外围的支链含 6 ~ 7 个葡萄糖基,主链上支链含 12 ~ 18 个,多数为 12 个葡萄糖基组成,分子为球形(图 3 - 12),相对分子质量为 2.7×10^5 ~ 3.5×10^6(肝糖原约为 10^6,肌糖原约为 5.0×10^6)。

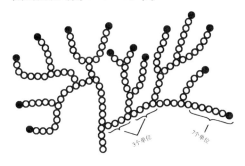

图 3 - 12 糖原分子部分结构示意图(● 非还原性尾端)

糖原的性质与显红糊精相似,溶于沸水,遇碘呈红色。无还原性,亦不能与苯肼作用成糖脲,完全水解后得到 D - 葡萄糖。

3. 纤维素类多糖

(1)纤维素 自然界纤维素主要来源是棉花、麻、树木、野生植物等,此外还有很大一部分来源于各种作物的茎秆,是植物的支持组织。通常纤维素、半纤维素和木质素总是同时存在于植物细胞壁中。

纤维素与淀粉一样也是一种复杂的多糖,其相对分子质量为 5.0×10^4 ~ 4.0×10^9,不溶于水。它在酸的作用下发生水解,形成一系列中间产物,最后产生 β - 葡萄糖。纤维素是由许多 β - D - 葡萄糖分子以 β - 1,4 糖苷键连接而成的直链,直链间彼此平行。链间葡萄糖的羟基之间极易形成氢键,再加上半纤维素、果胶、木素的黏结作用,使得完整的纤维具有高度不溶于水的性质。

(2)半纤维素 半纤维素是含有 D - 木糖的一类多糖,一般它水解能产生戊糖、葡萄糖醛酸和一些脱氧糖。半纤维素存在于所有陆地植物中,而且经常存在于植物木质化的那部分。食品中最主要的半纤维素是由 $1,4 - \beta - D -$ 吡喃木糖基单位组成的木聚糖为骨架,也是膳食纤维的一个来源。半纤维素在焙烤食品中的作用很大,它能提高面粉结合水的能力,改进面包面团混合物的质量,降低混合物能量,有助于蛋白质的进入和增加面包的体积,并能延缓面包的老化。

4. 糖胺聚糖

糖胺聚糖(glycosaminoglycan)又称为糖胺多糖、黏多糖(mucopoly-saccharides)。它是含氮多糖,其代表性物质有透明质酸、硫酸软骨素(有 A、B 和 C 3 种)和肝素等。

(1)透明质酸 最丰富的酸性黏多糖是透明质酸(hyaluronicacid),存在于细胞外膜和脊椎动物结缔组织细胞内基质中;它们也出现于关节的滑液中和眼的玻璃体液中,透明质酸的重复单位是一个由 D - 葡萄糖醛酸和 $N -$ 乙酰 - D - 氨基葡萄糖($N -$ 乙酰葡萄糖胺)通过 $\beta - 1,3$ 键组成的双糖,双糖单位通过 $\beta - 1,4$ 键连接长链(图 3 - 13)。

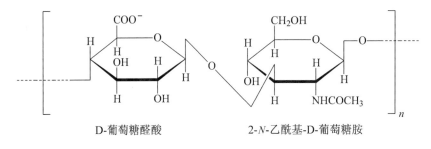

D-葡萄糖醛酸　　　　　　　2-N-乙酰基-D-葡萄糖胺

图 3 - 13 透明质酸

由于每个双糖单位是通过 $\beta - 1,4$ 键与下一个双糖连接的,因此透明质酸含有交替出现的 $\beta - 1,3$ 和 $\beta - 1,4$ 糖苷键。透明质酸是一种线性聚合物。由于它的羧基是完全游离的,故在 pH 7.0 时带负电荷。透明质酸能溶于水,并在其中形成高度黏稠溶液。透明质酸酶催化透明质酸的 $\beta - 1,4$ 糖苷键的水解,水解后黏度降低。

(2)硫酸软骨素 在结构上软骨素与透明质酸几乎相同,唯一不同的是它含有 $N -$ 乙酰 - D - 氨基半乳糖而不是 $N -$ 乙酰 - D - 氨基葡萄糖残基。软骨素本身仅是细胞外物质的一个不重要的成分,但它们的硫酸衍生物,4 - 硫酸软骨素(软骨素 A)和 6 - 硫酸软骨素(软骨素 C)则是细胞外膜、软骨、骨、角膜和脊椎动物的其他结缔组织的重要构成成分。硫酸皮肤素和硫酸角蛋白是存在于皮肤、角膜和骨组织的酸性黏多糖。

(3)肝素 肝中肝素含量最为丰富,因此得名。实际上,它广泛分布于哺乳动物组织和体液中。肝素的二糖结构单位见图 3 - 14。除二糖重复单位外还含有糖醛酸分子。

肝素的生物学意义在于它能防止血液凝固,目前输血时,多以肝素为抗凝剂,临床上也常用于防止血栓形成。

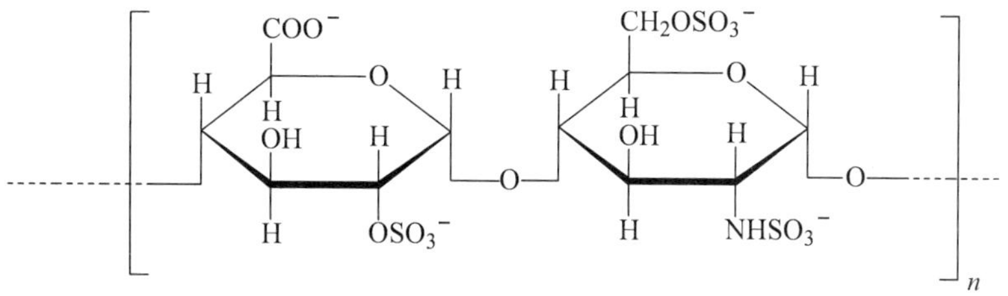
COO⁻
CH2OSO3⁻
OSO3⁻
NHSO3⁻
L-艾杜糖醛酸-2-硫酸
N-硫酸-α-D-葡萄糖胺-6-硫酸

图 3－14 肝素

二、糖类物质的重要食品功能性

（一）甜度

甜度是一个相对值，常以蔗糖的甜度为标准进行比较（规定以 5% 或 10% 的蔗糖溶液在 20℃时的甜度为 1 或 100）得出，设蔗糖甜度为 100，则果糖、葡萄糖、麦芽糖、半乳糖和乳糖甜度分别为 173、74、32、32 和 16。所有的单糖、双糖、低聚糖、糖醇均有一定甜度，某些糖苷、多糖复合物也有很好的甜度，这是赋予食物甜味的主要原因。例如蜂蜜具有甜味是因为其含有较多的果糖和葡萄糖，甘蔗具有甜味是因为其含有较多的蔗糖。现代食品工业中使用的一些人工合成甜味剂比自然存在的甜味剂更甜，如阿斯巴甜（aspartame）的甜度为 18000，甜蛋白（monellin）的甜度为 20000。多糖一般不具明显的甜味，只有在水解成小分子的单糖或寡糖时才具有甜味。

（二）吸湿性和保湿性

糖类物质的吸湿性和保湿性是其亲水能力的具体体现。糖类物质含有许多亲水性羟基，可以靠氢键键合与水分子相互作用，所以糖类物质对水有较强的亲和力。将糖类物质放置在一定湿度的环境中，若干时间后就能结合一定的空气中的水分（表 3－2）。

表 3－2 糖吸收潮湿空气中水分的百分含量 单位：%

糖	20℃、不同相对湿度和时间		
	60%，1h	60%，9d	100%，25d
D－葡萄糖	0.07	0.07	14.5
D－果糖	0.28	0.63	73.4
蔗糖	0.04	0.03	18.4
麦芽糖（无水）	0.80	7.0	18.4
无水乳糖	0.54	1.2	1.4

食品生产中可根据所加工食品是需要限制从外界吸入水分或是控制食品中水分的损失来选择使用具有不同吸湿性和保湿性的糖类物质。例如糖霜粉的主要作用是防止产品在包装后发生黏结，则吸湿性小的糖可满足要求；而糖果、蜜饯、面包等产品需要在加工贮

藏中保持一定的水分含量,则必须添加吸湿性较强的糖,如玉米糖浆、高果糖浆、转化糖、糖醇等。

(三)胶凝作用

在食品加工中,多糖或蛋白质等大分子可通过氢键、疏水相互作用、范德华力离子桥接、缠结或共价键等相互作用,形成海绵状的三维网状凝胶结构,这种功能特性称为胶凝作用。由胶凝作用形成的凝胶结构的网孔中充满液相,液相是由较小分子质量的溶质和部分高聚物组成的水溶液。凝胶是一种能保持一定形状,可显著抵抗外界应力作用,具有黏性液体某些特性的黏弹性半固体。

凝胶强度依赖于联结区结构的强度,如果联结区链段不长,链与链不能牢固地结合在一起,那么在压力和温度升高时,聚合物链的运动增大,于是分子分开,这样的凝胶属于易被破坏和热不稳定凝胶。若联结区包含长的链段,则链与链之间的作用力强,足可耐受所施压力或热的作用,这类凝胶硬而且稳定。因此,适当控制联结区的链段长度可以形成不同硬度和稳定性的凝胶。支链分子或杂聚糖分子间不能很好地结合,不能形成足够大的联结区和一定强度的凝胶,只能形成黏稠、稳定的溶胶。同样,带电荷基团的分子,如含羧基的多糖,链段之间的电荷会产生库伦斥力,从而阻止联结区的形成。

多糖溶液的这些性质使其在食品及轻工业中广泛应用,可作为增稠剂、絮凝剂、泡沫稳定剂、吸水膨胀剂、乳状液稳定剂等。

(四)风味结合功能

多糖类物质能有效保留挥发性风味成分,如阿拉伯树胶、明胶、环糊精等常用于微胶囊和微乳化技术。在食品喷雾干燥或冷冻干燥的脱水过程中,糖类物质与水的相互作用转变成糖－风味物质的相互作用,对保持挥发性风味成分起着重要作用。

三、食品加工贮藏对糖类物质的影响

(一)美拉德(Maillard)反应

美拉德反应又称为"非酶褐色化反应"、"羰氨反应",主要是指羰基与氨基酸、蛋白质的氨基经缩合、聚合反应生成类黑色素和某些风味物质的非酶褐变反应。食品中含有还原糖或羰基化合物及蛋白质,在加工和贮藏的过程中,这些物质之间就会发生美拉德反应。美拉德反应在加热条件下发生得较快较明显,它不仅与传统食品的生产有关,也与现代食品工业化生产有关,如烧烤食品、焙烤食品、咖啡等。

美拉德反应是一系列复杂的反应,我们可将其反应历程大致归纳为三个阶段:开始阶段、中间阶段和末期阶段,各阶段及其发生的主要反应如图3－15。

在美拉德反应的开始阶段主要发生的反应是还原糖如葡萄糖的羰基与氨基酸或蛋白质中的自由氨基失水缩合生成 N－葡萄糖基胺,N－葡萄糖基胺再经 Amadori 重排反应生成1－氨基－1－脱氧－2－酮糖。

中间阶段是1－氨基－1－脱氧－2－酮糖在不同 pH 条件下发生不同的降解反应:当

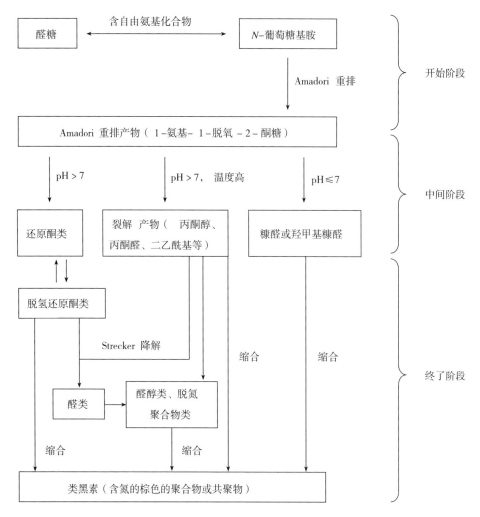

图 3 - 15 美拉德反应历程示意图

pH 小于或等于 7 时,1 - 氨基 - 1 - 脱氧 - 2 - 酮糖主要发生 1,2 - 烯醇化反应形成糠醛(当糖为戊糖时)或羟甲基糠醛(当糖为己糖时);当 pH 大于 7 且温度较低时,1 - 氨基 - 1 - 脱氧 - 2 - 酮糖易发生 2,3 - 烯醇化而形成还原酮类,还原酮类较不稳定,既有较强的还原作用,也可异构成脱氢还原酮,脱氢还原酮易使氨基酸发生脱羧、脱氨反应形成醛类和 α - 氨基酮类,该反应称为 Strecker 反应;当 pH 大于 7 且温度较高时,1 - 氨基 - 1 - 脱氧 - 2 - 酮糖易裂解,产生很多产物,如 1 - 羟基 - 2 - 丙酮、丙酮醛、二乙酰基等,这些都是高活性的中间体,将继续进行反应。

末期阶段是反应过程中生成的不稳定的醛类、酮类发生缩合作用产生醛醇类及脱氮聚合物类,最终形成含氮的棕色聚合物或共聚物,统称为类黑素,这是美拉德反应使食品产生诱人色泽的原因。

当然,在美拉德反应过程中,除了最终生成类黑素以外,还生成了很多的小分子化合物,具有挥发性,这些形成了发生美拉德反应的食品的特殊风味,如花生、咖啡豆在焙烤过程中产生的褐变风味。

(二)焦糖化反应

无水(或浓溶液)条件下加热糖或糖浆,用酸或铵盐作催化剂,糖发生脱水与降解,生成深色物质的过程,称为焦糖化反应。

糖的正位异构化导致糖苷键的断裂形成新的糖苷键,热解引起脱水,生成内酐环(如左旋葡萄糖)或把双键引入糖环产生不饱和环状体系,不饱和环缩合,使体系聚合化,这就产生了良好的焦糖色和风味。焦糖色是我国传统的一种着色剂,含有酸度不同的羟基、羰基、烯醇基和酚羟基,是结构不清楚的大分子聚合物。它的等电点在 pH3.0~6.9 之间,甚至可低于 pH3.0,随制造方法而异。

工业上生产焦糖色,采用的原料主要为蔗糖或糖蜜、糖浆等,可使用磷酸盐、无机盐、碱、柠檬酸、氨水或硫酸铵等作为催化剂。但加铵盐制成的焦糖含 4 - 甲基咪唑,有强致惊厥作用,含量高或长期食用会影响神经系统健康,关于焦糖色的食品安全国家标准 GB 1886.64—2015 中对氨法或亚硫酸铵法制成的焦糖色中 4 - 甲基咪唑的规定是不高于 200mg/kg。

工业生产的焦糖色分为三类:一类是耐酸焦糖色素,用于可乐饮料;一类是啤酒用的焦糖色素;最后一类是焙烤食品用的焦糖色素。

第三节　糖代谢

一、食物中糖的消化和吸收

食物中的糖类主要包括淀粉和糖原两类可消化吸收的多糖、少量蔗糖、麦芽糖、异麦芽糖、乳糖等寡糖以及各种单糖,淀粉等多糖首先在口腔被唾液中的淀粉酶水解部分 $\alpha-1,4$ 糖苷键,随后在小肠被胰液中的淀粉酶进一步水解生成麦芽糖、异麦芽糖和含 4 个糖基的临界糊精($\alpha-dextrin$),最终被小肠黏膜刷状缘的麦芽糖酶、乳糖酶和蔗糖酶水解产生葡萄糖、果糖、半乳糖,这些单糖可吸收进入小肠细胞。此吸收过程是一个主动耗能的过程,由特定载体完成,同时伴有 Na^+ 转运,不受胰岛素的调控。除上述糖类以外,由于人体内无 β - 糖苷酶,食物中含有的纤维素无法被人体分解利用,但是其具有刺激肠蠕动等作用,对于身体健康也是必不可少的。临床上,有些患者由于缺乏乳糖酶等双糖酶,可导致食物中糖类消化吸收障碍而使未消化吸收的糖类进入大肠,被大肠中细菌分解产生 CO_2、H_2 等,引起腹胀、腹泻等症状。

二、糖酵解

糖的无氧分解是指动物体内组织在无氧情况下,细胞液中葡萄糖降解为乳酸并伴随着少量 ATP 生成的一系列反应,因与酵母菌使糖生醇发酵的过程相似,因而又称为糖酵解

（glycolysis）。糖酵解全过程的揭示，浸透着许多科学家的心血，尤以生物化学家 G. Embden、O. Meyerhof、J. K. Parnas 等的贡献最大，故糖酵解途径又叫 Embden-Meyerhof-Parnas 途径，简称 EMP 途径。

（一）糖酵解的反应过程

糖酵解是在细胞液中进行的一系列酶促反应。从葡萄糖开始直到生成乳酸，全过程共有 11 步，分为两个阶段。1 分子葡萄糖经第一阶段共 5 步反应，消耗 2 分子 ATP，为耗能过程，葡萄糖或糖原通过磷酸化作用为其分解代谢做好准备，然后再裂解为三碳糖，即 3 - 磷酸甘油醛。第二阶段 6 步反应生成 4 分子 ATP，为释能过程。

1. 糖酵解的反应

（1）第一阶段生成三碳糖：由葡萄糖经过磷酸化分解为三碳糖，每分解 1 分子葡萄糖消耗 2 分子 ATP。该阶段有 5 步反应：磷酸化、异构化、再磷酸化、裂解及异构化。

①葡萄糖的磷酸化　进入细胞内的葡萄糖首先在第 6 位碳上被磷酸化生成 6 - 磷酸葡萄糖（glucose - 6 - phophate，G - 6 - P），磷酸根由 ATP 供给，这一过程不仅活化了葡萄糖，有利于它进一步参与合成与分解代谢，同时还能使进入细胞的葡萄糖不再逸出细胞（图 3 - 16），催化此反应的酶是己糖激酶（hexokinase，HK）。己糖激酶催化的反应不可逆，反应需要消耗能量 ATP，Mg^{2+} 是反应的激活剂，它能催化葡萄糖、甘露糖、氨基葡萄糖、果糖进行不可逆的磷酸化反应，生成相应的 6 - 磷酸酯。6 - 磷酸葡萄糖是 HK 的反馈抑制物。HK 是糖氧化反应过程的限速酶（rate-limiting enzyme）或称关键酶（key enzyme），它有同工酶 I～Ⅳ型，I、Ⅱ、Ⅲ型主要存在于肝外组织，Ⅳ型主要存在于肝，特称葡萄糖激酶（glucokinase，GK）。

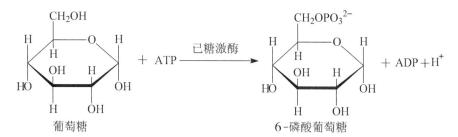

图 3 - 16　葡萄糖的磷酸化

磷酸基团的转移是生物化学中的一个基本反应，将磷酰基从 ATP 上转移至受体上的酶称为激酶（kinase）。己糖激酶就是把 ATP 上的磷酰基转移到各种己糖上的酶。

②6 - 磷酸葡萄糖异构化为 6 - 磷酸果糖　在磷酸己糖异构酶（phosphohexose isomerase）的催化下，6 - 磷酸葡萄糖的六元吡喃环转变为 6 - 磷酸果糖（fructose - 6 - phosphate，F - 6 - P）的五元呋喃环（图 3 - 17）。此反应是可逆的。

在葡萄糖的开链形式中，C_1 上有一个醛基，而果糖的开链形式在 C_2 上有一个酮基。因此，6 - 磷酸葡萄糖转变为 6 - 磷酸果糖的异构化反应，就是醛糖向酮糖的转变。开链反应式可以表示这一反应的实质（图 3 - 18）。

③6 - 磷酸果糖被 ATP 磷酸化为 1，6 - 二磷酸果糖　此反应由磷酸果糖激酶

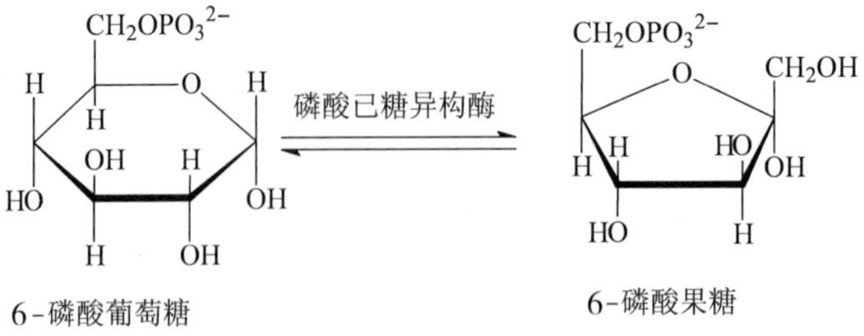

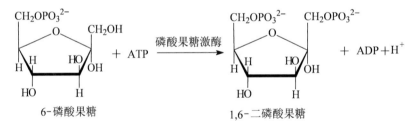

图 3 - 17　6 - 磷酸葡萄糖的异构化

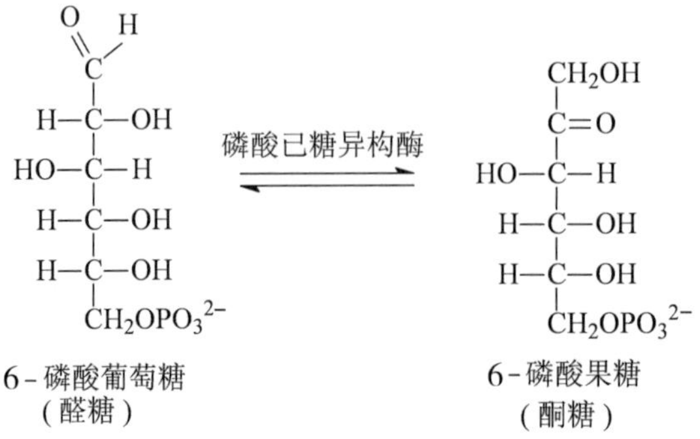

图 3 - 18　磷酸葡萄糖异构化反应的实质

（phosphofructokinase，PFK）催化，将 ATP 的磷酰基转移到 6 - 磷酸果糖的 C_1 上，形成 1,6 -
二磷酸果糖（图 3 - 19）。

图 3 - 19　6 - 磷酸果糖的磷酸化

④1,6 - 二磷酸果糖的裂解　1,6 - 二磷酸果糖在醛缩酶（aldolase）的催化下使 C_2 和
C_4 之间的键断裂产生 2 个三碳糖，即 3 - 磷酸甘油醛和磷酸二羟丙酮（图 3 - 20）。此反应
是可逆的。醛缩酶的名称来自其逆向反应的性质——醛醇缩合反应。

平衡有利于向左进行。但在正常生理条件下，由于 3 - 磷酸甘油醛在下一阶段的反应中
不断地被氧化消耗，使细胞中 3 - 磷酸甘油醛的浓度大大降低，从而使反应向裂解方向进行。

⑤磷酸三碳糖的互变　3 - 磷酸甘油醛在糖酵解途径的主线上，磷酸二羟丙酮不能继
续进入糖酵解途径，但可以很快转变成 3 - 磷酸甘油醛。这两种化合物互为异构体，可在
磷酸三碳糖异构酶（triose phosphate isomerase）的催化下相互转变（图 3 - 21）。

这个反应是一个快速的可逆反应，达到平衡时，三碳糖中的 96% 为磷酸二羟丙酮。但由

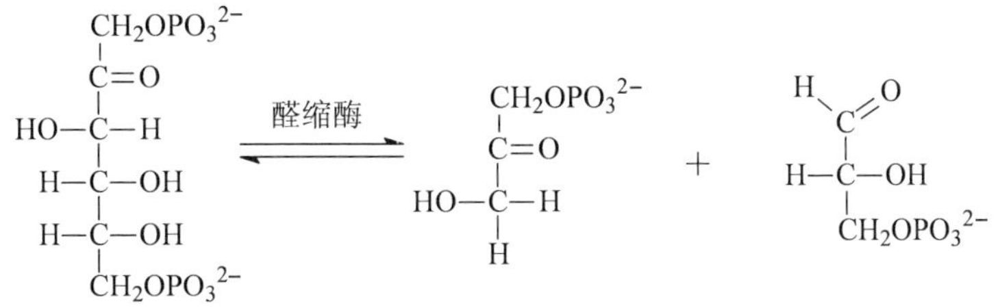

图 3 - 20　1,6 - 二磷酸果糖的裂解

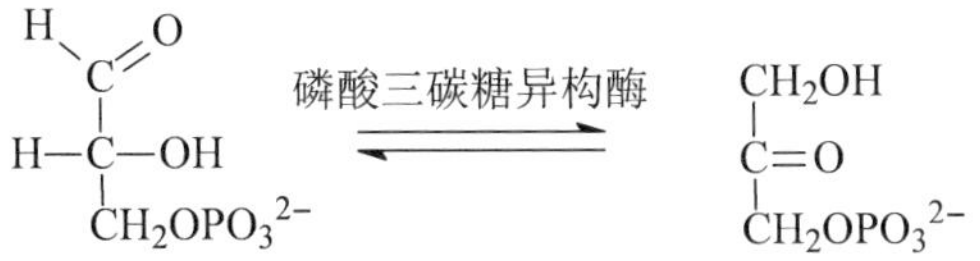

图 3 - 21　磷酸三碳糖的互变

于 3 - 磷酸甘油醛被后面的反应有效利用,因此该反应仍然向着生成 3 - 磷酸甘油醛的方向进行。

（2）第二阶段生成乳酸:前面的反应已经将 1 分子的葡萄糖转变为 2 分子的 3 - 磷酸甘油醛,还没有任何能量产生,但有 2 分子的 ATP 被消耗掉。接着进入收集 3 - 磷酸甘油醛储存的能量的阶段。在这一阶段中,3 - 磷酸甘油醛氧化释放能量,并形成 ATP,包括 6 步反应:

① 3 - 磷酸甘油醛氧化为 1,3 - 二磷酸甘油酸。3 - 磷酸甘油醛在有 NAD^+ 和无机磷酸(Pi)时,被 3 - 磷酸甘油醛脱氢酶(glyceraldehydes - 3 - phosphate dehydrogenase)所催化,氧化脱氢并磷酸化转变为含 1 个高能磷酸键的 1,3 - 二磷酸甘油酸(1,3 - biphospho glycerate)(图 3 - 22）。

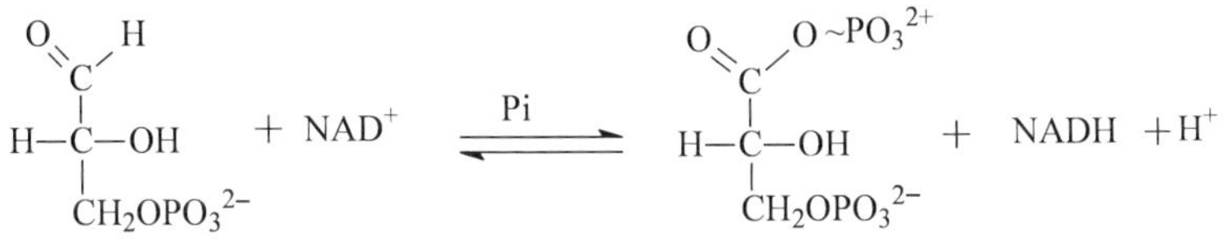

图 3 - 22　3 - 磷酸甘油醛氧化为 1,3 - 二磷酸甘油酸

此反应既是氧化反应,又是磷酸化反应,是糖酵解中最复杂的一步反应。在这步氧化还原反应中有高能磷酸化合物形成。3 - 磷酸甘油醛 C_1 的醛基被转化成酰基磷酸,这是由磷酸和羧酸形成的混合酸酐,它具有转移磷酸基的高势能,形成这种酐所需要的能量来自于醛基的氧化。NAD^+ 是该氧化反应的电子受体,被还原后形成 1 分子 NADH。

②从 1,3 - 二磷酸甘油酸形成 ATP　这一步反应是利用 1,3 - 二磷酸甘油酸的磷酸基团转移势能来形成 ATP。磷酸甘油酸激酶(phosphaglycerate kinase, PGK)催化 1,3 - 二磷

酸甘油酸分子 C_1 上的高能磷酸基团转移给 ADP,生成 3 - 磷酸甘油酸和 ATP(图3 - 23)。

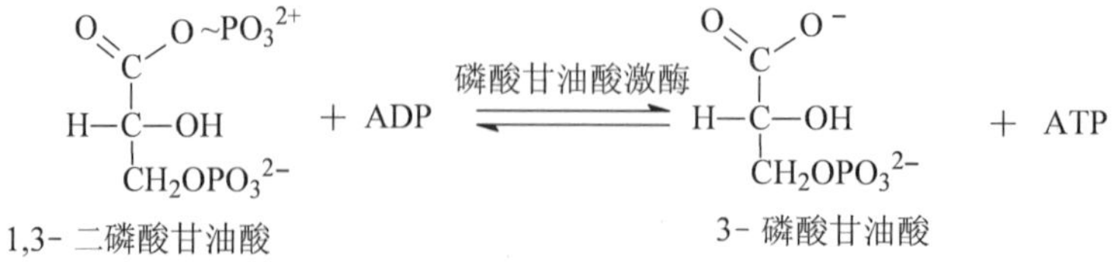

图 3 - 23 从 1,3 - 二磷酸甘油酸形成 ATP

3 - 磷酸甘油醛氧化产生的高能中间产物将其高能磷酸基团直接转移给 ADP 而生成 ATP,这是糖酵解途径中第一次产生能量的反应。因为至此 1 分子葡萄糖已分解产生了 2 分子的三碳糖,所以实际上共产生了 2 分子 ATP,这样就抵消了葡萄糖在磷酸化过程中消耗的 2 分子 ATP。这种底物氧化过程中产生的能量直接将 ADP 磷酸化生成 ATP 的过程,称为底物水平磷酸化(substrate level phosphorylation)。此激酶催化的反应是可逆的。

③ α - 磷酸甘油酸异构化　在磷酸甘油酸变位酶(phosphoglycerate mutase)的作用下,3 - 磷酸甘油酸变为 2 - 磷酸甘油酸,这一步反应实际上是分子内磷酸基团的重排。变位酶一般指能催化分子内部化学基团转移的酶。此反应是可逆的(图 3 - 24)。

图 3 - 24 　3 - 磷酸甘油酸异构化

④ 2 - 磷酸甘油酸脱水形成磷酸烯醇式丙酮酸　在 Mg^{2+} 或 Mn^{2+} 参与的条件下,由烯醇化酶(enolase)催化 2 - 磷酸甘油酸脱去 1 分子水,生成磷酸烯醇式丙酮酸(phosphoenolpyruvate,PEP)(图 3 - 25)。

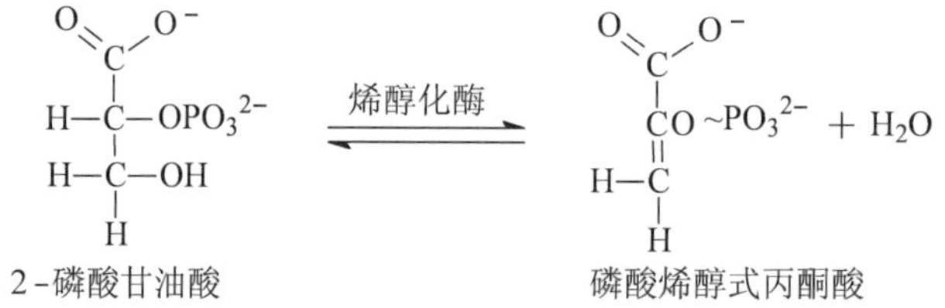

图 3 - 25 　2 - 磷酸甘油酸脱水形成磷酸烯醇式丙酮酸

这是一个分子内脱水形成双键的反应。在脱水过程中发生了歧化反应,C_2 被氧化,C_3 被还原,使分子内部能量重排,C_2 上的低能磷酸基转变为高能磷酸基团。反应需要 Mg^{2+} 或 Mn^{2+} 存在。磷酸烯醇式丙酮酸是高能化合物,且非常不稳定。

⑤磷酸烯醇式丙酮酸转移磷酸基团产生 ATP　在 Mg^{2+}、K^+ 或 Mn^{2+} 的参与下,丙酮酸

激酶(pyruvate kinase, PK)催化磷酸烯醇式丙酮酸的磷酰基转移给 ADP,形成烯醇式丙酮酸和 ATP(图 3-26)。因为烯醇式丙酮酸很不稳定,它迅速重排形成丙酮酸,这一步反应不需要酶的参加(图 3-27)。

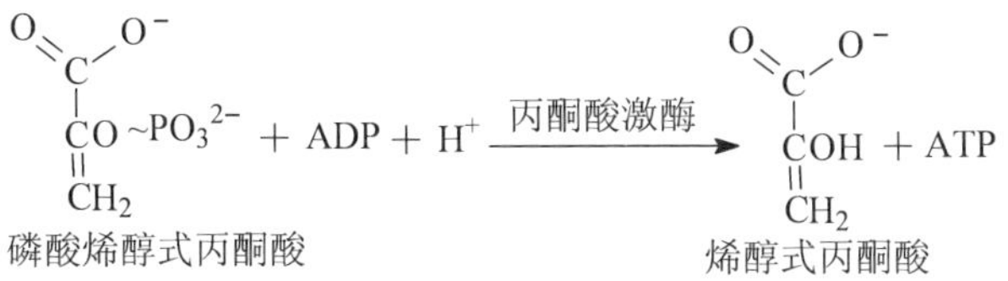

图 3-26 从磷酸烯醇式丙酮酸形成 ATP

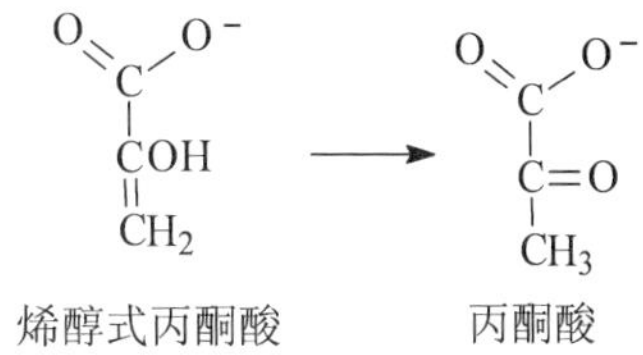

图 3-27 烯醇式丙酮酸重排成丙酮酸

这是糖酵解过程中第二次产生能量的反应,ATP 生成的方式也是底物水平的磷酸化反应,反应是不可逆的。

⑥丙酮酸的进一步代谢为乳酸 葡萄糖降解为丙酮酸,是所有生物细胞糖酵解的共同途径,而丙酮酸产生代谢能的途径是各式各样的。在无氧途径中,丙酮酸不能进一步氧化,只能进行乳酸发酵或乙醇发酵降解为乳酸或乙醇。在有氧条件下,丙酮酸氧化脱羧生成乙酰 CoA,经柠檬酸循环和电子传递链彻底氧化成 CO_2 和 H_2O。

在许多微生物内,丙酮酸通常形成乳酸。当供氧不足时,高等生物的细胞,缺氧的细胞必须用糖酵解产生的 ATP 分子才能暂时满足对能量的需要。为了使 3-磷酸甘油醛继续氧化,必须提供氧化型的 NAD^+。丙酮酸作为 NADH 的受氢体,使细胞在无氧条件下重新生成 NAD^+,于是丙酮酸的羧基被还原,生成乳酸。

丙酮酸被 NADH 还原为乳酸是由乳酸脱氢酶(lactate dehydrogenase)催化的。反应式如图 3-28。

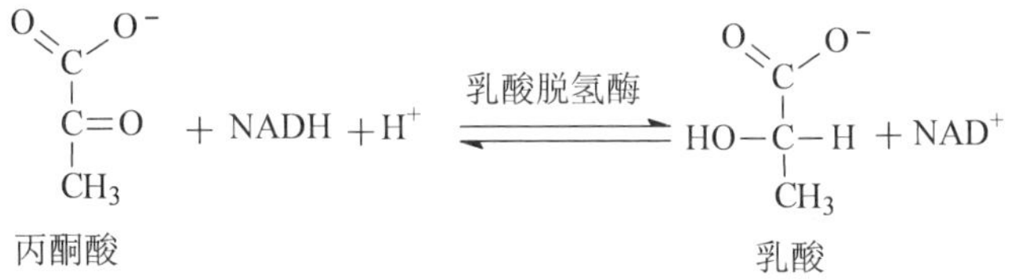

图 3-28 丙酮酸变成乳酸

从葡萄糖转变为乳酸的总反应如下:

$$葡萄糖 + 2Pi + 2ADP \longrightarrow 2\ 乳酸 + 2ATP + 2H_2O$$

⑦乙醇发酵 在大多数植物和微生物中,丙酮酸可经丙酮酸脱羧酶(pyruvate decarboxylase)催化脱羧生成乙醛,接着在乙醇脱氢酶的催化下,由 NADH 还原生成乙醇。反应分两步进行:

第一步反应是丙酮酸脱羧,由丙酮酸脱羧酶催化,焦磷酸硫胺素(thiamine pyrophosphate,TPP)作为辅酶参与反应,TPP 是许多种脱羧酶的辅酶。第二步反应是在乙醇脱氢酶(alcohol dehydrogenase)的作用下,乙醛被 NADH 还原为乙醇(图 3-29)。

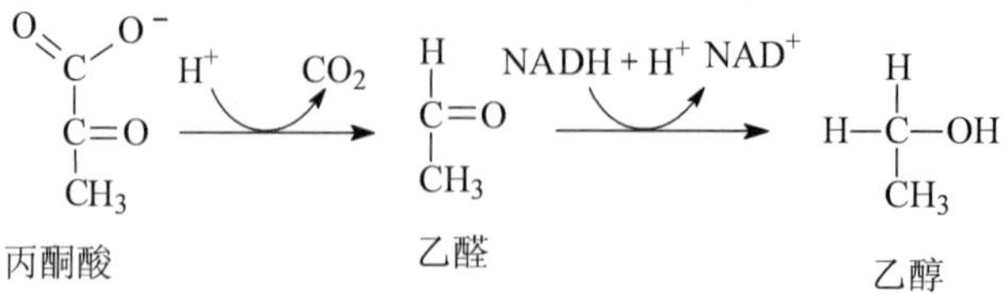

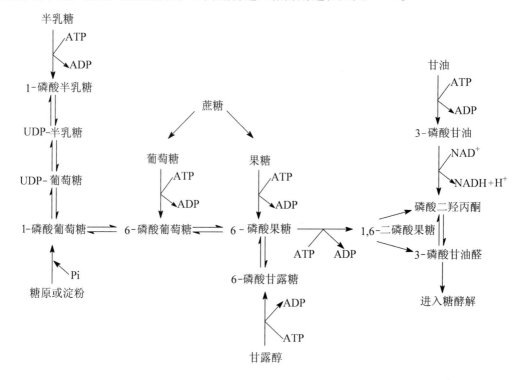

图 3-29　丙酮酸变成乙醇

由葡萄糖转化为乙醇称为乙醇发酵(或酒精发酵),净反应如下:

$$葡萄糖 + 2Pi + 2ADP + 2H^+ \longrightarrow 2\ 乙醇 + 2CO_2 + 2ATP + 2H_2O$$

2.糖酵解的其他底物

葡萄糖不是糖酵解的唯一底物。细胞中的许多其他糖类通过转变,也可成为糖酵解的底物或中间产物进入酵解途径。不同底物进入糖酵解途径见图3-30。

图 3-30　其他底物进入糖酵解途径

(二)糖酵解的调节

糖酵解途径有双重作用:一是使葡萄糖降解产生 ATP;二是为合成反应提供含碳单元。为适应细胞的代谢需求,葡萄糖转化为丙酮酸的速率是受到严格调节的。调节的位点常常是不可逆反应步骤。糖酵解中,己糖激酶、磷酸果糖激酶和丙酮酸激酶催化的反应是不可逆的,这些酶除具有催化功能外,还有调节功能。它们的活性调节是通过变构调节或共价修饰来实现的。此外,这些关键酶的量,还可以随着转录调节而变化。变构调节、磷酸化调节和转录调节分别在毫秒、秒和小时数量级的时间内进行。

（三）糖酵解的生理意义

糖酵解在生物体中普遍存在，是葡萄糖进行无氧分解的共同代谢途径。通过糖酵解，生物体获得生命活动所需的部分能量。

在某些情况下，糖酵解具有特殊的生理意义。例如剧烈运动时，能量需求增加，糖分解加速，此时即使呼吸和循环加快以增加氧的供应量，仍不能满足体内糖完全氧化所需要的能量，这时肌肉处于相对缺氧状态，必须通过糖酵解过程，以补充所需的能量。在某些病理情况下，如严重贫血、大量失血、呼吸障碍、肿瘤组织等，组织细胞也需通过糖酵解来获取能量。倘若糖酵解过度，可因乳酸产生过多，而导致酸中毒。

此外，糖酵解途径中形成的许多中间产物，可作为合成其他物质的原料，如磷酸二羟丙酮可转变为甘油等，这样就使糖酵解与其他代谢途径联系起来，实现物质间的相互转化。

三、糖的有氧氧化

葡萄糖在有氧条件下，氧化分解生成二氧化碳和水的过程称为糖的有氧氧化（aerobicoxidation）。有氧氧化是糖分解代谢的主要方式，大多数组织中的葡萄糖均进行有氧氧化分解供给机体能量。

在有氧条件下葡萄糖彻底分解，最后形成 CO_2 和水。所经历的途径分为两个阶段，即胞液阶段和线粒体阶段，前者与糖无氧分解过程中葡萄糖→丙酮酸产生过程相同，后者包括丙酮酸在线粒体氧化为乙酰 CoA（acetyl-coenzyme A）和柠檬酸循环。柠檬酸是柠檬酸循环的关键化合物，又因为它有三个羧基，所以又称为三羧酸循环（tricarboxylic acid cycle），简称 TCA 循环。为了纪念德国科学家 Hans Krebs 在阐明柠檬酸循环所做出的突出贡献，这一循环又称为 Krebs 循环。

柠檬酸循环是在细胞的线粒体中进行的。丙酮酸降解为乙酰 CoA，再通过柠檬酸循环进行脱羧和脱氢反应，羧基形成 CO_2，氢原子则随着载体（NAD^+、FAD）进入电子传递链经过氧化磷酸化作用，形成水分子并将释放出的能量合成 ATP。

柠檬酸循环不只是乙酰 CoA 氧化所经历的途径，也是脂肪酸、氨基酸等各种燃料分子氧化分解所经历的共同途径。此外柠檬酸循环的中间体还可作为许多生物合成的前体。

（一）丙酮酸进一步氧化的反应过程

1.丙酮酸氧化为乙酰 CoA

丙酮酸氧化脱羧生成乙酰 CoA 的反应是连接糖酵解途径和三羧酸循环的中心环节，反应不可逆，包括 5 步反应。催化这些反应的酶有 3 种，这 3 种酶高度组合在一起统称为丙酮酸脱氢酶复合体（pyruvate dehydrogenase complex）或丙酮酸脱氢酶系。丙酮酸转变为乙酰 CoA 的总反应式如图 3 – 31。

丙酮酸脱氢酶系位于线粒体内膜上，包括：丙酮酸脱氢酶组分（pyruvate dehydrogenase component，E_1）、二氢硫辛酰转乙酰基酶（dihydrolipoyl transacetylase，E_2）、二氢硫辛酸脱氢

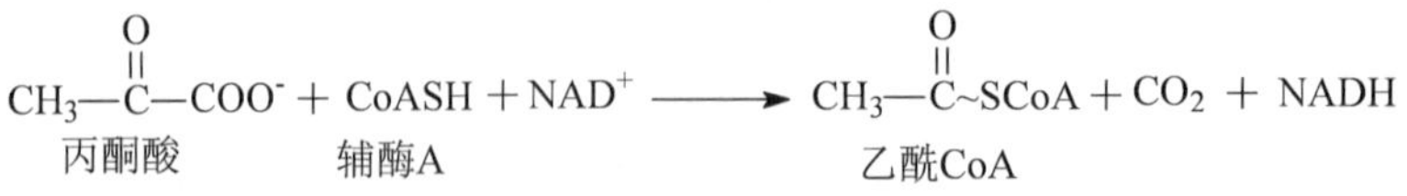

$$CH_3-\overset{\overset{\displaystyle O}{\|}}{C}-COO^- + CoASH + NAD^+ \longrightarrow CH_3-\overset{\overset{\displaystyle O}{\|}}{C}\sim SCoA + CO_2 + NADH$$

丙酮酸　　　　辅酶A　　　　　　　　　乙酰CoA

图 3 – 31　丙酮酸转变为乙酰 CoA 的总反应

酶(dihydrolipoyl dehydrogenase,E_3),涉及的辅助因子包括焦磷酸硫胺素(TPP)、硫辛酸、FAD、NAD^+、CoA、Mg^{2+}等。这 3 种酶在结构上形成一个有序的整体。这种有序的相互结合,使丙酮酸脱氢酶催化形成乙酰 CoA 的复杂反应得以相互协调依次有序地进行(图 3 – 32)。

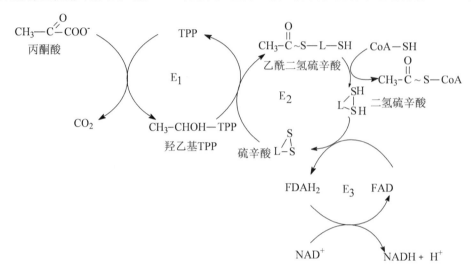

图 3 – 32　丙酮酸脱氢酶复合体催化的反应

在整个丙酮酸氧化脱羧反应过程中,只有第一步脱羧反应是不可逆的。由于丙酮酸到乙酰 CoA 是一个重要的步骤,处于代谢途径的分支点,这一反应体系受到产物和能量物质的调节。总之,丙酮酸脱氢酶的活化或抑制是根据细胞能荷的高低和生物合成对相应中间物的需要,受到多种因素灵活的调控。

2.柠檬酸循环

柠檬酸循环的起始步骤是 4 个碳原子的化合物(草酰乙酸)与循环外的两个碳原子的化合物(乙酰 CoA)形成 6 个碳原子的柠檬酸的反应。柠檬酸经过 2 步反应异构化成为异柠檬酸,然后进行氧化(形成 6 个碳原子的草酰琥珀酸),再脱羧失去一个碳原子形成 5 个碳原子的二羧酸化合物(α – 酮戊二酸)。5 碳化合物又氧化脱羧形成 4 碳化合物琥珀酰 – CoA。4 碳化合物经过 4 次转化,其间生成一个高能磷酸键(GTP),使 FAD、NAD^+ 分别还原为 $FADH_2$ 和 NADH,最后又形成 4 个碳原子的草酰乙酸,完成一轮循环反应。柠檬酸循环的全过程如图 3 – 33 所示。

柠檬酸循环反应共包括 8 个步骤。

①草酰乙酸与乙酰 CoA 缩合形成柠檬酸　在柠檬酸合成酶的催化下,草酰乙酸

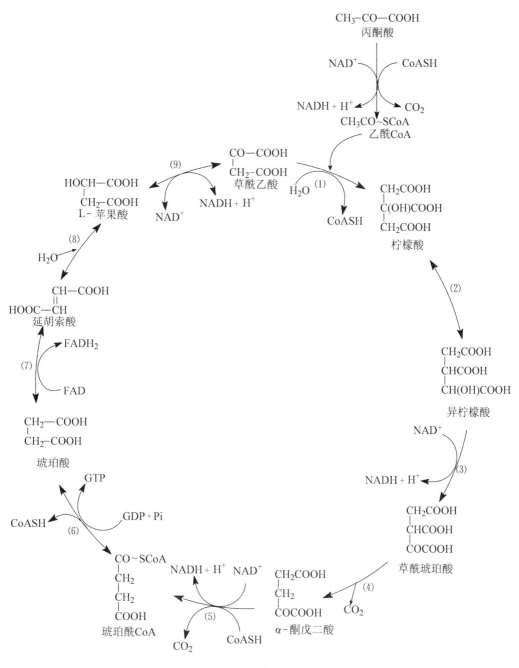

图 3 - 33　柠檬酸循环

（1）柠檬酸合成酶（citrate synthase）;（2）（3）［顺］乌头酸酶（aconitase）;（4）异柠檬酸脱氢酶（isocitrate dehydrogenase）;（5）α - 酮戊二酸脱氢酶复合体（α-ketoglutarate dehydrogenase complex）;（6）琥珀酰 CoA 合成酶（succinyl-CoA synthetase）;（7）琥珀酸脱氢酶（succinate dehydrogenase）;（8）延胡索酸酶（fumarase）;（9）苹果酸脱氢酶（malate dehydrogenase）

（oxaloacetate）与乙酰 CoA 缩合形成柠檬酰 CoA,然后水解为柠檬酸和 CoA（图 3 - 34）。柠檬酰 CoA 的水解推动整个反应向柠檬酸合成方向进行。

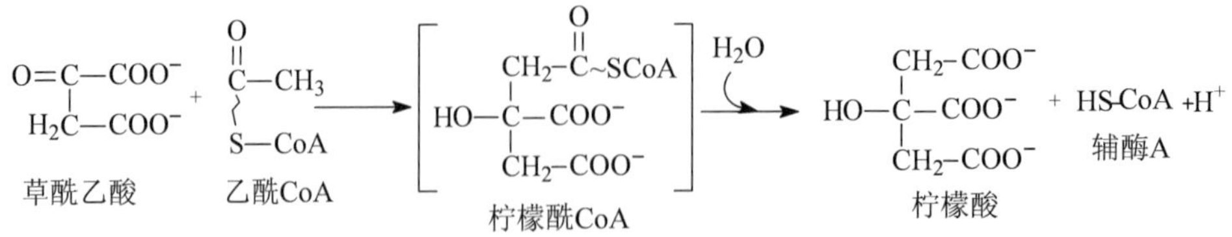

图 3-34 草酰乙酸与乙酰 CoA 缩合形成柠檬酸

②柠檬酸异构化形成异柠檬酸 柠檬酸必须异构化成异柠檬酸(isocitric acid),才能使六碳单位进行氧化脱羧。柠檬酸先脱水生成顺乌头酸,然后加水生成异柠檬酸。两步反应均由顺乌头酸酶催化(图 3-35)。

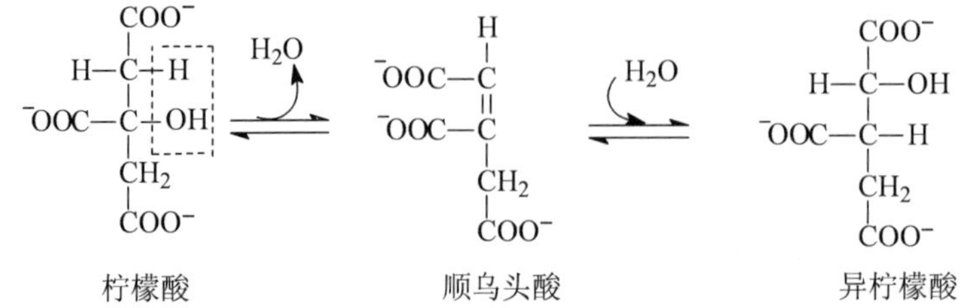

图 3-35 柠檬酸异构化形成异柠檬酸

③异柠檬酸氧化脱羧生成 α-酮戊二酸 柠檬酸循环中 4 个氧化-还原反应的第一个反应是异柠檬酸的氧化脱羧。在异柠檬酸脱氢酶的催化下,异柠檬酸脱下 2 个氢原子,其中间物草酰琥珀酸是一个不稳定的 α-酮酸,与酶结合即脱羧形成 α-酮戊二酸(α-ketoglutarate)(图 3-36)。

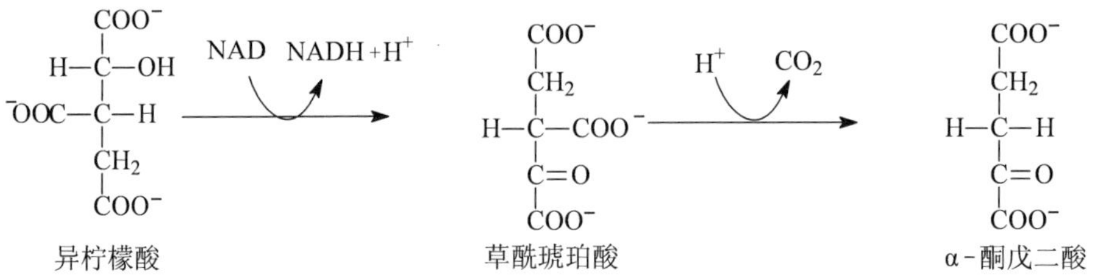

图 3-36 异柠檬酸氧化脱羧生成 α-酮戊二酸

④α-酮戊二酸氧化脱羧形成琥珀酰 CoA 这是柠檬酸循环中第 2 个氧化脱羧反应,由 α-酮戊二酸脱氢酶复合体催化 α-酮戊二酸生成琥珀酰 CoA(succinyl-CoA),其催化机制与丙酮酸转化为乙酰 CoA 的反应相似,受产物 NADH、琥珀酰 CoA 及 ATP、GTP 反馈抑制,但不受磷酸化调节,反应不可逆(图 3-37)。NAD$^+$ 是电子受体。

α-酮戊二酸氧化释放出的能量有三方面的作用:驱使 NAD$^+$ 还原;促使反应向氧化方向进行,并大量放能;相当多的能量以琥珀酰 CoA 的高能硫酯键形式保存起来。

⑤由琥珀酰 CoA 产生琥珀酸(succinate)和 GTP 琥珀酰 CoA 的硫酯键是高能键,相当

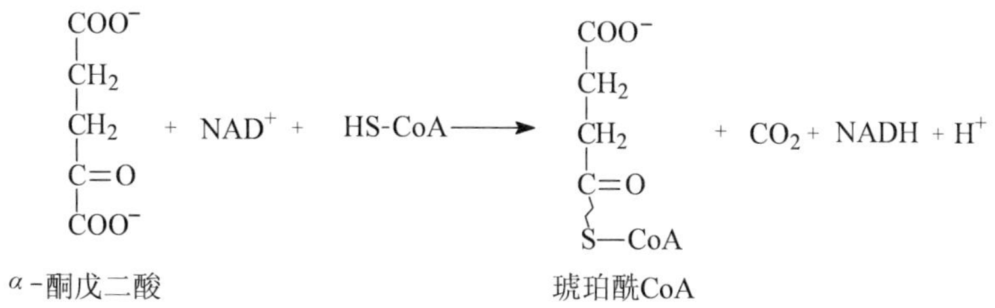

图 3 - 37 α - 酮戊二酸氧化脱羧形成琥珀酰 CoA

于 ATP 的一个高能键。琥珀酰 CoA 硫酯键的裂解与 GDP 的磷酸化相偶联。

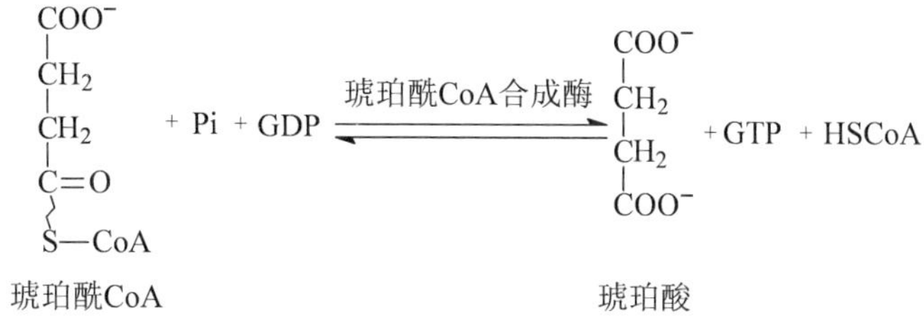

图 3 - 38 由琥珀酰 CoA 产生琥珀酸和 GTP

该反应是在琥珀酰 CoA 合成酶的催化下进行的,是柠檬酸循环中唯一的一步直接产生高能磷酸键的反应(图 3 - 38)。这是三羧酸循环中唯一的底物水平磷酸化反应。反应生成的 GTP 可以在蛋白质合成、信号转导等过程中作为磷酰基团供体,它的 γ 磷酸基团也可以转给 ADP 形成 ATP。在植物中琥珀酰 CoA 直接生成的是 ATP 而不是 GTP。

$$GTP + ADP \longrightarrow GDP + ATP$$

⑥琥珀酸重新氧化使草酰乙酸再生 琥珀酸转化为草酰乙酸经过 3 步反应:氧化、水合、再次氧化。这样,经过一个循环,草酰乙酸得到再生,释放出的能量则储存在 $FADH_2$ 和 NADH 中(图 3 - 39)。

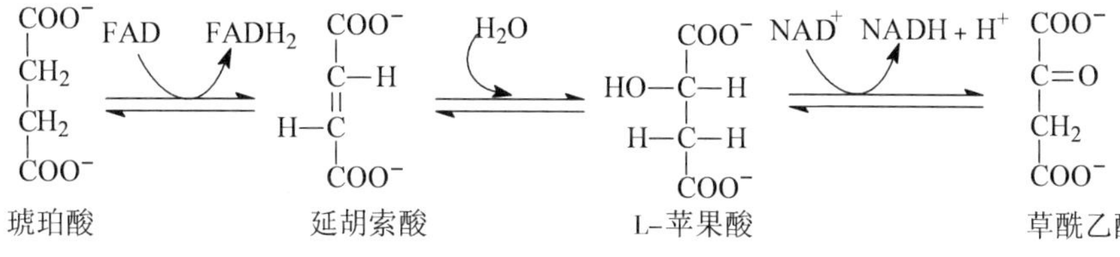

图 3 - 39 琥珀酸重新氧化使草酰乙酸再生

琥珀酸氧化成延胡索酸(fumaric acid)是在琥珀酸脱氢酶作用下完成的。氢受体是 FAD 而不是 NAD^+,因为自由能的变化不足以还原 NAD^+。由琥珀酸氧化产生的 $FADH_2$ 不与酶分离,它的两个氢和电子直接转移给酶的铁硫中心。

第 7 步反应是延胡索酸水合成 L - 苹果酸(L - malate),催化的酶是延胡索酸酶。最后,苹果酸氧化形成草酰乙酸,催化的酶是苹果酸脱氢酶,NAD^+ 是氢的受体。

（二）柠檬酸循环生成的ATP和添补反应

柠檬酸循环生成ATP,柠檬酸循环的总反应为:

$$乙酰CoA + 3NAD^+ + FAD + GDP + Pi + 2H_2O \longrightarrow 2CO_2 + 3NADH + FADH_2 + GTP + 2H^+ + CoA-SH$$

具体说明如下:

(1)两个碳原子以酰基单位(乙酰CoA)与草酰乙酸缩合反应进入柠檬酸循环　在异柠檬酸脱氢酶和α-酮戊二酸脱氢酶复合体的相继催化下,2个碳原子以CO_2形式离开柠檬酸循环。当然,离开柠檬酸循环的2个碳原子和进入柠檬酸循环的2个碳原子是不同的。

(2)有4对氢原子在4步氧化反应中离开此循环　在异柠檬酸氧化和α-酮戊二酸的氧化脱羧中有2分子NAD^+被还原,在琥珀酸的氧化中有1分子FAD被还原,在苹果酸的氧化中又有1分子NAD^+被还原,共产生3分子NADH和1分子$FADH_2$。

(3)从琥珀酰CoA的高能硫酯键中形成一个高能磷酸键(GTP)

(4)消耗掉2个水分子,一个用于柠檬酸的合成,另一个用于苹果酸的合成

由柠檬酸循环形成的NADH和$FADH_2$将通过电子传递链被氧化,平均算来,每分子NADH将产生2.5分子ATP,每分子$FADH_2$将产生1.5分子ATP,加上柠檬酸循环中每个酰基单位直接产生的一个高能磷酸键,一分子酰基单位彻底氧化,将产生10分子ATP($2.5×3+1.5×1+1$)。若从丙酮酸脱氢氧化开始计算,则可产生$4×2.5+1×1.5+1=12.5$分子ATP。每分子葡萄糖可产生2分子丙酮酸,根据($NADH+H^+$)进入线粒体内方式的不同此过程可生成($2+1.5×2$)或($2+2.5×2$)分子ATP。所以,每分子葡萄糖彻底氧化为H_2O和CO_2,共能产生:5(或7)$+12.5×2=30$(或32)分子ATP。

分子态氧不直接参与柠檬酸循环,但柠檬酸循环只有在有氧条件下才能运转。这是因为只有将电子传递给分子态氧,NAD^+和FAD才能再生。在无氧条件下糖酵解能进行,是因为NAD^+在丙酮酸转化为乳酸时得到了再生。

（三）柠檬酸循环的添补反应

当柠檬酸循环的中间产物被抽走用于其他生物分子的合成时,会造成柠檬酸循环的终止。生物体会通过添补反应(anaplerotic reaction)保证柠檬酸循环的正常进行。下面介绍几种常见的产生草酰乙酸的添补反应。

1.丙酮酸的羧化

这个反应是线粒体中的丙酮酸羧化酶催化的,是动物中最重要的添补反应。丙酮酸羧化酶催化丙酮酸生成草酰乙酸,需要生物素作辅酶(图3-40)。

2.磷酸烯醇式丙酮酸的羧化

磷酸烯醇式丙酮酸在磷酸烯醇式丙酮酸羧化酶催化下形成草酰乙酸,在脑和心脏中存在这个反应(图3-41)。

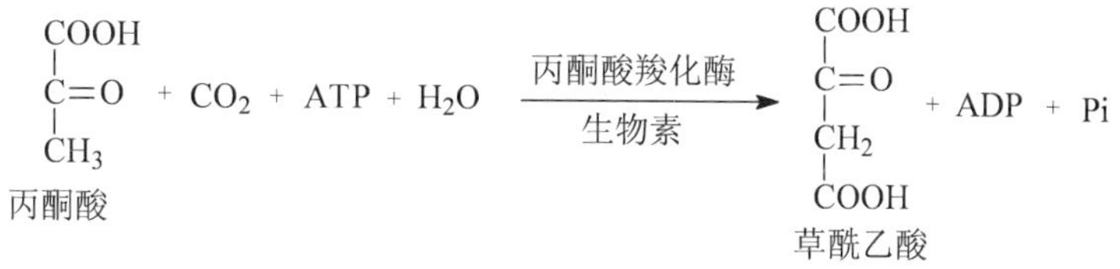

图 3-40 丙酮酸的羧化

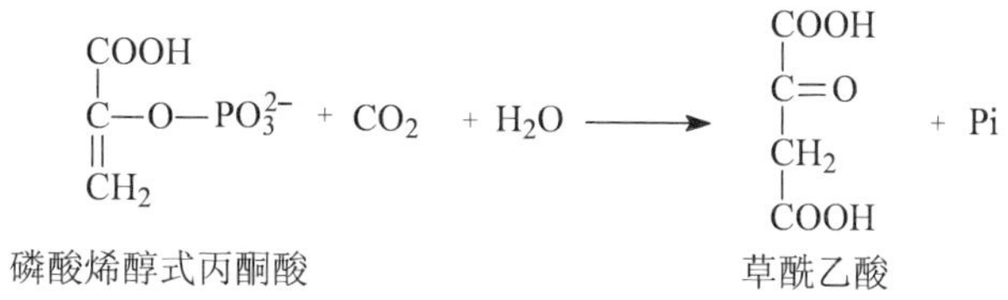

图 3-41 磷酸烯醇式丙酮酸的羧化

3.由氨基酸形成草酰乙酸

α-酮戊二酸和天冬氨酸经过转氨基作用,可形成草酰乙酸和谷氨酸(图 3-42)。

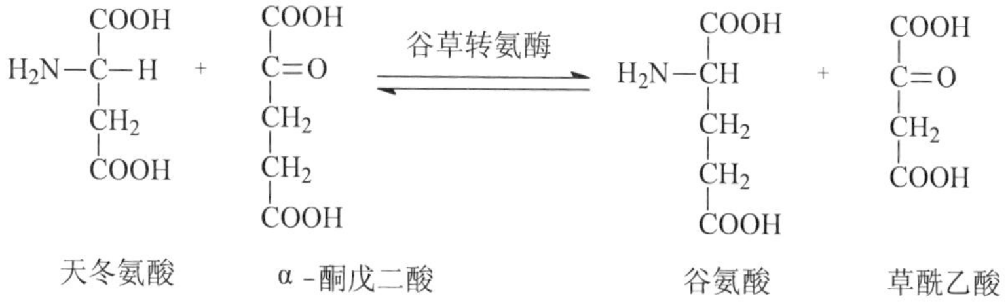

图 3-42 由氨基酸形成草酰乙酸

(四)柠檬酸循环的调节

柠檬酸循环的速度和其他代谢途径一样,受到精确的调节以适应细胞对能量的需要,以及满足某些生物合成对底物的需要。柠檬酸循环可概括地看作来自两个方面的调节:

1.柠檬酸循环本身制约系统的调节

在柠檬酸循环中,虽有 9 种酶参加反应,但在调节循环速度中起关键作用的可视为 3 种酶:柠檬酸合成酶、异柠檬酸脱氢酶和 α-酮戊二酸脱氢酶复合体。柠檬酸循环中酶的活性主要受提供底物的情况影响,并受其生成产物浓度的抑制。循环中最关键的是底物乙酰 CoA、草酰乙酸和产物 NADH。

乙酰 CoA 和草酰乙酸在细胞线粒体中的浓度并不能使柠檬酸合成酶达到饱和的程度。因此该酶对底物催化的速度随底物浓度而变化,也就是酶的活性受底物供给情况所控制。乙酰 CoA 来源于丙酮酸,所以它还受到丙酮酸脱氢酶活性的调节。草酰乙酸来源于苹果酸,它与苹果酸的浓度保持一定的平衡关系。而且 [NADH]/[NAD$^+$] 也保持一定的平衡关系。当呼吸速度加强时,线粒体中的 NADH 浓度下降,结果使草酰乙酸的浓度上升,又促使柠檬酸合成酶的活性增强。柠檬酸合成酶活性的强弱直接关系到柠檬酸的合成。一般情况下细胞对柠檬酸的利用速度总是高于柠檬酸的合成速度。而柠檬酸的利用速度又被以 NAD⁺ 为辅助因子的异柠檬酸脱氢酶所控制,异柠檬酸脱氢酶和乌头酸酶的活性是保持平衡的。异柠檬酸脱氢酶又受到它的产物之一 NADH 的强烈抑制。柠檬酸合成酶也受 NADH 的抑制,但异柠檬酸脱氢酶对浓度变化的敏感程度高于柠檬酸合成酶。

柠檬酸是柠檬酸合成酶的竞争性抑制剂,柠檬酸浓度的下降又促进了柠檬酸的合成。α-酮戊二酸脱氢酶也受产物 NADH 和琥珀酰 CoA 的抑制。如果 NADH 的浓度下降,α-酮戊二酸脱氢酶的活性也必然升高。琥珀酰 CoA 和乙酰 CoA 结构相似,对柠檬酸合成酶有竞争性反馈抑制作用。

2.ATP、ADP 和 Ca²⁺ 对柠檬酸循环的调节

机体活动增加需要消耗更多的 ATP。随着 ATP 的水解,伴随着 ADP 浓度的增加。ADP 是异柠檬酸脱氢酶的变构促进剂(allosteric activator),从而增加了该酶对底物的亲和力。机体活动处于静息状态时,ATP 的消耗下降、浓度上升,对该酶产生抑制效应。

Ca²⁺ 在机体内的生物功能是多方面的,它对柠檬酸循环也间接地起着重要作用。它刺激糖原的降解、启动肌肉收缩,还对许多激素的信号起中介作用,在柠檬酸循环中它对丙酮酸脱氢酶复合体和 α-酮戊二酸脱氢酶复合体都有激活作用。

柠檬酸循环的调节关系可用图 3-43 表示。

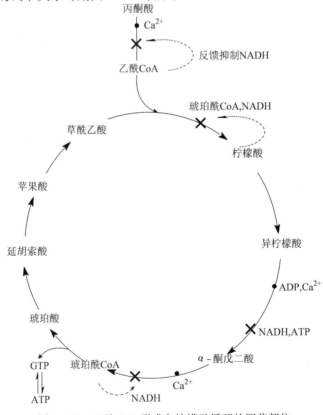

图 3-43　乙酰 CoA 形成和柠檬酸循环的调节部位

●代表激活部位　×代表抑制部位　……代表反馈抑制

（五）巴斯德效应

Pasteur 在研究酵母发酵时，发现在供氧充足的条件下，细胞内糖酵解作用受到抑制。葡萄糖消耗和乳酸生成减少，这种糖有氧氧化对糖酵解的抑制作用称为巴斯德效应（Pasteur effect）。

产生巴斯德效应主要是由于在供氧充足的条件下，细胞内 ATP/ADP 升高，抑制了磷酸果糖激酶活性，使 6 - 磷酸果糖和 6 - 磷酸葡萄糖含量增加，后者反馈抑制己糖激酶活性，使葡萄糖利用减少，呈现有氧氧化对糖酵解的抑制作用。

Crabtree 效应与巴斯德效应相反，在癌细胞发现给予葡萄糖时不论供氧充足与否都呈现很强的酵解反应，而糖的有氧氧化受抑制，称为克奈特瑞（Crabtree）效应或反巴斯德效应。这种现象较普遍地存在于癌细胞中，此外也存在于一些正常组织细胞如视网膜、睾丸、颗粒白细胞等。

四、磷酸戊糖途径

磷酸戊糖途径（pentose phosphate pathway，PPP）也是一条葡萄糖的分解代谢途径，其主要特点是葡萄糖直接脱氢和脱羧，有五碳糖形成，不必先通过三碳糖的阶段，它所产生的还原力形式为 NADPH。这条途径在细胞液内进行，广泛存在于动植物细胞内。

（一）磷酸戊糖途径的反应过程

磷酸戊糖途径由一个循环式的反应体系构成。该反应体系的起始物为 6 - 磷酸葡萄糖，经过氧化分解后产生五碳糖、CO_2、无机磷酸和 NADPH。磷酸戊糖途径的核心反应可概括为：6 - 磷酸葡萄糖 + $2NADP^+$ + $H_2O \longrightarrow$ 5 - 磷酸核糖 + $2NADPH + 2H^+$ + CO_2

可将其全部反应划分为两个阶段：氧化阶段（oxidative phase）和非氧化阶段（nonoxidative phase）

1.氧化阶段

这个阶段包括六碳糖脱羧形成五碳糖（核酮糖 ribulose），并使 $NADP^+$ 还原形成 NADPH。氧化阶段共包括三步反应（图 3 - 44）。

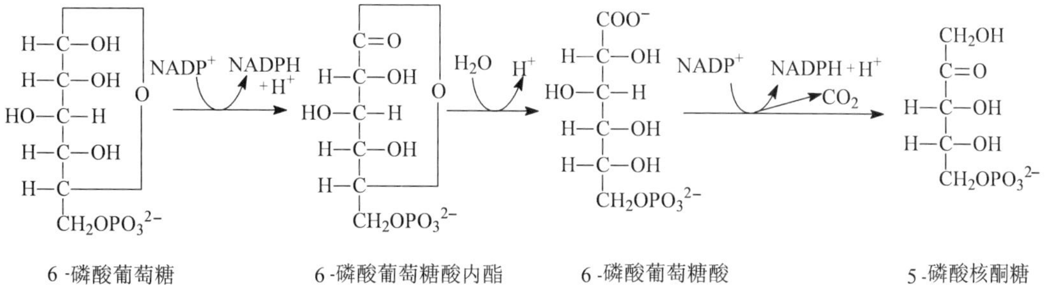

| 6 -磷酸葡萄糖 | 6-磷酸葡萄糖酸内酯 | 6 -磷酸葡萄糖酸 | 5-磷酸核酮糖 |

图 3 - 44　磷酸戊糖途径氧化阶段的反应

（1）6 - 磷酸葡萄糖在 6 - 磷酸葡萄糖脱氢酶的作用下形成 6 - 磷酸葡萄糖酸 - δ - 内酯（6 - phosphoglucono - δ - lactone）。该反应是分子内 C_1 的羧基和 C_5 的羟基之间发生的酯化反应。酶的催化过程需要 $NADP^+$ 作为辅酶。

（2）6 - 磷酸葡萄糖酸 - δ - 内酯在一种专一内酯酶（lactonase）作用下水解,形成 6 - 磷酸葡萄糖酸（6 - phosphogluconate）。

（3）6 - 磷酸葡萄糖酸在 6 - 磷酸葡萄糖酸脱氢酶（6 - phosphogluconate dehydrogenase）作用下,形成 5 - 磷酸核酮糖（ribulose - 5 - phosphate）。该酶也是以 $NADP^+$ 为电子受体,催化的反应包括脱氢和脱羧步骤。

2.非氧化反应阶段

在磷酸戊糖途径中除上述三步反应外,其余都是非氧化反应阶段。包括:

（1）5 - 磷酸核酮糖异构化为 5 - 磷酸核糖　在磷酸戊糖异构酶（phosphopentose isomerase）作用下,5 - 磷酸核酮糖通过形成烯二醇中间产物,异构化为 5 - 磷酸核糖（ribose - 5 - phosphate）（图 3 - 45）。

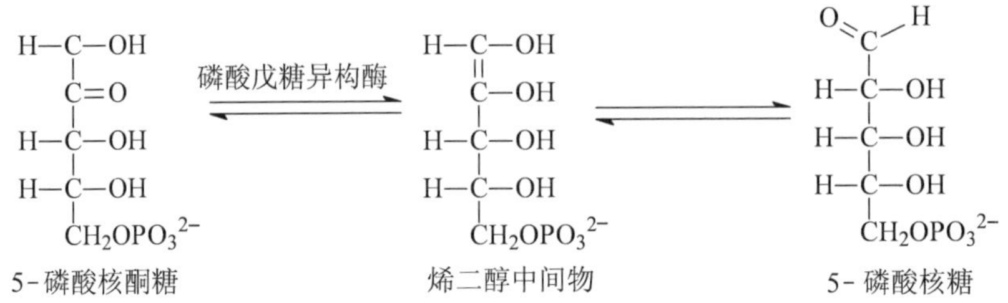

图 3 - 45　5 - 磷酸核酮糖异构化为 5 - 磷酸核糖

（2）5 - 磷酸核酮糖转变为 5 - 磷酸木酮糖　在磷酸戊糖异构酶作用下,5 - 磷酸核酮糖转变成其差向异构体（epimer）5 - 磷酸木酮糖（xylulose - 5 - phosphate）（图 3 - 46）。

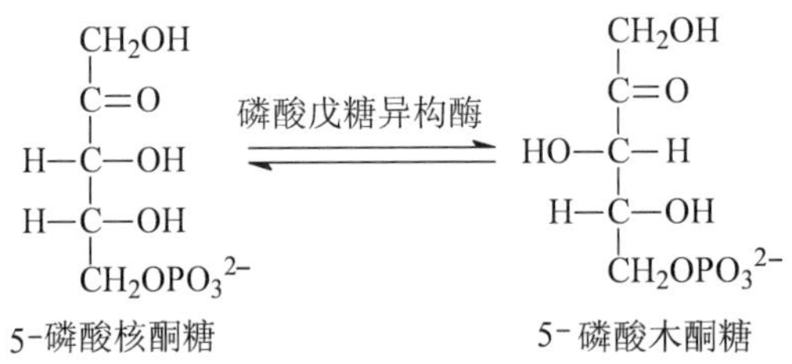

图 3 - 46　5 - 磷酸核酮糖转变为 5 - 磷酸木酮糖

（3）5 - 磷酸木酮糖与 5 - 磷酸核糖作用,形成 7 - 磷酸景天庚酮糖和 3 - 磷酸甘油醛　5 - 磷酸木酮糖不仅具有转酮酶所要求的结构,还将磷酸戊糖途径与糖酵解途径联成一体。5 - 磷酸木酮糖经转酮酶的作用,将两碳单位转移到 5 - 磷酸核糖上,结果自身转变为 3 - 磷酸甘油醛,同时形成另外一个七碳产物,即 7 - 磷酸景天庚酮糖（sedoheptulose - 7 -

phosphate)(图 3 –47)。

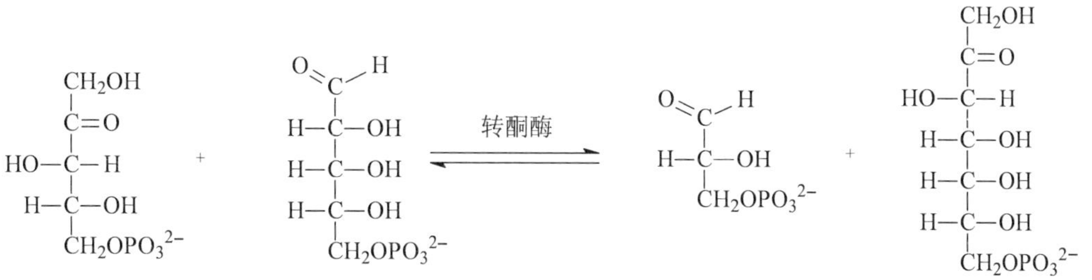

5-磷酸木酮糖　5-磷酸核糖　3-磷酸甘油醛　7-磷酸景天庚酮糖

图 3 –47　5 – 磷酸木酮糖与 5 – 磷酸核糖反应生成 3 – 磷酸甘油醛和 7 – 磷酸景天庚酮糖

(4)7 – 磷酸景天庚酮糖与 3 – 磷酸甘油醛之间发生转醛基反应,生成 6 – 磷酸果糖和 4 – 磷酸赤藓糖　在转醛酶(transaldolase)的催化下,7 – 磷酸景天庚酮糖转变为 6 – 磷酸果糖,而 3 – 磷酸甘油醛则转变为 4 – 磷酸赤藓糖(erythrose –4 – phosphate)。转醛酶催化的反应如图 3 –48。

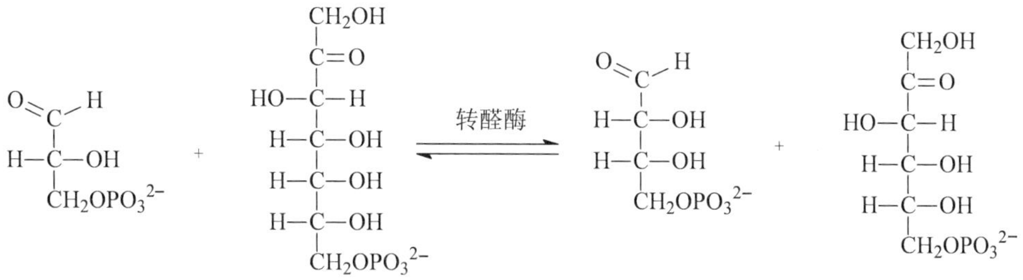

7-磷酸景天庚酮糖　3-磷酸甘油醛　4-磷酸赤藓糖　6-磷酸果糖

图 3 –48　7 – 磷酸景天庚酮糖与 3 – 磷酸甘油醛反应生成 4 – 磷酸赤藓糖和 6 – 磷酸果糖

(5)5 – 磷酸木酮糖和 4 – 磷酸赤藓糖作用形成 3 – 磷酸甘油醛和 6 – 磷酸果糖　5 – 磷酸木酮糖和 4 – 磷酸赤藓糖之间发生转酮基作用,生成糖酵解途径的两个中间产物:3 – 磷酸甘油醛和 6 – 磷酸果糖。反应如图 3 –49。

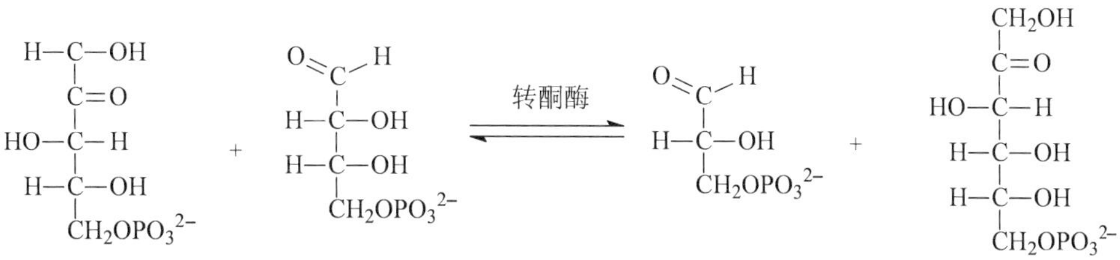

5-磷酸木酮糖　4-磷酸赤藓糖　3-磷酸甘油醛　6-磷酸果糖

图 3 –49　5 – 磷酸木酮糖与 4 – 磷酸赤藓作用形成 3 – 磷酸甘油醛和 6 – 磷酸果糖

6 – 磷酸果糖也可在磷酸葡萄糖异构酶催化下转变为 6 – 磷酸葡萄糖。6 分子 6 – 磷酸葡萄糖通过磷酸戊糖途径后,每分子6-磷酸葡萄糖氧化脱羧失掉一分子CO_2,最后又生成5分子6-磷酸葡萄糖。全部反应可用下式表示:

$$6(6-磷酸葡萄糖)+6H_2O+12NADP^+ \rightarrow 6CO_2+5(6-磷酸葡萄糖)+12NADPH+12H^++Pi$$

由上式可看出通过磷酸戊糖途径可以使一分子6-磷酸葡萄糖全部氧化为6分子CO_2,并产生12分子具有强还原力的NADPH。

在戊糖代谢的非氧化阶段中,全部反应都是可逆反应,这保证了细胞能以极大的灵活性满足自身对糖代谢中间产物以及大量还原力的需求。磷酸戊糖途径总览见图3-50。

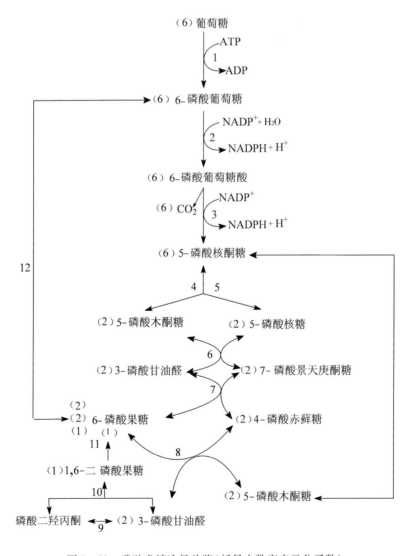

图3-50 磷酸戊糖途径总览(括号内数字表示分子数)

(二)磷酸戊糖途径的调节

磷酸戊糖途径的第一步反应,即6-磷酸葡萄糖脱氢酶催化的6-磷酸葡萄糖的脱氢反应,实质上是不可逆的。在生理条件下属于限速反应(rate-limiting reaction),是一个重要的调节点。最重要的调节因子是 $NADP^+$ 的水平。因为 $NADP^+$ 在6-磷酸葡萄糖氧化生成6-磷酸葡萄糖酸-δ-内酯的反应中起电子受体的作用,形成的 NADPH 竞争性地抑制6-磷酸葡萄糖脱氢酶和6-磷酸葡萄糖酸脱氢酶的活性。机体中 $[NAD^+]/[NADH+H^+]$ 比 $[NADP^+]/[NADPH+H^+]$ 高几个数量级,这使 $NADPH+H^+$ 可以进行有效的反馈抑制调节。只有 $NADPH+H^+$ 在脂肪生物合成中被消耗时才能解除抑制,再通过6-磷酸葡萄糖酸产生 $NADPH+H^+$。

转酮酶和转醛酶反应都是可逆反应。因此,根据细胞代谢的需要,磷酸戊糖途径和糖酵解途径可灵活地相互联系。

(三)磷酸戊糖途径的生理意义

由于磷酸戊糖途径在糖酵解受抑制的情况下仍能运行,故有磷酸己糖支路(hexose phosphate shunt)之称,它在动植物和微生物体内普遍存在,具有重要的生理意义。

磷酸戊糖途径的主要作用是产生 NADPH 用于生物合成;磷酸戊糖途径的直接产物是某些生物合成的原料,如磷酸戊糖途径的中间产物5-磷酸核糖是核酸合成的原料;磷酸戊糖途径与光合作用有密切关系;磷酸戊糖途径与糖的有氧、无氧分解是相联系的,如磷酸戊糖途径的中间产物3-磷酸甘油醛是3种代谢途径的枢纽。

五、糖异生作用

由非糖物质转变为葡萄糖(或糖原)的过程称为糖异生作用(gluconeogenesis)。非糖物质主要有生糖氨基酸、有机酸(乳酸、丙酮酸及三羧酸循环中各种羧酸等)、甘油等。这对饥饿和剧烈运动时血糖水平的保持是重要的。

糖异生作用可通过糖酵解的逆过程和柠檬酸循环的部分过程完成,但糖异生途径又非糖分解的简单逆转。在糖分解过程中,由己糖激酶、磷酸果糖激酶和丙酮酸激酶催化的反应是不可逆的,若以另一些酶代替,这三步反应即可逆转(图3-51)。

(一)糖异生的反应过程

1.糖异生作用的前体

甘油作为葡萄糖合成的底物首先需要转化为糖异生作用的中间体——磷酸二羟丙酮,而乳酸、丙酮酸、柠檬酸循环的中间物和大多数氨基酸的碳架等则需要转化为草酰乙酸,才能进入糖异生途径。

2.糖异生作用的步骤

(1)丙酮酸通过草酰乙酸形成磷酸烯醇式丙酮酸。分两步进行:

①丙酮酸由丙酮酸羧化酶(pyruvate carboxylase)羧化转化为草酰乙酸,消耗1分子 ATP(图3-52)

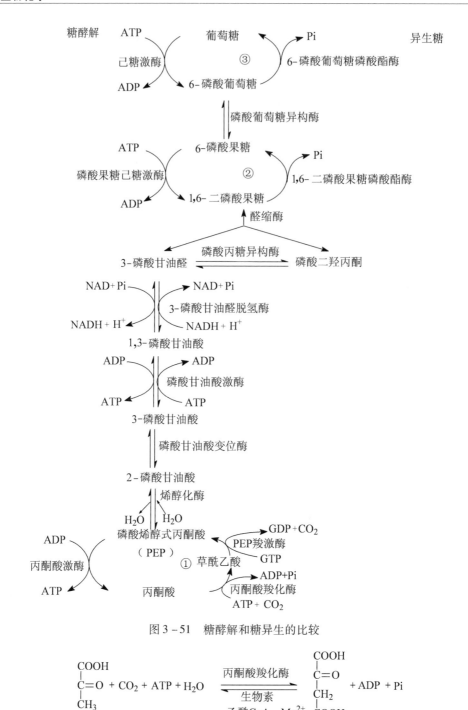

图 3-51 糖酵解和糖异生的比较

$$\begin{array}{c}COOH\\|\\C=O\\|\\CH_3\end{array} + CO_2 + ATP + H_2O \xrightleftharpoons[\substack{生物素\\乙酰CoA,Mg^{2+}}]{丙酮酸羧化酶} \begin{array}{c}COOH\\|\\C=O\\|\\CH_2\\|\\COOH\end{array} + ADP + Pi$$

丙酮酸   草酰乙酸

图 3-52 丙酮酸转化为草酰乙酸

丙酮酸羧化酶是一个生物素蛋白,需乙酰 CoA 和 Mg^{2+} 激活。该酶定位于线粒体基质中,细胞液中的丙酮酸需经运载系统进入线粒体后才能羧化成草酰乙酸,后者只有在转变为苹果酸后才能再进入细胞质。

$$草酰乙酸 + NADH + H^+ \xrightarrow{苹果酸脱氢酶} 苹果酸 + NAD^+$$

苹果酸再经胞质中的苹果酸脱氢酶转变成草酰乙酸,才能进一步转变成磷酸烯醇式丙酮酸(PEP)。

②磷酸烯醇式丙酮酸羧激酶(phosphoenolpyruvate carboxykinase,PEPCK)催化草酰乙酸脱羧基和磷酸化形成磷酸烯醇式丙酮酸(PEP),释放 CO_2,并消耗 1 分子 GTP。

$$草酰乙酸 + GTP \xrightarrow{PEP 羧激酶,Mg^{2+}} PEP + GDP + CO_2$$

糖酵解步骤从 PEP 到丙酮酸的逆转在糖异生作用中要求两个反应,丙酮酸被丙酮酸羧化酶转变为草酰乙酸,草酰乙酸被 PEP 羧激酶转变为 PEP。在糖酵解中由 PEP 到丙酮酸的转化过程发生了 ATP 的合成,因此这一步骤的所有反转过程,需要输入大量的能量,丙酮酸羧化酶步骤需要一分子 ATP,PEP 羧激酶步骤需要一分子 GTP。

(2)PEP 经过一系列步骤转化为 1,6 - 二磷酸果糖。在糖异生中,这些步骤所用的酶类与糖酵解的相同,直接催化相应的逆转过程。

(3)1,6 - 二磷酸果糖转化为 6 - 磷酸果糖。1,6 - 二磷酸果糖由果糖二磷酸酶(fructose bisphosphatase)催化脱去 1 位上的磷酸形成 6 - 磷酸果糖。

$$1,6 - 二磷酸果糖 + H_2O \xrightarrow{1,6 - 二磷酸果糖磷酸酯酶} 6 - 磷酸果糖 + Pi$$

(4)6 - 磷酸果糖由糖酵解的酶——磷酸葡萄糖异构酶转化为 6 - 磷酸葡萄糖。

(5)6 - 磷酸葡萄糖转化成葡萄糖反应由 6 - 磷酸葡萄糖磷酸酯酶(glucose - 6 - phosphatase)催化。该酶结合在滑面内质网上。

$$6 - 磷酸葡萄糖 + H_2O \xrightarrow{6 - 磷酸葡萄糖磷酸酯酶,Mg^{2+}} 葡萄糖 + Pi$$

3.糖异生作用中的能量使用

由糖异生作用合成葡萄糖需要能量。合成 1 分子葡萄糖需要 2 分子丙酮酸。消耗能量发生在以下酶促反应中:

丙酮酸羧化酶　　　　1 ATP(×2) = 2ATP

PEP 羧激酶　　　　　1 GTP(×2) = 2ATP

磷酸甘油酸激酶　　　1 ATP(×2) = 2ATP

总共 = 6ATP

这与糖酵解只净得 2 分子 ATP 相比较,糖酵解反向形成的每分子葡萄糖需要额外的 4 分子 ATP。

4.草酰乙酸的运输

丙酮酸羧化酶是线粒体基质酶,而糖异生作用的其他酶位于细胞液中。由丙酮酸羧化酶催化产生的草酰乙酸在线粒体内侧被线粒体的苹果酸脱氢酶转化为苹果酸,苹果酸经载体蛋白作用通过线粒体膜,然后苹果酸又被细胞液的苹果酸脱氢酶催化生成草酰乙酸(图3 - 53)。

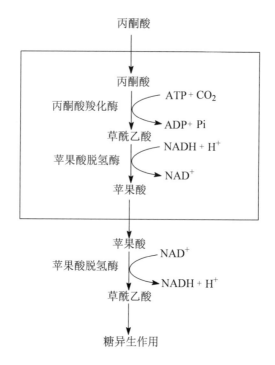

图 3 – 53　线粒体外草酰乙酸的运输

（二）糖异生的调节

糖异生的限速酶主要有以下 4 种酶：丙酮酸羧化酶、磷酸烯醇式丙酮酸羧激酶、果糖二磷酸酶和 6 – 磷酸葡萄糖磷酸酯酶。糖异生和糖酵解作用有密切的相互协调关系，主要通过两种途径不同的酶活性和酶浓度以及代谢物浓度水平起调节作用。

1. 激素对糖异生的调节

糖异生的激素调节作用对维持机体的恒定状态十分重要。激素对糖异生调节的实质是调节糖异生和糖酵解这两个途径调节酶的活性以及控制脂肪酸对肝脏的供应。大量的脂肪酸的获得使肝脏得以氧化更多的脂肪酸，也可促进葡萄糖的合成。胰高血糖素促进脂肪组织分解脂肪，增加血浆脂肪酸，所以促进糖异生；而胰岛素的作用则正相反。胰高血糖素和胰岛素都可通过影响肝中酶的磷酸化修饰状态来调节糖异生作用，胰高血糖素激活腺苷酸环化酶以产生 cAMP，也就激活 cAMP 依赖的蛋白激酶，后者磷酸化丙酮酸激酶而使之抑制，这一酵解途径上的调节酶的抑制可刺激糖异生途径，阻止磷酸烯醇式丙酮酸向丙酮酸转变，有利于糖异生，而胰岛素的作用正相反。

2. 代谢物对糖异生的调节

（1）糖异生原料的浓度对糖异生作用的调节　血浆中甘油、乳酸和氨基酸浓度增加时，使糖的异生作用增强。例如饥饿情况下，脂肪动员增加，组织蛋白质分解加强，血浆甘油和氨基酸含量增高；激烈运动时，血乳酸含量剧增，都可促进糖异生作用。

（2）乙酰辅酶 A 浓度对糖异生的影响　乙酰 CoA 决定了丙酮酸代谢的方向，脂肪酸氧化分解产生的大量乙酰 CoA 可以抑制丙酮酸脱氢酶复合体,使丙酮酸大量蓄积,为糖异生提供原料,同时又可激活丙酮酸羧化酶,加速丙酮酸生成草酰乙酸,使糖异生作用增强。

此外乙酰 CoA 与草酰乙酸缩合生成柠檬酸由线粒体内透出而进入细胞液中,可以抑制磷酸果糖激酶,使果糖二磷酸酶活性升高,促进糖异生。

(三)糖异生的生理意义

在饥饿情况下维持血糖浓度的相对恒定;回收乳酸分子中的能量,更新肌糖原,防止乳酸酸中毒的发生;协助氨基酸代谢,氨基酸生成糖可能是氨基酸代谢的主要途径之一;维持酸碱平衡。

(四)乳酸循环

在缺氧情况下(如剧烈运动、呼吸或循环衰竭等),糖酵解增强,生成大量乳酸,通过细胞膜弥散入血并运送至肝,通过糖异生作用合成肝糖原或葡萄糖,葡萄糖再释入血液被肌肉摄取,如此构成一个循环,称为乳酸循环(lactate cycle),也称为 Cori 氏循环(图 3 - 54)。该循环的生理意义在于:有利于体内乳酸的再利用;防止发生乳酸中毒;促进肝糖原的不断更新。

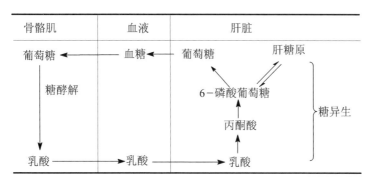

图 3 - 54　乳酸循环

六、双糖和多糖的分解与合成

(一)双糖和多糖的酶促降解

1. 蔗糖、麦芽糖和乳糖的酶促降解

(1)蔗糖的水解:蔗糖是植物体糖类运输的主要形式。蔗糖的水解主要通过两种酶:

①蔗糖合成酶(sucrose synthetase)。催化蔗糖与尿苷二磷酸(UDP)反应生成果糖和尿苷二磷酸葡萄糖(UDPG),反应可逆。

$$蔗糖 + UDP \xrightleftharpoons{蔗糖合成酶} UDPG + 果糖$$

②蔗糖酶(sucrase)。可催化蔗糖水解生成葡萄糖和果糖。

$$蔗糖 + H_2O \xrightarrow{蔗糖酶} 葡萄糖 + 果糖$$

蔗糖酶又叫转化酶(invertase),广泛存在于植物体内。蔗糖水解时,糖苷键断裂的自由

能变化为 $\Delta G^{0\prime} = -27.62kJ/mol$，反应不可逆。$\Delta G^{0\prime}$ 表示 pH7.0 时的自由能变化。

（2）麦芽糖的水解。麦芽糖由麦芽糖酶（maltase）水解成葡萄糖。在植物体内，麦芽糖酶常与淀粉酶同时存在。

$$麦芽糖 + H_2O \xrightarrow{麦芽糖酶} 2\ 葡萄糖$$

（3）乳糖的水解。乳糖由 β - 半乳糖苷酶（galactosidase）催化水解形成 D - 葡萄糖和 D - 半乳糖。

$$乳糖 + H_2O \xrightarrow{\beta - 半乳糖苷酶} D - 葡萄糖 + D - 半乳糖$$

2. 多糖的酶促降解

（1）糖原分解　糖原是动物细胞中葡萄糖的贮存形式，其生物学意义就在于它是贮存能量的、容易动员的多糖。糖原降解的产物是 1 - 磷酸葡萄糖。糖原的葡萄糖残基磷酸解形成 1 - 磷酸葡萄糖所消耗的底物除糖原分子的残基外，就是无机磷酸，没有消耗任何 ATP 分子。而 l - 磷酸葡萄糖在进一步分解前转变为 6 - 磷酸葡萄糖也不消耗 ATP 分子。

糖原分解（glycogenolysis）是指糖原分解为葡萄糖的过程。糖原的分解需要 3 种酶的作用：糖原磷酸化酶（glycogen phosphorylase）、糖原脱支酶（glycogen debranching enzyme）和磷酸葡萄糖变位酶（phosphoglucomutase）。其反应步骤如下：

① 糖原磷酸解为 1 - 磷酸葡萄糖　糖原磷酸化酶催化糖原非还原性尾端的葡萄糖基磷酸化。糖原磷酸化酶从糖原分子的非还原性尾端切下一个葡萄糖分子，同时又出现新的非还原性尾端。该反应不消耗 ATP，反应所需的磷酸基团由无机磷酸提供，生成 1 - 磷酸葡萄糖（图 3 - 55）。磷酸化酶是糖原分解过程的限速酶，其辅酶是磷酸吡哆醛。

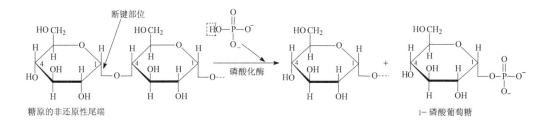

图 3 - 55　糖原磷酸解为 1 - 磷酸葡萄糖

糖原磷酸化酶只催化 1,4 糖苷键的磷酸解，且只能作用到距糖原分子分支点 4 个葡萄糖残基之前的糖苷键。糖原的继续分解还需其他酶参与作用。

② 1 - 磷酸葡萄糖转变为 6 - 磷酸葡萄糖。1 - 磷酸葡萄糖必须转变成 6 - 磷酸葡萄糖才有可能进入代谢主线，参加糖酵解或转变成游离的葡萄糖。催化磷酸基团转移的酶为磷酸葡萄糖变位酶。

$$1 - 磷酸葡萄糖 \underset{磷酸葡萄糖变位酶}{\rightleftharpoons} 6 - 磷酸葡萄糖$$

③ 6 - 磷酸葡萄糖水解为葡萄糖　6 - 磷酸葡萄糖磷酸酯酶（glucose - 6 - phosphatase）

是专门水解 6 - 磷酸葡萄糖的酶。

$$6 - 磷酸葡萄糖 + H_2O \xrightarrow{6 - 磷酸葡萄糖磷酸酯酶} 葡萄糖 + Pi$$

该酶存在于体内肝细胞、肾细胞及肠细胞内质网膜的内腔面,而脑细胞和肌肉细胞中缺乏此酶。因此,肝糖原可直接分解为葡萄糖,肌糖原却不能直接转变为葡萄糖。

④转移 当糖原分支上的糖链被磷酸化分解到只剩下 4 个葡萄糖基时,由于位阻效应,磷酸化酶不能继续发挥其作用,此时由 $\alpha - 1,4$ 葡聚糖转移酶催化糖原分支上近末端侧的 3 个葡萄糖基转移到主链的非还原端,形成更长的 $\alpha - 1,4$ 糖苷链,以便磷酸化酶发挥其催化作用。转移的结果,可使支链剩下的最后一个葡萄糖基与主链相连接的 $\alpha - 1,6$ 糖苷键暴露出来。

⑤脱支 在 $\alpha - 1,6$ - 葡萄糖苷酶作用下,将已暴露出的分支点处的 $\alpha - 1,6$ 糖苷键水解,生成游离的葡萄糖,糖原分子脱去分支(图 3 - 56)。

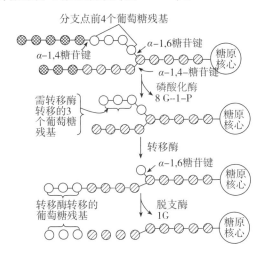

图 3 - 56 磷酸化酶和糖原脱支酶、糖基转移酶的协同作用

(2)淀粉的酶促水解 淀粉在酶的作用下,通过水解和磷酸解两种途径降解,降解的产物也因此而异。在植物中参与淀粉水解的酶有 $\alpha -$ 淀粉酶($\alpha -$ amylase)、$\beta -$ 淀粉酶($\beta -$ amylase)、脱支酶和麦芽糖酶。

①$\alpha -$ 淀粉酶 为淀粉内切酶,其作用方式是在淀粉分子内部随机切断(水解)$\alpha - 1,4$ 糖苷键。如果底物是直链淀粉,生成葡萄糖和麦芽糖的混合物。如果底物是支链淀粉,则水解产物中除上述产物外,还含有 $\alpha - 1,6$ 糖苷键的糊精。

②$\beta -$ 淀粉酶 为淀粉外切酶,水解 $\alpha - 1,4$ 糖苷键,它作用于多糖的非还原性尾端而生成麦芽糖。所以当 $\beta -$ 淀粉酶作用于直链淀粉时,能生成定量的麦芽糖。当底物为支链淀粉时,产物为麦芽糖和极限糊精。后者是淀粉酶不能再分解的支链淀粉残余(图 3 - 57)。

③脱支酶 是专一水解 $\alpha - 1,6$ 糖苷键的酶。支链淀粉经淀粉酶水解产生的极限糊

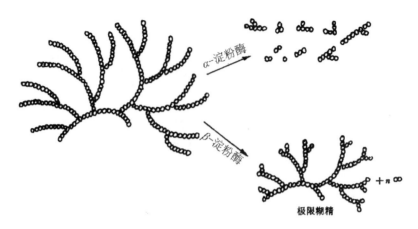

图 3-57　淀粉酶的作用

精,由脱支酶水解去除 $\alpha-1,6$ 糖苷键连接的葡萄糖,再在 $\alpha-$ 淀粉酶和 $\beta-$ 淀粉酶作用下彻底水解。

④麦芽糖酶　水解淀粉酶解产物麦芽糖和糊精中的 $\alpha-1,4$ 糖苷键,水解产物为葡萄糖。

(3)淀粉的磷酸解　淀粉磷酸化酶(amylophosphorylase)催化 $\alpha-1,4$ 葡聚糖非还原性尾端的葡萄糖残基转移给磷酸,产生 1-磷酸葡萄糖(G-1-P),同时产生的一个新的非还原性尾端又重复上述磷酸解过程。该酶广泛存在于高等植物的叶片及绝大多数贮藏器官中。

$$淀粉 + nH_3PO_4 \underset{淀粉磷酸化酶}{\rightleftharpoons} nG-1-P$$

(二)蔗糖和多糖的生物合成

1.糖核苷酸的作用

葡萄糖只有转变为活化形式,才能合成寡糖和多糖。尿苷二磷酸葡萄糖(UDPG)、腺苷二磷酸葡萄糖(ADPG)和鸟苷二磷酸葡萄糖(GDPG)都是葡萄糖的活化形式,它们分别在寡糖和多糖的生物合成中作为葡萄糖的供体。在焦磷酸化酶(pyrophosphorylase)催化下,供体可通过下列反应合成(图 3-58)。

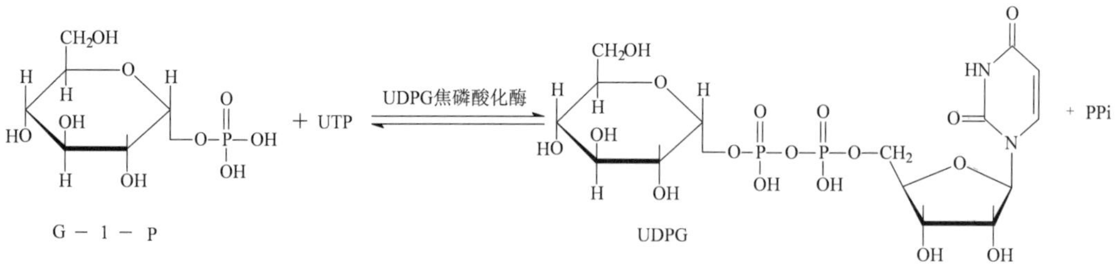

图 3-58　UDPG 的合成

此反应是可逆的,但由于焦磷酸(PPi)极易被焦磷酸酶(pyrophosphatase)水解成磷酸使反应向右进行,因而反应向右进行。ADPG 和 GDPG 也是以类似的反应生成的,催化的酶是 ADPG(或 GDPG)焦磷酸化酶。

2.蔗糖的生物合成

蔗糖的合成可通过下列两条途径:

(1)蔗糖合成酶 蔗糖合成酶(sucrose synthetase)能利用 UDPG 作为葡萄糖供体与果糖合成蔗糖。

$$UDPG + 果糖 \longrightarrow UDP + 蔗糖$$

该酶还可利用 ADGP、GDGP 等作为葡萄糖供体,主要存在于植物的非绿色组织(如贮藏器官)。

(2)磷酸蔗糖合成酶 磷酸蔗糖合成酶(phosphosucrose synthetase)可使 UDPG 的葡萄糖转移到 6 – 磷酸果糖上,形成磷酸蔗糖:

$$UDPG + 6 – 磷酸果糖 \longrightarrow UDP + 磷酸蔗糖$$

在磷酸蔗糖磷酸酶(phosphosucrose phosphatase)的催化下,磷酸蔗糖水解生成蔗糖。

$$磷酸蔗糖 + H_2O \longrightarrow 蔗糖 + Pi$$

由于磷酸蔗糖合成酶的活性较高(特别是在光合组织中),而且磷酸蔗糖合成酶存在量大,所以一般认为途径(2)是植物合成蔗糖的主要途径

3.淀粉的合成

光合作用旺盛时,叶绿体可直接合成和积累淀粉;非光合组织也可利用葡萄糖合成或通过蔗糖转化成淀粉。

(1)直链淀粉的合成 通过三种酶进行:

①淀粉磷酸化酶 淀粉磷酸化酶(starch phosphorylase)广泛存在于动物、植物、酵母和某些细菌中,催化下面反应:

$$1 – 磷酸葡萄糖 + 引物(nG) \Longleftrightarrow 淀粉[(n+1)G] + Pi(n \geqslant 3)$$

葡萄糖 C_1 被磷酸化,因此所转移来的葡萄糖是加在引物链的 C_4 非还原性尾端羟基上。植物细胞中无机磷浓度较高,因此通常磷酸化酶的主要作用是催化淀粉的水解。

②D 酶 D 酶是一种糖苷转移酶,作用于 α – 1,4 糖苷键,能将一个麦芽多糖的残余段转移到葡萄糖、麦芽糖或其他含 α – 1,4 糖苷键的多糖上,起着加成作用(图 3 – 59),形成淀粉合成中的"引物"。

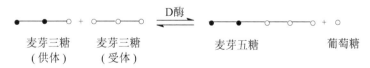

图 3 – 59 D 酶的作用

③淀粉合成酶 淀粉合成酶(starch synthetase)是淀粉合成的主要酶类。该酶主要以 ADPG 作为葡萄糖基供体,也可以利用 UDPG,但利用 ADPG 合成淀粉的反应比利用 UDPG 快 10 倍。

$$ADPG + 引物(nG) \longrightarrow 淀粉[(n+1)G] + ADP$$

④蔗糖转化为淀粉 光合组织合成的糖转化成蔗糖后运输到非光合组织,在非光合器官中蔗糖可以转化为淀粉(图3-60)。

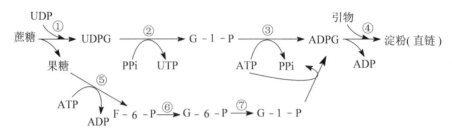

图3-60 蔗糖转化为淀粉的途径

①蔗糖合成酶;②UDPG 焦磷酸化酶;③ADPG 焦磷酸化酶;④淀粉合成酶;⑤果糖激酶;⑥磷酸己糖异构酶;⑦磷酸己糖变位酶

(2)支链淀粉的合成 支链淀粉除含有 $\alpha-1,4$ 糖苷键外,还有 $\alpha-1,6$ 糖苷键。因此,支链淀粉是在淀粉合成酶和 $\alpha-1,4$ 葡聚糖分支酶共同作用下生成的。淀粉合成酶催化葡萄糖以 $\alpha-1,4$ 键结合,$\alpha-1,4$ 葡聚糖分支酶可从直链淀粉的非还原端拆开一个低聚糖片段,并将其转移到毗邻的直链片段的非尾端残基上,并以 $\alpha-1,6$ 键与之相连,即形成一个分支(图3-61)。

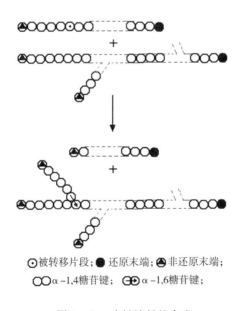

⊙被转移片段;● 还原末端;▲非还原末端;

○○α-1,4糖苷键; ⊖α-1,6糖苷键;

图3-61 支链淀粉的合成

4.糖原的合成

葡萄糖(还有少量果糖和半乳糖)在肝、肌肉等组织中可以合成糖原。由单糖合成糖原的过程称为糖原合成(glycogenesis)。在糖原生物合成中,糖基的供体是尿苷二磷酸葡萄糖(uridine diphosphate glucose,UDGP)。糖原的生物合成通过3个步骤,包括3个酶的催化作用:尿苷二磷酸葡萄糖焦磷酸化酶(UDPG pyrophosphorylase)、糖原合成酶(glycogen synthase)和糖原分支酶(glycogen beanching enzyme)。

由葡萄糖合成糖原的反应过程包括:

(1)尿苷二磷酸葡萄糖(UDPG)的生成 糖原合成时,葡萄糖首先磷酸化生成6-磷酸葡萄糖(图3-62)。此步反应与糖酵解的起始反应相同。6-磷酸葡萄糖在磷酸葡萄糖变位酶催化下,磷酸基从6位移至1位而转变为1-磷酸葡萄糖,反应可逆(图3-63)。葡萄糖进入糖原分子时要形成α-1,4糖苷键,故磷酸基从6位移至1位是为葡萄糖与糖原分子连接做准备。

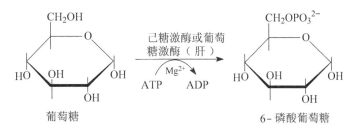

图3-62 葡萄糖磷酸化为6-磷酸葡萄糖

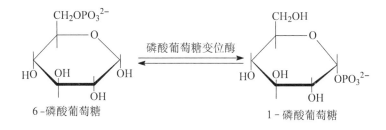

图3-63 6-磷酸葡萄糖转变为1-磷酸葡萄糖

1-磷酸葡萄糖与UTP反应,由尿苷二磷酸葡萄糖焦磷酸化酶(UDPG焦磷酸化酶)催化生成UDPG和焦磷酸。1-磷酸葡萄糖分子中磷酸基团的氧原子向UTP分子的α磷原子进攻形成UDP-葡萄糖(UDPG)和焦磷酸(PPi),PPi迅速被无机焦磷酸酶水解为2分子无机磷酸(Pi),使反应向合成糖原方向进行(图3-64)。

三磷酸核苷在反应中裂解产生焦磷酸,这种现象在生物合成中广泛存在。焦磷酸的水解和核苷酸的水解相偶联,有力地推动那些在热力学上原来可逆的甚至是吸能的反应向一个方向进行。高能态的UDPG能够容易地将其糖基用于糖原的合成。在许多双糖和多糖的生物合成中UDPG都起着糖基供体的作用。葡萄糖形成UDPG的重要生物学意义就在于它使葡萄糖变为更活泼的活化形式。所以,可以将UDPG看作体内的"活性葡萄糖"。

(2)UDPG中的葡萄糖连接到糖原引物上 游离状态的葡萄糖不能作为UDPG中葡萄糖基的受体,因此,糖原合成过程中必须有糖原引物(Primer)存在。起引物作用的是一种分子质量为37 ku的特殊蛋白质称为糖原蛋白(glycogenin)。该蛋白质分子上带着一个以

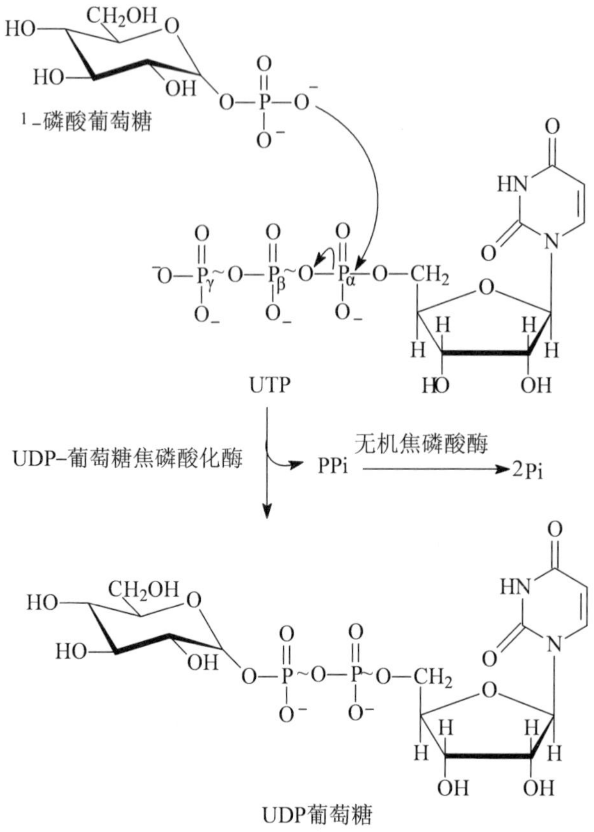

图 3 - 64　UDP - 葡萄糖焦磷酸化酶催化的反应

$\alpha - 1,4 -$ 葡萄糖为单位的寡糖分子,其糖基供体也是 UDPG。糖原蛋白实际上形成了糖原分子的核心(core)。在已经合成的 8 个葡萄糖残基的基础上,糖原合成酶再继续延长糖基链。糖原合成酶将 UDPG 上的葡萄糖分子转移到糖原引物的非还原性尾端上,从而生成比原来多 1 分子葡萄糖的糖原。糖原合成酶只有与糖原蛋白紧紧结合在一起时才能有效地发挥其催化作用。糖原颗粒的数目取决于糖原蛋白的分子数目,而糖原分子的延长与否,亦即分子的大小取决于糖原合成酶与糖原蛋白相互之间的作用。

$$\text{UDPG} + (\text{葡萄糖})_n \xrightarrow{\text{糖原合成酶}} (\text{葡萄糖})_{n+1} + \text{UDP}$$

(3)分支酶催化糖原不断形成新分支链　糖原合成酶只能催化 $\alpha - 1,4$ 葡萄糖苷键合成即只能使糖链不断延长,而不能形成新分支。当糖链长度达到 $12 \sim 18$ 个葡萄糖基时,糖原分支酶将 $6 \sim 7$ 个葡萄糖基组成的一段糖链转移到邻近的糖链上,以 $\alpha - 1,6$ 糖苷键相连而形成新分支。新的分支点与邻近的分支点的距离至少有 4 个葡萄糖基(图 3 - 65)。

糖原的分支的不断形成不仅可增加糖原的水溶性,更重要的是可增加非还原端的数目,有利于糖原的合成及分解代谢。无论是糖原磷酸化酶或糖原合成酶都以非还原性尾端基团为作用位点。

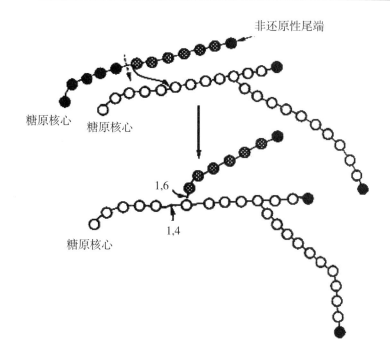

图 3 - 65　糖原新分支的形成

从葡萄糖合成糖原是耗能的过程。每分子葡萄糖磷酸化时消耗 1 分子 ATP,UDPG 的生成中再消耗 1 分子 UTP(UDP + ATP→UTP + ADP)。因此,糖原合成时,糖原分子每增加 1 分子葡萄糖基需消耗 2 分子 ATP。

(三)糖原分解与合成的调节

糖原合成和分解都是根据机体的需要由一系列的调节进行调控的。磷酸化酶和糖原合成酶的的作用都受到严格的调节。

骨骼肌中的糖原磷酸化酶有 a、b 两种变构状态,各自都具有活化状态(R)和钝化状态(T)两种形式。磷酸化酶 a 是相同亚基组成的四聚体,磷酸化酶 b 是二聚体。这两种磷酸化酶受可逆的磷酸化作用调节(共价调节)。在一般生理条件下,酶的活性主要决定于磷酸化和去磷酸化的速度(图 3 - 66)。

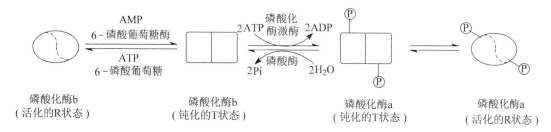

图 3 - 66　骨骼肌磷酸化酶 a、b 及其活化、钝化形式的相互关系

第四章 脂 类

第一节 生物体中的脂类物质

脂类常被定义为生物系统中存在的能溶于有机溶剂而不溶于水或微溶于水的有机化合物。脂类主要包括脂肪(酰基甘油酯)、磷脂、糖脂、固醇等,其中酰基甘油酯最为重要,占动植物脂类的95%以上。在生物体内,单纯脂是机体代谢所需能量的储存形式和运输形式;复合脂类是构成生物膜的重要成分,几乎细胞所含有的磷脂都集中在生物膜中;脂类物质也可为动物机体提供溶解于其中的必需脂肪酸和脂溶性维生素、某些萜类及类固醇物质,如维生素 A、维生素 D、维生素 E、维生素 K、胆酸及固醇类激素,具有营养、代谢和调节功能;在机体表面的脂类物质具有防止机械损伤与防止热量散发等保护作用;脂类作为细胞的表面物质,与细胞识别、种特异性和组织免疫等有密切关系。此外,具有生物活性的某些维生素和激素也是脂类物质。所以,脂类物质在生物体内具有非常重要的作用。

生物体中的脂类物质可按不同组成分类。通常将之分为 3 类:

(1)单纯脂(simple lipids) 单纯脂是脂肪酸和醇类所形成的酯,其中脂酰(基)甘油酯,通称脂肪,系甘油的脂肪酸酯,而蜡则是高级醇的脂肪酸酯。

(2)复合脂(complex lipids) 除醇类、脂肪酸外,结构中还包括其他物质。如甘油磷脂类,它含有脂肪酸、甘油、磷酸和某种含氮物质。又如鞘磷脂类,它是由脂肪酸、鞘氨醇或其衍生物、磷酸和某种含氮物质组成。

(3)衍生脂(derived lipids) 衍生脂如前列腺素、类异戊二烯、脂溶性维生素和甾醇等。

一、单纯脂类

单纯脂是脂肪酸和醇类所形成的酯,主要包括甘油的脂肪酸酯和高级醇的脂肪酸酯,前者通常称为油脂,后者通常称为蜡。

(一)脂肪酸

脂肪酸是构成天然脂肪的脂肪族一元羧酸,通式为 R—COOH,R 代表碳氢链尾巴。微生物、植物和动物中大约存在着100 多种脂肪酸,这些脂肪酸的主要区别表现在烃链的长度、不饱和度(碳－碳双键的数目)和双键的位置。

脂肪酸的命名有以下方法:

1.脂肪酸俗名命名法

通常是根据来源命名,例如蚁酸、肉桂酸、酪酸、棕榈酸、月桂酸、硬脂酸和油酸等。

2.脂肪酸的系统命名法

一般地,脂肪酸的系统命名方法为:选择含有羧基和双键(对于不饱和脂肪酸)的最长碳链为主链,从羧基端开始编号,然后按照有机化学中的系统命名方法进行命名。不饱和脂肪酸也是以母体不饱和烃来命名,并把双键位置写在某烯酸前面,例如:

$$CH_3(CH_2)_4CH=CHCH_2CH=CH(CH_2)_7COOH \qquad 9,12-十八碳二烯酸$$

3.数字命名法

脂肪酸还可用数字标记表示碳原子数和双键数,数字与数字之间用一个冒号隔开,前面的数字表示碳原子数,后面的数字表示双键数。对于不饱和脂肪酸,其双键位置可以从碳链甲基端开始编号,以"ω 数字"表示第一个双键的碳原子位置。由于天然多烯酸的双键都是被亚甲基隔开,因此只需要确定第一个双键位置,其余双键位置也就确定了。如:油酸为 $18:1\omega9$,亚油酸为 $18:2\omega6$。在 IUPAC 标准命名中,双键位置用符号 Δ^N 表示,上标 N 表示每个双键的最低编号碳原子。如:花生四烯酸可详细写作 $20:4\Delta^{5,8,11,14}$。

4.英文缩写

有些地方也用英文缩写表示脂肪酸,如常见到 EPA 表示二十碳五烯酸,DPA 表示二十二碳五烯酸,DHA 表示二十二碳六烯酸。

不饱和脂肪酸的碳氢链中含有碳碳双键($C=C$),因此存在着几何异构体,或具有 cis(顺式)构型,或具有 trans(反式)构型。自然界中存在的绝大多数脂肪酸的构型都是双键具有 cis 构型的脂肪酸。

表 4-1 列举了自然界常见的一些脂肪酸,大多数脂肪酸都有一个处于 4.5~5.0 范围内的 pK 值,所以它们在生理 pH 下可以离子化。大多数含量高的脂肪酸的碳原子数通常是 12~20,几乎都是偶数。

表 4-1　自然界常见的一些脂肪酸

碳原子数	双键个数	俗名	IUPAC 命名	分子式
12	0	月桂酸	正十二烷酸	$CH_3(CH_2)_{10}COO^-$
14	0	豆蔻酸	正十四烷酸	$CH_3(CH_2)_{12}COO^-$
16	0	棕榈酸(软脂酸)	正十六烷酸	$CH_3(CH_2)_{14}COO^-$
18	0	硬脂酸	正十八烷酸	$CH_3(CH_2)_{16}COO^-$
20	0	花生酸	正二十烷酸	$CH_3(CH_2)_{18}COO^-$
22	0	山嵛酸	正二十二烷酸	$CH_3(CH_2)_{20}COO^-$
24	0	掬焦油酸	正二十四烷酸	$CH_3(CH_2)_{22}COO^-$
16	1	棕榈油酸	$cis-\Delta^9-$十六碳烯酸	$CH_3(CH_2)_5CH=CH(CH_2)_7COO^-$
18	1	油酸	$cis-\Delta^9-$十八碳烯酸	$CH_3(CH_2)_7CH=CH(CH_2)_7COO^-$

碳原子数	双键个数	俗名	IUPAC 命名	分子式
18	2	亚油酸	$cis,cis-\Delta^{9,12}-$十八碳二烯酸	$CH_3(CH_2)_4(CH=CHCH_2)_2(CH_2)_6COO^-$
18	3	亚麻酸	全$cis-\Delta^{9,12,15}-$十八碳三烯酸	$CH_3CH_2(CH=CHCH_2)_3(CH_2)_6COO^-$
20	4	花生四烯酸	全$cis-\Delta^{5,8,11,14}-$二十碳四烯酸	$CH_3(CH_2)_4(CH=CHCH_2)_4(CH_2)_2COO^-$

虽然脂肪酸是许多脂的重要成分,但生物体内的脂肪酸绝大部分是以结合形式存在的,游离形式数量极少。游离脂肪酸实际上是去污剂,高浓度的脂肪酸会破坏膜结构。有些脂肪酸与血液中的清蛋白结合在一起,但大多数脂肪酸都被酯化形成更复杂的脂分子。动物中含量最丰富的脂肪酸是油酸、软脂酸和硬脂酸,另外动物还需要从饮食中摄入一些自己不能合成的多不饱和脂肪酸,例如亚油酸(18:2)和亚麻酸(18:3),这些脂肪酸称之为必需脂肪酸。

(二)脂酰基甘油酯

脂酰基甘油酯即脂肪酸和甘油所形成的酯。根据参与形成甘油酯的脂肪酸分子个数,或甘油与脂肪酸酯化反应的羟基个数,脂酰基甘油酯分为单酰基甘油酯、二酰基甘油酯和三酰基甘油酯3类。天然油脂是由一酰基甘油酯、二酰基甘油酯和三酰基甘油酯以及少量游离脂肪酸组成的混合物,主要以三酰基甘油酯形式存在。

三酰基甘油酯是脂类中含量最丰富的一大类,结构通式如图4-1所示。

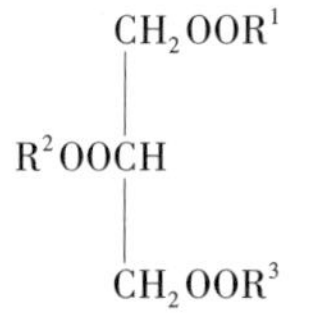

$$CH_2OOR^1$$
$$R^2OOCH$$
$$CH_2OOR^3$$

图4-1 三酰基甘油酯的结构通式

如果R^1、R^2、R^3相同时,称为简单三酰基甘油酯,否则称为混合三酰基甘油酯。当R^1和R^3不相同时,中间的碳原子具有手性,在表示构型时可采用L-或R-表示。自然界中的油脂多为混合三酰基甘油酯,且构型多为L-型。

对于三酰基甘油酯的命名,目前广泛采用的是赫尔斯曼(Hirschman)提出的立体有择位次编排命名法(Sn)。它是在甘油的Fischer投影式中,将中间的羟基写在中心碳原子的左边,碳原子由上到下编号为1、2、3(图4-2)。

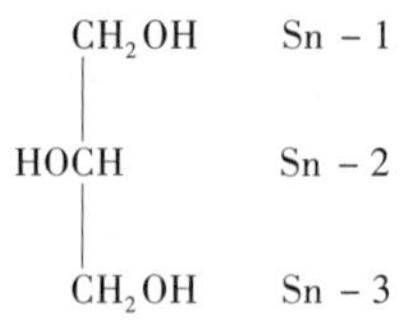

$$CH_2OH \quad Sn-1$$
$$HOCH \quad Sn-2$$
$$CH_2OH \quad Sn-3$$

图4-2 Sn命名法碳原子编号

例如,如果硬脂酸在Sn-1位置酯化,油酸在Sn-2位置酯化,而亚油酸在Sn-3位置酯化,则该三酰基甘油酯可命名为以下几种形式:1-硬脂酰-2-油酰-3-亚油酰-Sn-甘油、Sn-甘油-1-硬脂酰-2-油酰-3-亚油酸酯、Sn-StOL 或 Sn-18:0-18:1-18:2。

(三)蜡

蜡是不溶于水的固体,是长链脂肪酸和长链脂肪族-羟基醇或与固醇所形成的酯。多存在于动物体的分泌物中,主要起保护作用。蜂巢、昆虫卵壳、羊毛和鲸油中皆含有蜡。我国出产的蜡主要为蜂蜡(beeswax)、虫蜡和羊毛蜡,是经济价值较高的农业副产品。蜂蜡为许多高级一元醇酯的混合物,但主要成分是三十醇的软脂酸酯($C_{15}H_{31}COOC_{30}H_{61}$),$C_{25}$~$C_{35}$的链烷也在蜂蜡中发现。

中国虫蜡是一种昆虫(Coccus ceriferus Fabr)的分泌物。其主要成分为二十六醇的二十六及二十八酸酯。

羊毛蜡的成分为三羟蜡酸环醇酯(以胆固醇为主)。蜡在工业上用途颇大,蜂蜡、虫蜡可作涂料、绝缘材料、润滑剂,羊毛蜡可制高级化妆品。

二、复合脂类

复合脂类是指其分子中,不仅存在醇与脂肪酸所形成的酯,而且还结合了其他成分,主要有磷酸、糖或硫酸,它们也分别被称为磷脂、糖脂和硫脂。另外,脂蛋白也属于复合脂。

(一)磷脂

磷脂(phospholipids)是分子中含磷酸的复合脂,由于其所含的醇不同,又可分为甘油磷脂和鞘氨醇磷脂两类。

1.甘油磷脂

甘油磷脂(phosphoglyceride)是生物体内含量丰富的另一类含甘油结构的酯类,种类较多,见表4-2。

各类甘油磷脂有一个共同的结构特点,即以磷脂酸为基础,其中磷酸再与氨基醇(如胆碱、乙醇胺或丝氨酸)或肌醇结合,从而分别形成不同的甘油磷脂。其具体结构如图4-3。

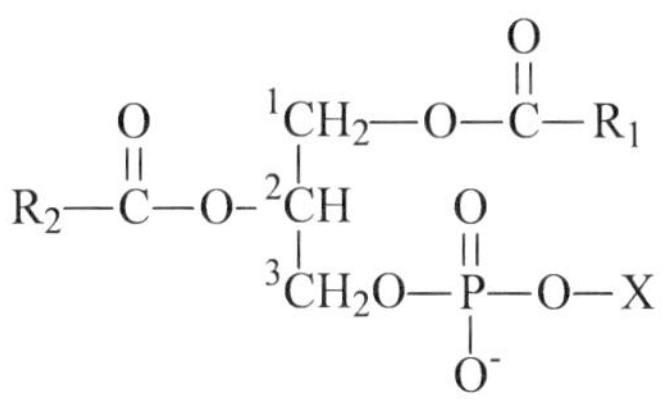

$$
\begin{array}{l}
& & \overset{O}{\underset{\|}{}} \\
& O & {}^{1}CH_2-O-C-R_1 \\
& \| & | \\
R_2-C-O-{}^{2}CH & O \\
& & | \\
& {}^{3}CH_2O-P-O-X \\
& & | \\
& & O^{-}
\end{array}
$$

图4-3　甘油磷脂的结构

X=H 时,为磷脂酸(PA);X=$CH_2CH_2N^+(CH_3)_3$时为卵磷脂(磷脂酰胆碱,PC);

X=$CH_2CH_2NH_2$时,为脑磷脂(磷脂酰乙醇胺,PE);

X=$CH_2CHN^+H_3$
　　　　|
　　　　COO^- 时,为磷脂酰丝氨酸(PS)

X = 甘油时,为磷脂酰甘油(PG);X = 肌醇时,为磷脂酰肌醇(PI)

表4-2　几种甘油磷脂名称、分子组成、分布和生物作用

系统名称	习惯名称	相同部分			不同部分		分布及生物作用
		甘油	脂肪酸	磷酸	氨基醇	其他	
L-α-磷脂酰胆碱 3-Sn-磷脂酰胆碱	卵磷脂	1	2	1	胆碱		植物、动物中。生物膜主要成分之一。控制肝脂代谢,防止脂肪肝形成
L-α-磷脂酰乙醇胺 3-Sn-磷脂酰乙醇胺	脑磷脂	1	2	1	乙醇胺		红细胞膜、脑、神经组织、肝细胞膜
L-α-磷脂酰丝氨酸 3-Sn-磷脂酰丝氨酸	丝氨酸磷脂	1	2	1	丝氨酸		参与血液凝结
L-α-磷脂酰肌醇 3-Sn-磷脂酰肌醇	肌醇磷脂	1	2	1~3		肌醇	单磷酸酯:肝、心肌中;双、三磷酸酯:脑
L-α-磷脂酰缩醛 3-Sn-磷脂酰缩醛	缩醛磷脂	1	1 (C₂)	1	胆碱或乙醇胺	长链烯醇(C₁)	细胞膜,肌肉和神经细胞膜含量特别丰富
二磷脂酰甘油	心磷脂	3	4	2	磷脂酰甘油		存在于细菌细胞膜中,真核细胞线粒体内膜中

天然存在的甘油磷脂都属于 L 构型,按国际生化名词委员会命名原则规定:甘油的三个碳原子分别标成 1、2、3 号(见结构式),2 号 C 上羟基一定放在它的左边,这种立体专一编号(stereospecific numbering),用 Sn 表示。在甘油磷脂中,1 号 C 上羟基通常与饱和脂肪酸合成酯,2 号 C 上羟基多数与不饱和脂肪酸合成酯,3 号 C 上羟基一定与磷酸成酯。

磷脂酰胆碱(phosphatidyl choline)　白色蜡状物质,极易吸水,其不饱和脂肪酸能很快被氧化。各种动物组织,脏器中都含有相当多的磷脂酰胆碱。胆碱的碱性很强,可与氢氧化钠相比。它在生物界分布很广,且有重要的生物功能,它在甲基移换中起提供甲基作用。乙酰胆碱是一种神经递质,与神经兴奋的传导有关。磷脂酰胆碱有控制动物机体代谢,防止脂肪肝形成的作用。

磷脂酰乙醇胺(phosphatidyl ethanolamines)　动植物体内含量丰富的磷脂,它与血液凝结有关。

磷脂酰丝氨酸(phosphatidyl serines)　来自血小板损伤组织的带有负电荷的磷脂酰丝氨酸能引起表面凝血酶原的活化。它与磷脂酰胆碱、磷脂酰乙醇胺间可互相转化。

磷脂酰肌醇(phosphatidyl inositols)　其极性基部分是一六碳环状糖醇,即肌醇。磷脂酰肌醇常与磷脂酰乙醇胺等混在一起。肝脏和心肌多是磷脂酰肌醇,而脑中多为磷脂酰肌醇磷酸、磷脂酰肌醇二磷酸。

磷脂酰缩醛(phosphatidyl acetal)　磷脂酰缩醛的特点是有 1 个长链脂性醛基,代替了

典型磷脂结构中的酯酰基(图4-4)。

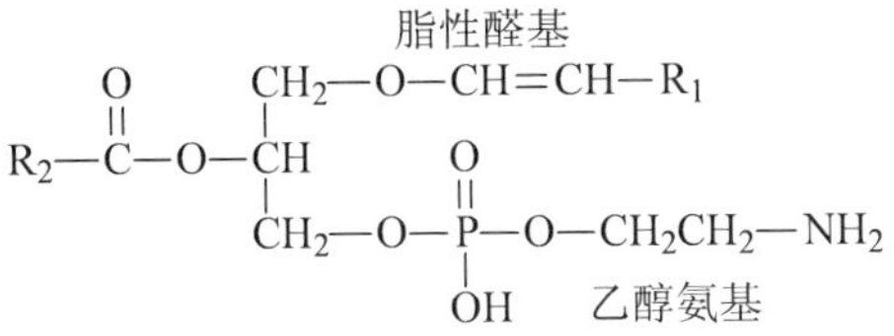

图4-4 乙醇胺缩醛磷脂

图4-4中R_1代表饱和烃链,脂肪酸则大部分是不饱和的,乙酰胺缩醛磷脂是最常见的一种,有的磷脂酰缩醛的脂性醛基在β位上,也有不含乙醇氨基而含胆碱基的。

磷脂酰缩醛可水解,水解程度不同其产物也不同。磷脂酰缩醛溶于热乙醇、KOH溶液,不溶于水,微溶于丙酮或石油醚。存在于脑组织及动脉血管,可能有保护血管的功用。

二磷脂酰甘油(diphosphatidyl glycerols) 又称心磷脂,它由两个磷脂酸中的磷酸基团分别与甘油分子的1,3碳原子上羟基成酯所组成(图4-5),主要存在于细菌细胞膜和真核细胞的线粒体内膜中。

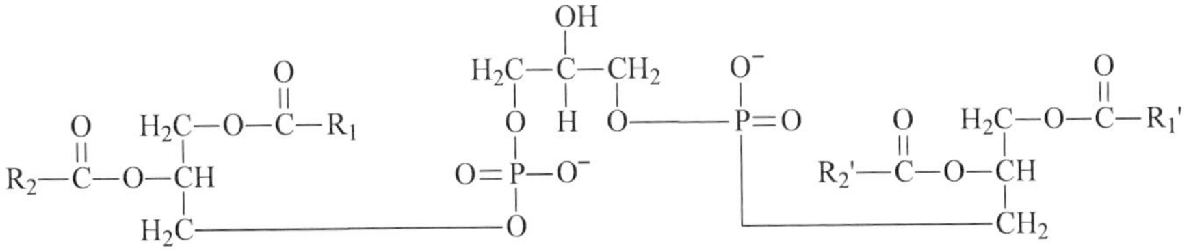

图4-5 二磷脂酰甘油(心磷脂)

2.鞘氨醇磷脂

鞘氨醇磷脂(sphigophospholipids)是由鞘氨醇(2-氨基-4-十八碳-1,3-二醇)的氨基与一脂肪酸以酰胺键相联,它的羟基与磷酸胆碱以酯键相联构成,其结构表示如图4-6。

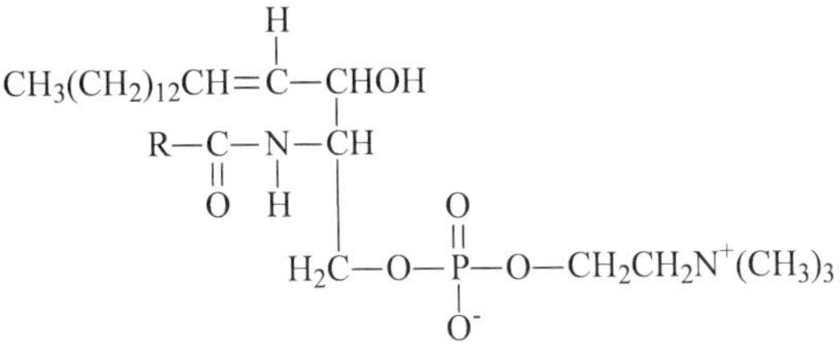

图4-6 鞘氨醇磷脂

鞘氨醇磷脂在动植物中均存在,但大量存在于神经及脑组织中,在高等植物和酵母中,鞘氨醇磷脂含的是4-羟二氢鞘氨醇。鞘氨醇磷脂是非甘油衍生物,但与甘油磷脂相似,它也有两个非极性尾部(其一为鞘氨醇的不饱和烃链)和一个极性头部,也是构成生物膜的成分。

（二）脂蛋白

脂蛋白是脂质同蛋白质的结合物，其结合方式目前尚不清楚。但可肯定，这种结合比较疏松，可被高浓度酒精、丙酮或冷冻（-60℃）破坏。它广泛存在于细胞和血浆中。

1.细胞脂蛋白

生物膜是脂蛋白的重要所在地。典型膜含脂质近40%，含蛋白质约为60%。细胞质脂蛋白主要存在于线粒体和微粒体中。

.血浆脂蛋白

血浆脂蛋白是由蛋白质和脂质组成水溶性的聚集体。它作为三脂酰甘油和胆固醇的转运载体。脂蛋白中蛋白质和脂质以非共价键结合并形成球形微团结构。磷脂和蛋白质围绕在三脂酰甘油和胆固醇组成的核心周围。通常依据血浆脂蛋白的密度将它分为乳糜微粒、极低密度脂蛋白、低密度脂蛋白、高密度脂蛋白和极高密度脂蛋白5类。血浆脂蛋白是运输脂类的载体。

（1）乳糜微粒（chylomicron）　是小肠上皮细胞合成的，主要成分来自食物脂肪，含有少量蛋白质。由于它的颗粒大，使光散射呈乳浊状。存在于血液和淋巴中，并起着从肠道运输脂肪的作用，它是一种密度很低的脂蛋白。

（2）极低密度脂蛋白（VLDL，very low-density lipoprotein 缩写又称 LDL_1）　是肝细胞合成的，其主要成分也是脂肪，当血液流经脂肪组织、肝和肌肉等毛细血管时，乳糜微粒和VLDL为毛细血管管壁脂蛋白脂酶所水解，所以在正常人空腹血浆中几乎不易检查出乳糜微粒和 VLDL。

（3）低密度脂蛋白（LDL，low-density lipoprotein）　来自肝脏，富含胆固醇，磷脂含量也不少。

（4）高密度脂蛋白（HDL，high-density lipoprotein）　也来自肝脏，其颗粒最小，其主要脂类组分为磷脂和胆固醇，它们分别约占总血浆脂类的45%和38%。

（5）极高密度脂蛋白（VHDL，very high-density lipoprotein）　属清蛋白—游离脂肪酸性质。清蛋白由肝脏合成，VHDL在脂肪组织中组成。

三、衍生脂类

（一）萜类化合物

萜类化合物是由异戊二烯（图4-7）的碳骨架相连构成的链状或环状化合物（trepene）。

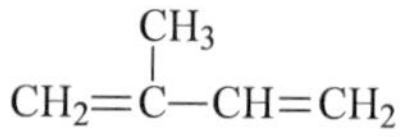

$$CH_2\!\!=\!\!\underset{\underset{CH_3}{|}}{C}\!\!-\!\!CH\!\!=\!\!CH_2$$

图4-7　异戊二烯

根据萜类化合物中含有的异戊二烯碳骨架，可将其分为单萜（含有两个异戊二烯单位骨架的萜类）、倍半萜（含有三个异戊二烯单位骨架的萜类）、双萜（含有四个异戊二烯单位骨架的萜)、三萜、四萜等。此外,按萜类化合物是否含有环状结构还可将其分为无环萜(开链萜)、单环单萜、双环单萜、四环三萜等。

萜类有的是线状,有的是环状,有的二者皆有;相连的异戊二烯有的是头尾相连,有的是尾尾相连。多数直链萜类的双键是反式,但在 11 - 顺 - 视黄醛(11 - cis - retinal)第 11 位上的双键为顺式。

植物中的萜类多数有特殊气味,是各类植物特有油类的主要成分。例如柠檬苦素、薄荷醇、樟脑等分别是柠檬油、薄荷油、樟脑油的主要成分。维生素 A、维生素 E、维生素 K 等都属于萜类。多聚萜醇常以磷酸酯的形式存在,这类物质在糖基从细胞质到细胞表面的转移中,起类似辅酶的作用。几种萜类化合物的结构如图 4 - 8 所示。

柠檬苦素

法尼醇

叶绿醇

鲨烯

β- 胡萝卜素

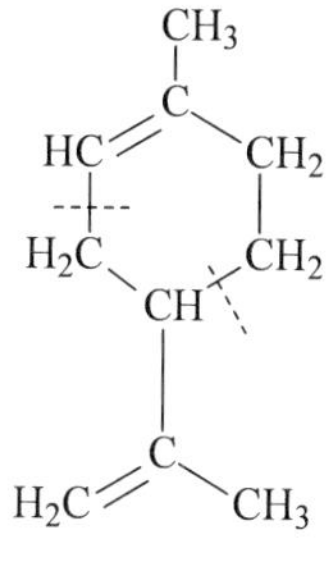

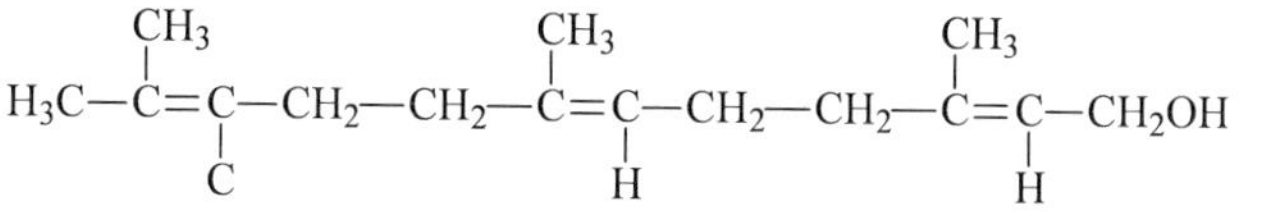

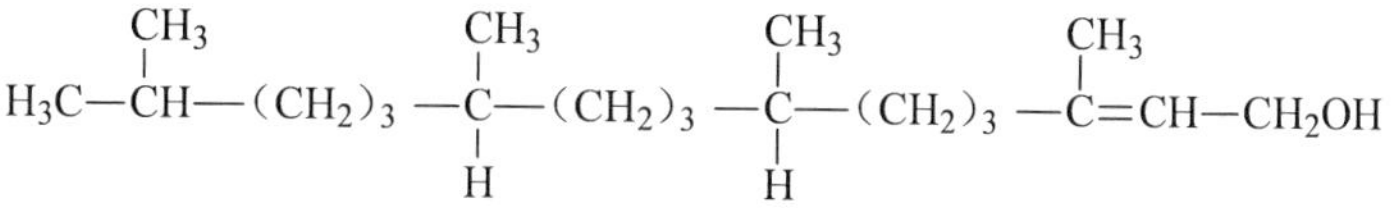

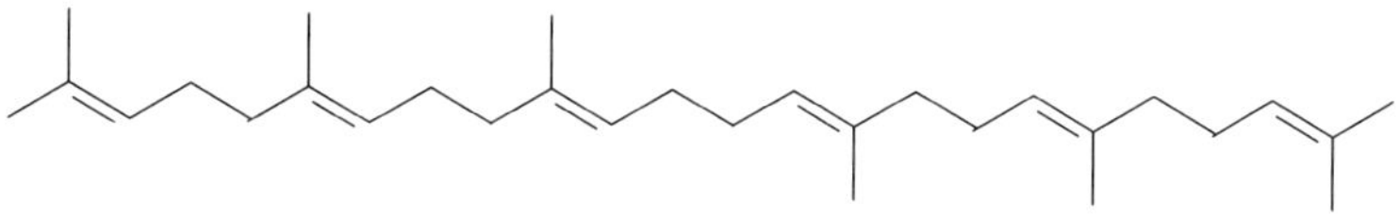

图 4 - 8　几种萜类化合物的结构

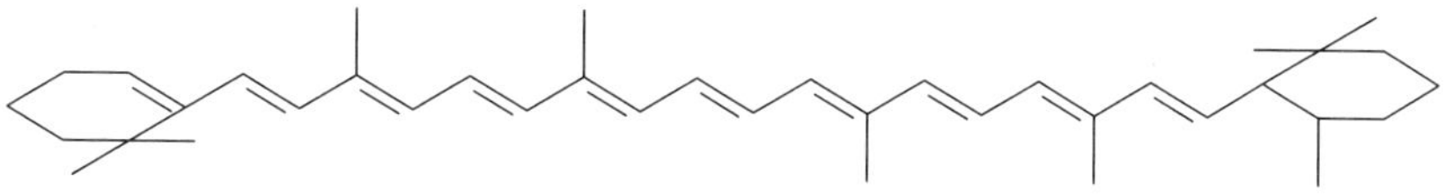

(二)类固醇类

类固醇类又称甾类(steroid),是环戊烷多氢菲(图 4 - 9)的羟基衍生物,由 A、B、C、D 四个稠环组成环形核,其中三个环是六碳环(A、B、C 环),一个环是五碳环(D 环)。根据其羟基数量及位置不同可分为固醇和固醇衍生物两类。

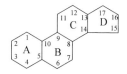

图 4 - 9　环戊烷多氢菲

1.固醇类

固醇类是一类环状高分子一元醇,其结构特点是甾核的 3 位上有一羟基,17 位上有一分支的碳氢链,在生物体内或以游离态或以脂肪酸成酯的形式存在。它又可分动物固醇(zoosterols)、植物固醇(phytosterols)和酵母固醇(zymosterols)3 类。

在脊椎动物体内,含量最丰富和最重要的是胆固醇(cholesterol),在神经组织和肾上腺中含量尤为丰富,其结构表示如图 4 - 10。

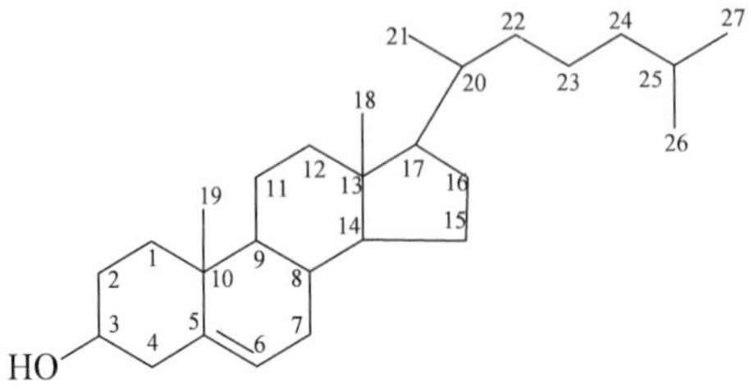

图 4 - 10 胆固醇

胆固醇与生物膜的流动性、神经鞘绝缘性以及某些毒素的解除密切相关。此外,胆固醇在体内可进一步转化成一系列激素如肾上腺素等激素;维生素 D₃ 也可由 7 - 脱氢胆固醇在紫外线作用下转化而成(图 4 - 11)。

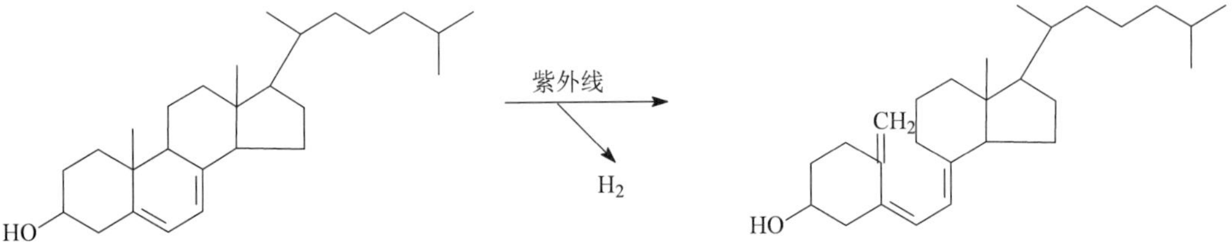

7-脱氢胆固醇

维生素D₃

图 4 - 11 7 - 脱氢胆固醇转化为维生素 D₃

在植物中,含量最多的是豆固醇(stigmasterol)和谷甾醇(sitosterol),其结构表示如图 4 - 12。它们均为植物细胞的重要组分。

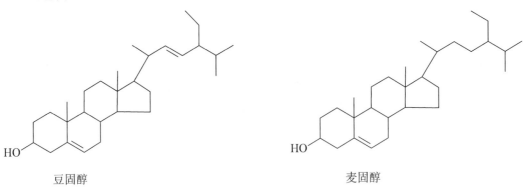

豆固醇

麦固醇

图 4 - 12 豆固醇和谷甾醇

酵母中以麦角固醇(ergosterol)为最多,它经紫外线照射可转化为维生素 D_2,是一种抗佝偻病的维生素(图 4 - 13)。

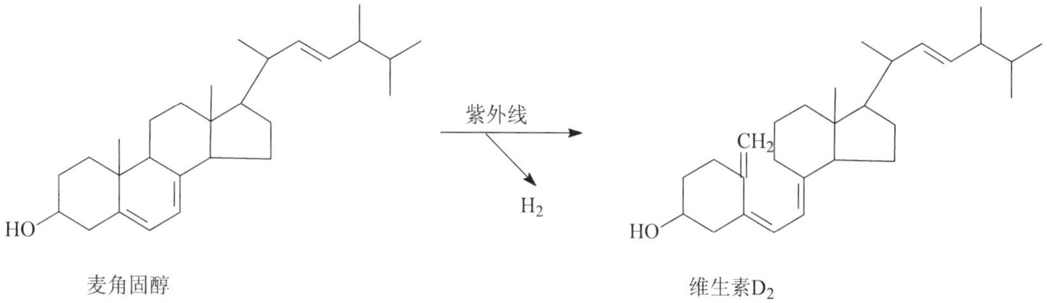

麦角固醇　　　　　　　　　　　　　　　　　　　维生素D_2

图 4 - 13　麦角固醇转化为维生素 D_2

2.固醇衍生物

固醇衍生物的典型代表是胆汁酸,具有重要的生理意义。强心苷也是固醇衍生物,它是治疗心脏病的重要药物。另外,性激素睾酮、雌二醇、黄体酮和维生素 D_2、维生素 D_3 亦是固醇衍生物。

胆汁酸(bile acid)在肝中合成,可从胆汁分离得出,人胆汁含有 3 种不同的胆汁酸,即胆酸(cholic acid,3,7,12 - 三羟基胆汁酸)、脱氧胆酸(deoxycholic acid,3,12 - 二羟基胆汁酸)及鹅脱氧胆酸(chenodeoxycholic acid,3,7 - 二羟基胆汁酸)。胆汁酸结构如图 4 - 14。

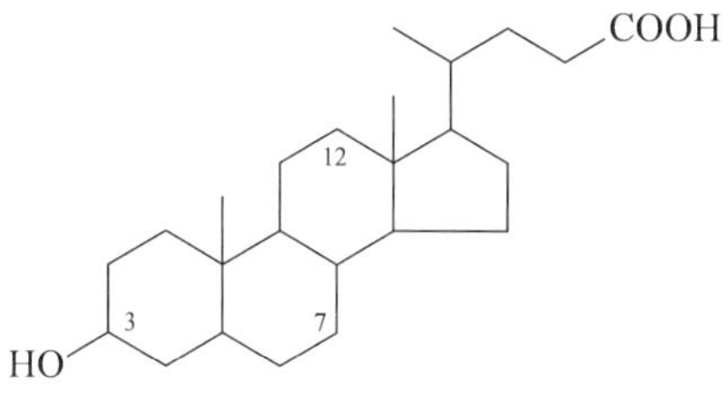

图 4 - 14　胆汁酸

胆酸与脂肪酸或其他脂类,如胆固醇、胡萝卜素形成盐素。它们是乳化剂,能降低水和油脂表面张力,使肠腔内油脂乳化成微粒,以增加油脂与消化液中脂肪酶的接触面积,便于油脂消化吸收。

此外,玄参科和百合科的强心苷(图 4 - 15),如最常见的洋地黄毒素,水解后产生的糖和配糖体,后者为固醇衍生物,具有使动物和人的心率减慢、强度增加的功能。

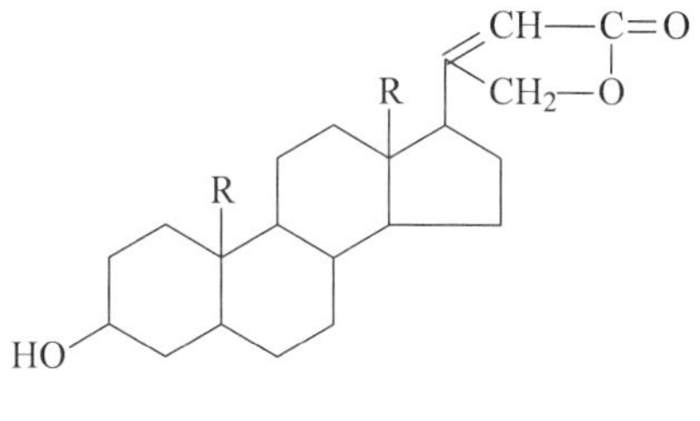

图 4 - 15　强心苷基本结构(R 为甲基或醛基)

（三）前列腺素

前列腺素（prostaglandin）是由前列腺分泌的，与前列环素（prostacyclin）、凝血噁烷（thromboxane）和白三烯（leukutriene）都是类二十碳烷酸（eicosanoid），是花生四烯酸的衍生物，所以也称为类花生酸（ekosanoid）。

类花生酸参与很多生理过程，例如前列腺素能使体温升高（发烧）、产生疼痛，而凝血噁烷刺激血管收缩和血小板凝集或血栓的形成，而前列环素的作用则刚好与凝血噁烷作用相反。白三烯调节平滑肌收缩，也会引起哮喘病中见到的支气管狭窄。这类化合物的产生有组织特异性，如前列腺合成前列腺素，而血小板基本上只产生凝血噁烷，而位于血管壁上的内皮细胞主要合成前列环素。而且这些化合物直接在产生它们的细胞附近起作用，一般在几秒钟或几分钟之内就被降解了。

阿司匹林（乙酰水杨酸）是众所周知的解热、镇痛、消肿和抗感染药，其作用是通过抑制前列腺素 H2（PGH2）合酶，抑制由花生四烯酸合成前列腺素、前列环素和凝血噁烷的反应，起到解热、镇痛和消炎的作用。

第二节　食品中的脂类物质

食品的加工原料多为动物、植物、微生物等，其所含的脂类物质对食品加工起着重要作用。在食品中，脂类化合物可为食品提高滑润的口感，光洁的外观，赋予食品特殊的风味。脂类所表现出的独特物化性质对于食品加工十分重要，如脂类的组成、熔融性能、晶体结构、同质多晶以及它同水、其他非脂类分子的缔合作用等，使食品具有各种不同的质地，这些性质在焙烤食品、制造糖果点心和烹调食品中都是特别重要的；另一方面，脂类经过复杂的化学变化或与食品中的其他组分相互作用，会形成很多有利于食品品质或有害的化合物。

一、食品中常见的脂类物质

食品中含量高、影响大的脂类物质主要是脂酰基甘油酯，根据动植物油脂的组成，食品油脂可以分为以下几类。

（一）动物油脂

根据所含脂肪酸特征，动物油脂可划分为乳脂、动物脂肪、海产动物油脂。

1.乳脂

来源于哺乳动物的乳汁，主要是牛乳，主要脂肪酸是棕榈酸、油酸和硬脂酸，它与其他动物脂肪显著不同的是乳脂含有较多 $C_4 \sim C_{12}$ 的短链脂肪酸、少量支链脂肪酸、奇数碳原子脂肪酸以及反式脂肪酸。

2.动物脂肪

由家畜的贮存脂肪组成，如猪油、牛油等。这类脂肪含有大量的 C_{16} 和 C_{18} 脂肪酸，中等含量的不饱和脂肪酸,主要是油酸和亚油酸,以及少量的奇数碳脂肪酸。全饱和三酰基甘油酯含量高,所以熔点较高。

3.海产动物油脂

含有大量长链多不饱和脂肪酸,如二十二碳五烯酸、二十二碳六烯酸,富含维生素 A 和维生素 D。此类油脂不饱和度高,容易氧化。

(二)植物油脂

植物油脂根据其脂肪酸特点可分为以下几类。

1.月桂酸酯型

来源于棕榈植物,如椰子和巴巴苏。这类脂肪的特征是月桂酸含量高,达40% ~ 50% ,C6、C8 和 C10 脂肪酸含量中等,不饱和脂肪酸含量少,熔点较低。

2.油酸 – 亚油酸酯型

来源于植物,如花生、玉米、橄榄、芝麻、葵花籽等。这类油脂含有大量的油酸和亚油酸,饱和脂肪酸含量低于20% 。

3.亚麻酸酯型

来源于植物,如亚麻籽、大豆、小麦胚芽、紫苏籽等。这类油脂含有大量亚麻酸。

4.植物奶油型

来源于热带植物的种子,如可可树种子。此类型油脂饱和脂肪酸含量大于不饱和脂肪酸,但不含三饱和酰基甘油酯,其主要特征是熔点范围窄,广泛应用于糖果生产。

二、脂类的性质

(一)色泽和气味

纯净的脂肪是无色无味的,天然油脂中略带黄绿色是由于含有脂溶性色素(如类胡萝卜素、叶绿素等)所致,色泽可通过油脂精炼加工脱色变浅。多数油脂无挥发性,少数油脂中含有短链脂肪酸,会引起臭味。油脂的气味大多是由非脂成分引起的,如芝麻油的香气是由乙酰吡嗪引起的,椰子油的香气是由壬基甲酮引起的,而菜油受热时产生的刺激性气味,则是由所含的黑芥子苷分解所致。

(二)熔点和沸点

天然油脂没有确定的熔点和沸点,仅有一定的熔点和沸点范围。其主要原因是天然油脂是由各种酰基甘油酯组成的混合物;油脂存在同质多晶现象是另一重要原因。另外,游离脂肪酸、一酰基甘油酯、二酰基甘油酯、三酰基甘油酯的熔点依次降低,这是因为它们的极性依次降低,分子间的作用力依次减小的缘故。

油脂的最高熔点一般为 40 ~ 55℃,与脂肪酸的碳链长度、饱和度和双键的结构有关。一般地,酰基甘油酯中脂肪酸的碳链越长,饱和度越高,则熔点越高;反式结构脂肪酸的熔点比顺式结构的高;双键共轭脂肪酸的熔点比非共轭双键的高。可可脂及陆生动物油脂相对其他植物油而言,饱和脂肪酸含量较高,在室温下常呈固态;植物油在室温下呈液态。油脂的熔点与其消化率有关。一般油脂的熔点低于37℃时,其消化率达96%以上;熔点高于37℃以上,熔点越高越不易消化。

油脂的沸点一般为180~200℃,也与脂肪酸的组成有关。沸点随脂肪酸碳链增长而增高,但碳链长度相同、饱和度不同的脂肪酸,其沸点变化不大。油脂在贮藏和使用过程中随着游离脂肪酸增多,油脂变得易冒烟,此时发烟点低于沸点。

(三)烟点、闪点和着火点

油脂的烟点、闪点和着火点是油脂在接触空气加热时的热稳定性指标。烟点是指在不通风的情况下加热观察到试样发烟时的温度。闪点是试样挥发的物质能被点燃但不能维持燃烧的温度。着火点是试样挥发的物质能被点燃并能维持燃烧不少于5s的温度。

各种油脂的上述指标差异不大,精炼后油脂的烟点在240℃左右;但未精炼的油脂,特别是游离脂肪酸含量高的油脂,其烟点、闪点和着火点都大大下降,如玉米油、棉籽油和花生油的烟点、闪点和着火点分别为240℃、340℃和370℃左右,但当游离脂肪酸含量为100%时,分别下降为100℃、200℃和250℃。

(四)同质多晶现象

同质多晶现象是指具有相同化学组成的物质,可以形成不同的晶体结构,但熔化后可生成相同的液相。这些不同的结晶结构互称为同质多晶体,例如:石墨和金刚石是最典型的同质多晶体。脂类处于凝固温度以下时,通常以一种以上的晶型存在,所以脂类具有同质多晶现象。

三酰基甘油酯主要存在 α、β'、β 三种不同的晶型(图4-16)。

α β' β

图4-16 三酰基甘油酯的 α、β'、β 晶型示意图

α 晶型的三酰基甘油酯中脂肪酸侧链为无序排列,其熔点低,密度小,稳定性最差,溶解潜热和溶解膨胀最小,不易过滤;β' 和 β 晶型的三酰基甘油酯中脂肪酸侧链为有序排列,并且 β 晶型的脂肪酸排列更有序,朝同一方向倾斜,其熔点高,密度大,稳定性好,溶解潜热和溶解膨胀最大,晶粒粗大,容易过滤。

不同的同质多晶体具有不同的稳定性,亚稳态的同质多晶体在未熔化时会自发地转变为稳定态,这种转变具有单向性;而当两种同质多晶变体均较稳定时,则可双向转变,转向何方则取决于温度;天然脂肪多为单向转变。

不同的油脂由于脂肪酸不同,易结晶的晶型也有差异,例如:大豆油、花生油、橄榄油、玉米油等较易结晶为 β 晶型;棉籽油、棕榈油、菜籽油、乳脂、牛脂及改性猪油易结晶为 β' 晶型。β' 晶型的油脂适合于制造起酥油和人造奶油。

在实际应用中,若期望得到某种晶型的产品,可通过"调温"即控制结晶温度、时间和速度来达到目的。调温是一种加工手段,即利用结晶方式改变油脂的性质,使得到理想的同质多晶型和物理状态,从而增加油脂的利用性和应用范围。例如,可可脂存在同质多晶体,不同晶型的熔点差异较大,生产巧克力时要求熔化温度在35℃左右,这样口感较好,所以在生产上通过精确控制可可脂的结晶温度和速度来得到稳定的符合要求的 β 型结晶。具体做法是:把可可脂加热到55℃以上使其熔化,再缓慢冷却,在29℃停止冷却,然后加热到32℃,使 β 型以外的晶体熔化,反复进行29℃冷却和32℃加热,可使可可脂完全转化成 β 型结晶。

(五)油脂的塑性

在室温下表现为固体的脂肪,实际上是固体脂和液体油的混合物,两者交织在一起,用一般的方法无法分开,这种脂具有可塑造性,可保持一定的外形。油脂的塑性就是指在一定外力下,表观固体脂肪具有的抗变形的能力。油脂的塑性主要取决于以下几点。

1.固体脂肪指数

油脂在一定温度下的固液比称为固体脂肪指数。油脂中固液比适当时,塑性最好。固体脂肪过多,则过硬,塑性不好;液体油过多,则过软,易变形,塑性同样不好。

2.脂肪的晶型

当脂肪为 β' 晶型时,可塑性最强,因为 β' 晶型在结晶时将大量小空气泡引入产品,赋予产品较好的塑性;而 β 型结晶所包含的气泡少且大,塑性较差。

3.熔化温度范围

如果从熔化开始到熔化结束之间温差越大则脂肪的塑性越大。因此脂肪的塑性可通过添加相对熔点较高或较低的成分来改变。

(六)油脂的乳化性

乳状液是由两种互不相溶的液体组成的体系。其中一相是以直径 $0.1 \sim 50\mu m$ 的小液滴分散在另一相中,以小液滴形式存在的液相称为"内"相或分散相,使小液滴分散的相称为"外"相或连续相。在乳状液中,液滴和(或)液晶分散在液体中,形成水包油(O/W)或油包水(W/O)的乳状液。

乳状液是热力学不稳定体系,在一定条件下会发生破乳现象,如:分层或沉降、絮凝或群集、聚结等。乳化剂可以延缓或阻止破乳现象的发生。

乳化剂是表面活性物质,分子中同时具有亲水基和亲油基,界面吸附时能使乳状液表面张力降低,同时还能增加表面电荷,从而提高乳状液的稳定性。

某些脂类物质及其衍生物在结构上也具备亲水基团和亲油基团,因此也常被用作乳化剂,主要有以下几类。

（1）脂肪酸甘油单酯及其衍生物,如甘油单硬脂酸酯、一硬脂酸一缩二甘油酯等。

（2）蔗糖脂肪酸酯。

（3）山梨醇酐脂肪酸酯及其衍生物,如失水山梨醇单油酸酯(司盘80)、聚氧乙烯失水山梨醇单硬脂酸酯(吐温60)等。

（4）磷脂,如改性大豆磷脂等。

乳化剂在食品中的作用是多方面的:用在冰淇淋中除乳化作用外,还可减少气泡,使冰晶变小,赋予冰激凌细腻滑爽的口感;用在巧克力中,可抑制可可脂同质多晶体的生成,即抑制巧克力表面起霜;用在焙烤面点食品中,可增大制品的体积,防止淀粉老化;用在人造奶油中可作为晶体改良剂,调节稠度。

（七）皂化

当三酰基甘油酯用碱分解时,产物之一是脂肪酸盐。另一产物为甘油,此反应不可逆(图4-17)。完全皂化1g油脂所消耗的氢氧化钾毫克数称为皂化价。

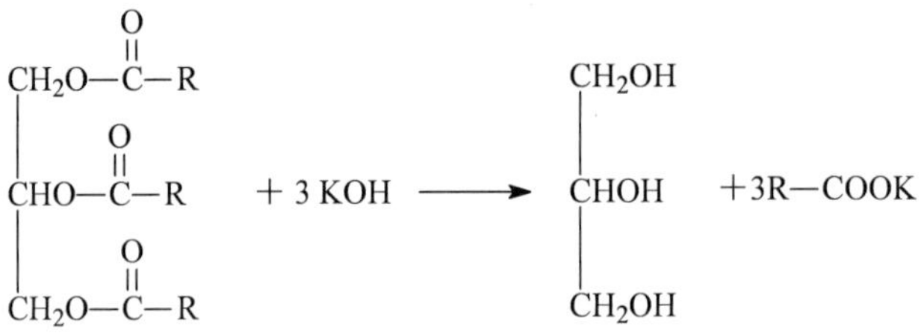

图4-17 油脂的皂化

（八）氢化

在金属镍催化下,油脂中脂肪酸不饱和键可发生氢化反应(图4-18)。利用这种原理可将液体植物油如棉籽油、豆油、菜籽油等部分氢化,制成半固体脂肪,由棉籽油氢化可制成"人造猪油"。

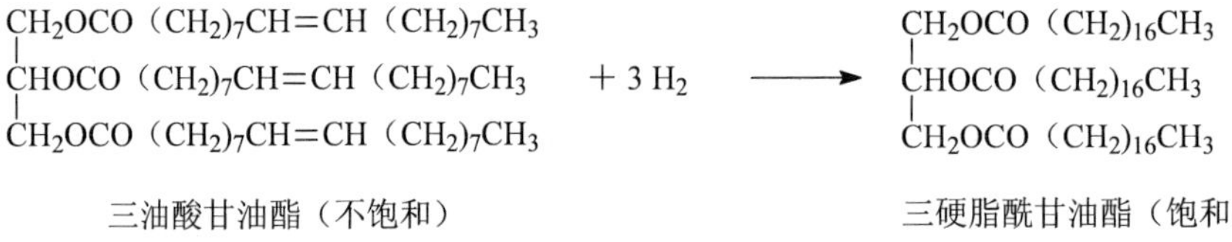

$$
\begin{array}{c}
CH_2OCO\,(CH_2)_7CH=CH\,(CH_2)_7CH_3 \\
CHOCO\,(CH_2)_7CH=CH\,(CH_2)_7CH_3 \quad + 3\,H_2 \longrightarrow \\
CH_2OCO\,(CH_2)_7CH=CH\,(CH_2)_7CH_3
\end{array}
\qquad
\begin{array}{c}
CH_2OCO\,(CH_2)_{16}CH_3 \\
CHOCO\,(CH_2)_{16}CH_3 \\
CH_2OCO\,(CH_2)_{16}CH_3
\end{array}
$$

三油酸甘油酯（不饱和）　　　　　　　　　三硬脂酰甘油酯（饱和）

图4-18 油脂的氢化

（九）卤化

油脂或脂肪酸不饱和键可与卤素发生加成反应,生成卤代油脂或脂肪酸,这类反应为卤化(图4-19)。100g油脂吸收碘的克数称为该油脂的碘价。

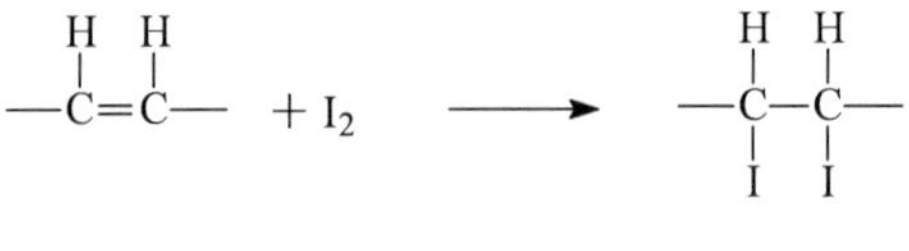

图4-19 油脂的卤化

（十）乙酰化

油脂中含羟基的脂肪酸可与乙酸酐或其他酰化剂作用形成相应的酯（图 4 - 20）。1g 乙酰化油脂所放出的乙酸用氢氧化钾中和时,所需氢氧化钾的毫克数称乙酰价。以乙酰价的大小,即可推知样品含羟基的多少。

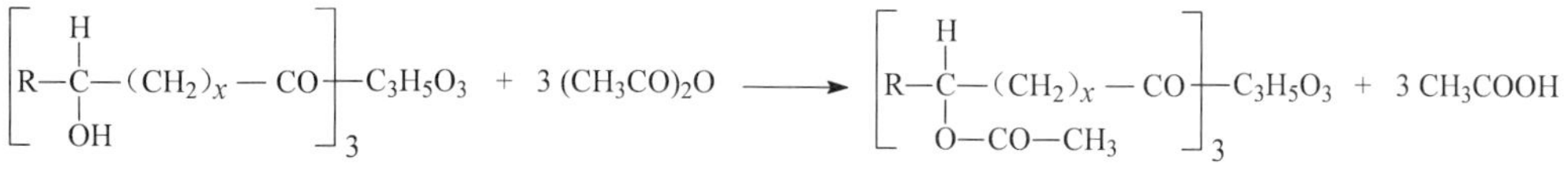

$$\left[\begin{matrix} H \\ R-C-(CH_2)_x-CO \\ OH \end{matrix}\right]_3 - C_3H_5O_3 \ + \ 3\,(CH_3CO)_2O \ \longrightarrow \ \left[\begin{matrix} H \\ R-C-(CH_2)_x-CO \\ O-CO-CH_3 \end{matrix}\right]_3 - C_3H_5O_3 \ + \ 3\,CH_3COOH$$

羟基化甘油酯　　　　　　　　乙酸酐　　　　　　乙酰化甘油酯

图 4 - 20　含羟基油脂的乙酰化

三、食品加工贮藏中脂类的变化

食品脂类具有独特的物理化学性质。它们的组成、晶体结构、熔化性质以及同水和其他非脂分子的相互作用能力都与其在许多食品中的功能性质有关。在食品加工、储存以及精制过程中,脂类经历了复杂的化学变化以及与其他食品成分的相互作用,产生了许多化合物,其中有的可改善食品质量,有的则是有害物质。

（一）脂类的水解

脂类化合物在酸、碱、加热或酶作用条件下与水作用发生水解,释放出游离脂肪酸。

成熟的油菜种子在收获时油脂将发生明显水解,并产生游离脂肪酸,因此大多数植物油在精炼时需用碱中和来提高油脂品质,延长货架期。活体动物组织中的脂肪实际上不存在游离脂肪酸,但动物在宰杀后由于酶的作用其脂肪可水解生成游离脂肪酸。因此,动物脂肪采用加热精炼过程使脂肪水解酶失活,以减少游离脂肪酸的生成。

在油炸食品时,食品中大量水分进入油脂,油脂又处在较高温度条件下,因此脂类水解成为较重要的反应。在油炸过程中,游离脂肪酸含量的增加,通常引起油脂烟点和表面张力降低,以及油炸食品品质变劣。

在大多数情况下,油脂的水解反应是不利的,应尽量控制。油脂的酸价可用来衡量油脂中游离脂肪酸的多少。酸价指 1g 油脂中的游离脂肪酸所消耗的氢氧化钾毫克数。

但在某些食品加工中,油脂的适度水解会产生特有的风味,如干酪生产中加入微生物和乳脂酶来形成特殊风味,生产面包和酸奶时,油脂适当水解也有助于风味形成。

（二）脂类的氧化

油脂在食品加工和贮藏期间,因空气中的氧气、光照、微生物、酶等的作用,产生令人不愉快的气味,苦涩味和一些有毒性的化合物的现象称为脂类的氧化。脂类在不同条件下可发生:自动氧化、光敏氧化、酶促氧化、热氧化等不同类型的氧化反应。不同类型氧化反应的基本过程是先以不同反应历程生成氢过氧化物,然后氢过氧化物分解成小分子化合物或聚合成大分子聚合物。氢过氧化物分解产生的小分子醛、酮、醇、酸等具有令人不愉快的气味即哈喇味,导致油脂酸败;氢过氧化物或其分解产物发生聚合形成大分子聚合物,使油脂黏度增加、颜色加深、产生异味。

脂类氧化是一个非常复杂的过程,包括氧化引起的各种各样的化学和物理变化,这些反应往往是同时进行和相互竞争的,而且受到多个变量的影响。由于氧化性分解对食品加工产品的可接受性和营养品质有较重要的意义,因此需要评价脂类的氧化程度。根据油脂氧化的特征及产物,有很多指标及方法可用于评价脂类氧化程度,例如:过氧化值、硫代巴比妥酸反应检测不饱和体系的氧化产物、2,4 - 二硝基苯胺反应检测总羰基化合物和挥发性羰基化合物、环氧己烷检验法、碘值、荧光法、色谱法等。由于油脂氧化过程很复杂,生成的产物也会因为油脂的结构不同而有所差异,所以上述方法也各有优缺点。目前,食品油脂的氧化程度评价主要采用过氧化值作为指标。过氧化值一般用过氧化物相当于碘的质量分数或者每千克脂肪中氧的毫克当量数表示,是利用油脂氧化中产生的过氧化物可与碘化物反应生成碘,用硫代硫酸钠滴定可确定生成的碘的多少,从而对过氧化物进行定量的检测方法。

(三)热分解

在高温下,脂类发生复杂的化学变化,包含热解和氧化两种类型反应,其反应历程如图4 - 21 所示。

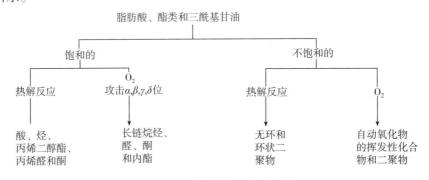

图4 - 21　脂类热解和氧化反应

一般说来,饱和脂肪酸及其酯类比不饱和的同类物要稳定得多。在无氧条件下,饱和脂肪酸要加热到很高温度才能发生非氧化分解。例如,在真空和180℃下加热饱和三酰基甘油,用非常灵敏的分析手段,需要加热1h后才能检出热解产物。在真空和200~700℃加热饱和三酰基甘油和脂肪酸甲酯,产物主要为烃、醛和酮。在有氧条件下加热,150℃以上时,饱和脂类也会发生氧化,并生成多种产物,主要包括同系列的羧酸、2 - 烷酮、直链烷醛、内酯、正烷烃和1 - 烯烃。

不饱和脂肪酸在隔氧条件下是相对稳定的,只有在较剧烈的热处理条件下,它们才能发生反应,主要产物是二聚化合物,另外还生成一些低分子量物质。例如,在200℃以下,亚油酸甲酯无明显分解;在氮气环境中280℃加热65h,除生成烃、短链和长链脂肪酸酯、直链二羧酸二甲酯外,还形成二聚物。其中很多化合物是由靠近双键位置的 C—C 键均裂产生的游离基和(或)游离基的结合所形成的。二聚化合物包括无环单烯和二烯二聚物以及具有环戊烷结构的饱和二聚物,它们都是通过双键的 α - 亚甲基脱氢后形成的烯丙基产生的,这类游离基经过歧化反应可形成单烯酸或二烯酸,或与 C═C 发生分子间或分子内的加成反应。在有氧条件下加热,不饱和脂肪酸比饱和脂肪酸更易氧化。在高温下,它们氧化分解反应进行得很快。高温下的油脂氧化反应与低温氧化反应途径是相同的,脂肪在高温下产生的主要化合物具有在室温下自动氧化产生的那些化合物的典型特征。但高温和低温的氧化产物之间存在一些差异,因为高温下氢过氧化物的分解和次级氧化速度更快。

(四)辐解

食品辐射主要是杀死微生物和延长货架期。这种方法可用来对肉或肉制品灭菌(辐射剂量 10 ~ 50 Gy,相当于 1000 ~ 5000 rad)。冷藏鲜鱼、鸡、水果和蔬菜采用中等剂量(1~10Gy)辐射后能延长货架期,用低剂量(1Gy)辐射处理土豆和洋葱能抑制发芽,推迟水果后熟,杀死谷物、豌豆、大豆中的昆虫。

食品的辐射处理可诱导化学变化,因此必须控制处理条件,使这类化学变化的性质和程度不损害食品的品质和不带来安全问题。将牛和猪的脂肪、鲸鱼油、玉米油、大豆油、橄榄油、红花油、棉籽油和纯三酰基甘油在真空条件下进行辐射处理(5 ~ 60Gy),结果发现,烃、醛、甲酯和乙酯以及游离脂肪酸是脂肪辐射时产生的主要挥发性产物。研究发现,经过辐射的脂肪可产生 C_1 – C_{17} 正烷烃、C_2 – C_{17} – 1 – 烯烃、一系列链烃二烯,某些情况下产生多烯,以及 C_{16}、C_{18} 直链烷醛和 C_{16}、C_{18} 脂肪酸甲酯、乙酯。而经过辐射的鱼油,只产生含碳数大于 C_{17} 的不饱和烃,从辐射的椰子油中只发现比 C_{16} 链长度短的醛。

油脂辐解产物与原来油脂的脂肪酸组成有关。大多数烃类产物的量很少,数量最多的产物是比原来脂肪中主要组成脂肪酸少一个或两个碳原子的烃类化合物。例如猪脂肪中主要脂肪酸是油酸(18:1),辐解生成的 C_{17} 和 C_{16} 烃最多。椰子油的主要组成脂肪酸是月桂酸,辐解所产生是十一烷和十一烯烃量最多。在辐解混合物中,生成的主要醛类化合物其链长与原来脂肪中主要组成的脂肪酸链长相同,生成的大量甲酯和乙酯的碳链长也和原来脂肪中最主要的饱和脂肪酸的链长一样。

辐射与热效应所涉及的机理不同,但是脂肪辐解产生的许多化合物与加热时形成的产物有些相似;但加热或热氧化的脂肪其分解产物比辐射的脂肪要多得多。辐照也可使脂类化合物产生有别于加热的特殊分解产物,这可用于含脂类辐照食品的鉴定,例如:国标中规定的含脂类辐照食品的鉴定方法就是用气相色谱—质谱分析法检测含脂食品中的 2 – 十二烷基环丁酮含量。

(五)食品油脂调控

1.油脂精炼

未精炼的粗油脂中含有数量不同的、可产生不良风味和色泽或不利于保藏的物质,这些物质包括游离脂肪酸、磷脂和糖类化合物,蛋白质及其降解产物。精炼就是为了除去这些物质,主要的精炼方法有:

（1）沉降和脱胶　沉降包括加热脂肪、静置和分离水相，可以除去油脂中的水分、蛋白质物质、磷脂和糖类。当油脂含有大量磷脂，例如豆油，在脱胶预处理时应加入2%～3%的水，并在温度约50℃搅拌混合，然后静置沉降或离心分离水化磷脂。

（2）碱炼　向油脂中加入适宜浓度的氢氧化钠可中和游离脂肪酸。方法是，加入一定浓度和体积的氢氧化钠溶液，然后混合加热，剧烈搅拌一段时间，静置至水相出现沉淀，得到可用于制作肥皂的油脚或皂脚。油脂用热水洗涤，随后静置或离心，使中性油与残余的皂脚分离。

（3）脱色　油脂加热至85℃左右，用吸附剂例如活性白土或活性炭处理，有色物质几乎全部被清除，脱色时应注意防止油脂氧化。其他物质例如磷脂、皂化物、某些氧化产物也同色素一起被吸附，然后过滤除去活性白土，便得到纯净的油脂。

（4）脱臭　油脂中非挥发性化合物主要是油脂氧化时产生的，可以用减压蒸汽蒸馏除去。对于非挥发性异味物质，通常添加柠檬酸，可以使其通过热分解转变成挥发性物质，然后再经过水蒸气蒸馏除去。这种处理方法同样也作为微量重金属助氧化的螯合剂。

油脂通过精炼处理可改善感官品质，还能有效地清除油脂中某些毒性很强的物质，例如花生油中可能存在的污染物黄曲霉毒素以及棉籽油中的棉酚。但同时精炼过程中会造成油脂中天然抗氧化物质的损失，导致油脂氧化稳定性下降。例如，粗棉油中含有大量的棉酚和生育酚，比精炼棉油的抗氧化作用强。所以，精炼处理的油脂往往需要加入抗氧化剂以补充抗氧化剂的损失，以提高油脂的抗氧化性能。

2.油脂的氢化

油脂氢化是指在高温和催化剂的作用下，三酰基甘油酯的不饱和脂肪酸双键与氢发生加成反应的过程。油脂氢化分为全氢化和部分氢化。全氢化条件为：用金属镍作为催化剂，温度为250℃，氢气压力为8atm（$1atm = 101325Pa$）。全氢化可生成硬化型氢化油脂，主要用于肥皂生产。部分氢化条件是：温度为125～190℃，氢气压力为1.5～2.5atm，用镍粉催化并不断地搅拌。部分氢化生成乳化性、可塑性脂肪，用于人造奶油、起酥油加工。油脂的氢化程度可根据油脂的折射率变化来监控，当氢化反应达到所要求的终点时，将氢化油脂冷却，并过滤除去催化剂即可终止反应。

3.酯交换

天然油脂中脂肪酸的分布模式赋予了油脂特定的物理性质，如结晶性、熔点等。但这种天然的分布模式有时不能满足油脂在工业上的应用，因此，工业上采用某些方法使油脂发生酯交换反应，改变脂肪酸在三酰基甘油酯中的分布，使脂肪酸与甘油分子自由连接或定向重排，改善其性能。

酯交换可通过在较高温度（＜200℃）下长时期加热油脂来完成，或使用催化剂在低温（50℃）下短时间内（30min）完成。碱金属和烷基化碱金属是常用的有效催化剂，其中甲醇钠是最普通的一种。某些脂肪酶也可催化酯交换反应，在生产高质量的类可可脂、母乳脂替代品等方面已经开始应用于生产。化学催化剂用量一般约为油脂重量的0.1%，若用量较大,会因反应中形成肥皂和甲酯使油脂损失过多。油脂酯交换时必须非常干燥,而且游离脂肪酸、过氧化物和其他任何能与甲醇钠起反应的物质都必须含量很低。酯交换结束后用水或酸终止反应,使催化剂失活除去。

酯交换可分为随机酯交换和定向酯交换。酯交换反应温度高于油脂的熔点时,脂肪酸在甘油分子上随机分布,是随机酯交换;反应温度保持在熔点温度以下,则发生定向酯交换,反应生成的高熔点的饱和三酰基甘油酯可先结晶析出,剩下的脂肪在液相中继续反应直到平衡。不断除去结晶的三酰基甘油酯,可以使反应重复进行。定向酯交换的结果是使油脂结晶中的三饱和脂肪酸酯的量和液相中的三不饱和脂肪酸酯得而量同时增加。

酯交换反应广泛应用于起酥油的生产中。猪油中的二饱和酸三酰基甘油酯分子的 C-2 位置上大部分是棕榈酸,形成的晶粒粗大、外观差,温度高时太软,温度低时太硬,塑性差。随机酯交换可改善其低温时的晶粒,但塑性仍不理想;定向酯交换则扩大了油脂塑性范围(图 4-22)。

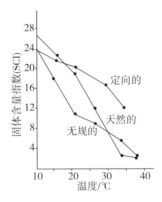

图 4-22　猪油酯交换对其固体含量指数的影响

第三节　脂类代谢

一、脂肪的分解代谢

(一)脂肪的分解

贮存在脂肪细胞中的脂肪被脂肪酶逐步水解成脂肪酸和甘油,并释放入血液供其他组织氧化利用的过程称为脂肪动员。细胞中催化脂肪水解的酶有三种,即三酰甘油脂肪酶、二酰甘油脂肪酶和单酰甘油脂肪酶。它们催化的反应如图 4-23 所示。

脂肪水解的第一步反应是限速反应,催化这步反应的脂肪酶受激素调节,所以也称为激素敏感性脂肪酶。在某些生理或病理条件下,如兴奋、饥饿、糖尿病等,一些促脂肪分解激素如肾上腺素、胰高血糖素等分泌增加,这些激素通过与靶细胞膜受体结合,激活腺苷酸环化酶,使胞内 cAMP 浓度升高,cAMP 又进一步激活蛋白激酶 A(依赖于 cAMP 的蛋白激酶),使脂肪酶磷酸化并被激活,从而促进脂肪水解(图4-24)。与之相反,胰岛素的作用是抑制脂肪水解。

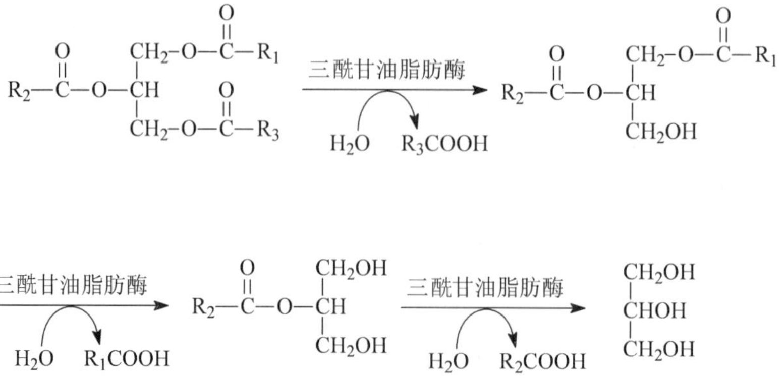

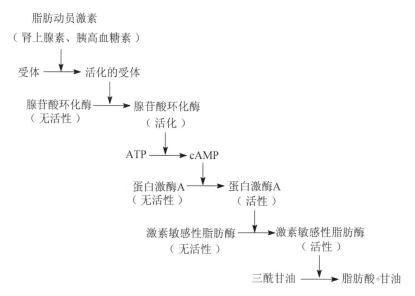

图4-23 脂肪水解酶促反应

图4-24 激素对脂肪代谢的调节

(二)甘油的分解

由于脂肪细胞缺少甘油激酶,所以脂肪水解作用产生的甘油不能被脂肪细胞利用,必须通过血液运至肝进行代谢。在肝细胞,甘油首先在甘油激酶的催化下形成 α-磷酸甘油,进一步在磷酸甘油脱氢酶的作用下生成磷酸二羟丙酮(图4-25)。磷酸二羟丙酮可转变为 α-磷酸甘油醛,并进入糖酵解或糖异生途径。因此,在肝细胞中甘油有两种前途:一种是进入酵解途径转变为丙酮酸,然后再进入柠檬酸循环彻底氧化供能;另一种是沿酵解的逆反应异生为葡萄糖。

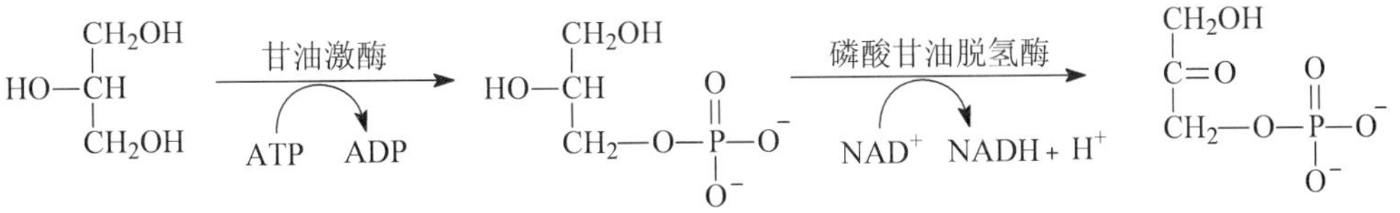

图 4 – 25　甘油分解的酶促反应

（三）脂肪酸的分解

脂肪降解产生的游离脂肪酸将穿过脂肪细胞膜和毛细血管内皮细胞进入血液，并与血浆中的清蛋白（albumin）结合。脂肪酸—清蛋白复合物通过血液循环被运送到体内其他组织，然后以扩散的方式将脂肪酸由血浆转移到需要能量的组织或细胞中进行氧化分解。

1.脂肪酸的活化和转运

脂肪酸分解代谢发生在原核生物的细胞质和真核生物的线粒体基质中。一般链较短或中等长度的脂肪酸（含 10 个碳原子以下）可以透过线粒体内膜，但长链脂肪酸不能直接穿过线粒体内膜，它们需要通过一个特殊的传递机制，在肉碱（carnitine）携带下被运送到线粒体内进行氧化。在转运前，长链脂肪酸首先需要进行活化，即被吸收进入细胞的脂肪酸首先在脂酰辅酶 A 合成酶（acyl – CoA synthetase）的催化下，由 ATP 提供能量，活化形成脂酰 CoA。

$$R-C{\overset{\text{O}}{\underset{\text{O}^-}{\Vert}}} + ATP + HS-CoA \xrightarrow{\text{脂酰CoA合成酶}} R-C{\overset{\text{O}}{\Vert}}\sim S-CoA + AMP + PPi$$

反应过程中生成的焦磷酸（PPi）立即被细胞内的焦磷酸酶水解，阻止了逆向反应的进行。

活化的脂酰 CoA 进一步在位于线粒体内膜外侧的肉碱酰基转移酶Ⅰ（carnitine acyltransferase Ⅰ）的作用下，与肉碱结合生成脂酰肉碱。肉碱是一种由赖氨酸衍生的兼性化合物，广泛分布于动植物体内。生成的脂酰肉碱在肉碱酰基转移酶（carnitine acylcarnitine translocase）的作用下穿过线粒体内膜进入线粒体。然后线粒体内的脂酰肉碱在肉碱酰基转移酶Ⅱ的作用下，再次形成脂酰 CoA，所释放出的肉碱又返回至细胞质一侧进行下一轮转运。

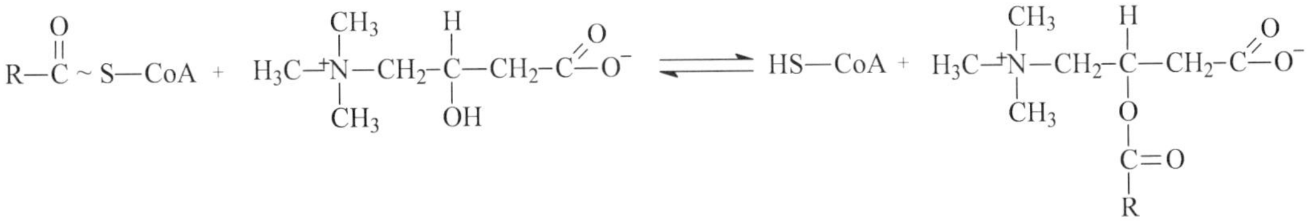

脂酰CoA　　　　　　　　　肉碱　　　　　　　　　　　　　　　　脂酰肉碱

2.饱和脂肪酸的 β - 氧化

1904 年，Franz Knoop 用不能被机体分解的苯基标记脂肪酸的 ω 甲基，然后将这些带有苯基的脂肪酸喂给狗吃。在检查尿液代谢产物时发现，如饲喂标记的偶数碳脂肪酸，不论脂肪酸链长短,尿中排出的代谢物均为苯乙酸($C_6H_5CH_2COOH$)的衍生物苯乙尿酸;如饲喂标记的奇数碳脂肪酸,则尿中发现的代谢物为苯甲酸(C_6H_5COOH)的衍生物马尿酸。根据这一实验结果,他提出了脂肪酸在体内的氧化分解是从羧基端 β - 碳原子处开始,每次断裂两个碳原子的脂肪酸"β - 氧化学说"。后来的同位素和酶学实验也都证明脂肪酸的 β - 氧化学说是正确的。

脂肪酸的 β - 氧化发生于线粒体基质中。脂酰CoA进入线粒体基质后,在线粒体基质中催化脂肪酸 β - 氧化的多酶复合体的催化下,从脂酰基的 β - 碳原子开始进行脱氢、加水、再脱氢和硫解四步连续反应,致使脂酰基断裂生成1分子乙酰CoA和比原来少2个碳原子的脂酰CoA。脂肪酸 β - 氧化过程如图4-26。

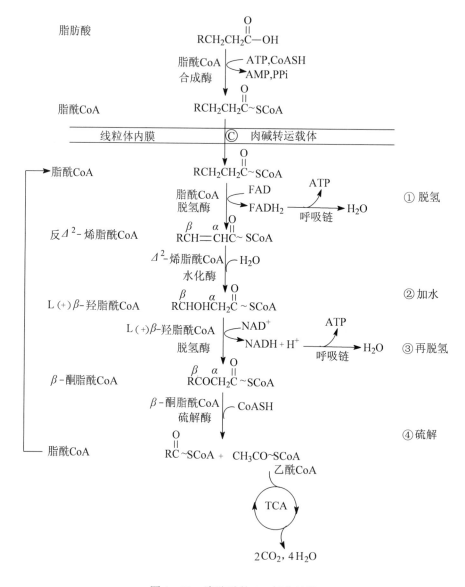

图4-26　脂肪酸的 β - 氧化过程

（1）脱氢　脂酰 CoA 在脂酰 CoA 脱氢酶的催化下，从 α、β 碳原子上各脱下一个 H，生成反 Δ^2 - 烯脂酰 CoA。脱下的 2H 由脱氢酶的辅基 FAD 接受生成 $FADH_2$。

（2）加水　反 Δ^2 - 烯脂酰 CoA 在 Δ^2 - 烯脂酰 CoA 水化酶的作用下，加水生成 L - β - 羟脂酰 CoA。

烯脂酰 CoA 水化酶具有立体异构专一性，专一催化 Δ^2 - 不饱和脂酰 CoA 的水化。并且催化反式双键生成 L - β - 羟脂酰 CoA，催化顺式双键生成 D - β - 羟脂酰 CoA。

（3）再脱氢　L - β - 羟脂酰 CoA 在 L - β - 羟脂酰 CoA 脱氢酶的催化下，从 β 碳原子上脱下 2H，生成 L - β - 酮脂酰 CoA。脱下的 2H 由 NAD^+ 接受生成 $NADH + H^+$。

L - β - 羟脂酰 CoA 脱氢酶具高度立体异构专一性，只催化 L - 型羟脂酰 CoA 的脱氢反应，不能催化 D - β - 羟脂酰 CoA 反应。

（4）硫解　β - 酮脂酰 CoA 在 β - 酮脂酰 CoA 硫解酶的作用下，裂解为乙酰 CoA 和比原来少了 2 个碳原子的脂酰 CoA。

由于此反应是高度放能反应，所以整个反应朝裂解方向进行。少 2 个碳原子的脂酰 CoA 继续重复上述 4 步反应，如此循环往复直至全部氧化成乙酰 CoA。这些乙酰 CoA 一部分在线粒体中通过柠檬酸循环彻底氧化，一部分在线粒体中缩合生成酮体，通过血液运送到其他组织氧化利用。

脂肪酸是人和哺乳动物的主要能源物质。除脑组织外，大多数组织均能氧化脂肪酸，但在肝和肌肉组织中最活跃。以软脂酸为例，1mol 软脂酸彻底氧化需经 7 次 β - 氧化循环，产生 7mol $FADH_2$、7mol $NADH + H^+$ 和 8mol 乙酰 CoA。1mol $FADH_2$ 通过呼吸链可氧化产生 1.5mol ATP；1mol $NADH + H^+$ 通过呼吸链可氧化产生 2.5mol ATP；1mol 乙酰 CoA 进入柠檬酸循环可产生 10mol ATP。总计 1mol 软脂酸彻底氧化共生成 $(7 \times 1.5) + (7 \times 2.5) + (8 \times 10) = 108$mol ATP。减去脂肪酸活化消耗的 2mol 高能磷酸键（相当于 2mol ATP），这样彻底氧化 1mol 软脂酸净生成 106mol ATP。根据 1mol ATP 水解为 ADP 和 Pi 可释放出 - 32.513kJ/mol 的标准自由能，106mol ATP 水解可释放出 $106 \times (-30.54)$kJ = - 3237 kJ 的标准自由能，而软脂酸的标准自由能为 - 979013kJ/mol，所以在标准状态下，软脂酸氧化的能量转化率约为 33%。

3.奇数碳脂肪酸的氧化

奇数碳脂肪酸在哺乳动物组织中较少见，但在反刍动物，如牛和羊体内，奇数碳脂肪酸氧化提供的能量相当于它们所需能量的 25%。奇数碳脂肪酸经 β - 氧化后除生成乙酰 CoA 外，最终还要产生 1 分子丙酰 CoA。丙酰 CoA 可以通过羧化等步骤生成琥珀酰 CoA，进入柠檬酸循环；也可以通过脱羧等反应生成乙酰 CoA。丙酰 CoA 还是缬氨酸和异亮氨酸的降解产物。

4.不饱和脂肪酸的氧化

不饱和脂肪酸的氧化也是发生在线粒体中，其活化和跨线粒体内膜的过程都与饱和脂肪酸相同,而且也经 β - 氧化途径降解。但由于自然界不饱和脂肪酸大多在第 9 位存在顺式双键,而烯脂酰 CoA 水化酶和羟脂酰 CoA 脱氢酶又具有高度立体异构特异性,所以不饱和脂肪酸的氧化除 β - 氧化的全部酶外,还需要另外两个酶,即烯脂酰 CoA 异构酶(enoyl-CoA isomerase)和 2,4 - 二烯脂酰 CoA 还原酶(dienoyl-CoA reductase)的参加。如棕榈油酸经 3 次 β - 氧化后,9 位顺式双键转变为 3 位顺式双键,由于 3 位顺式双键不是水化酶的正常底物,所以必须在异构酶的作用下再次被转变为 2 位反式双键后才能继续进行 β - 氧化。

多不饱和脂肪酸也可经 β - 氧化被降解,如亚油酸经过 3 次 β - 氧化后形成十二碳 - Δ^3 - 顺, Δ^6 - 顺二烯脂酰 CoA。在异构酶的催化下 3 位顺式双键转变为 2 位反式双键,当继续进行 β - 氧化释放出 1 分子乙酰 CoA 后,6 位双键转变为 4 位顺式双键,并且在烯脂酰 CoA 脱氢酶的作用下形成 2,4 - 二烯脂酰 CoA。后者需在 2,4 - 二烯脂酰 CoA 还原酶的作用下转变为 3 位顺式双键,然后再被异构酶催化生成 Δ^2 - 反烯脂酰 CoA,才能继续进行 β - 氧化。所以多不饱和脂肪酸的 β - 氧化,比单不饱和脂肪酸 β - 氧化需要增加一种还原酶。

5.脂肪酸的其他氧化方式

除了 β - 氧化途径外,脂肪酸还有其他几种氧化方式:

(1)脂肪酸的 α - 氧化　α - 氧化是指每一次氧化只失去一个碳原子即羧基碳原子,生成减少了一个碳原子的脂肪酸和 CO_2 的氧化过程。尽管 β - 氧化是脂肪酸分解代谢的最重要途径,但某些脂肪酸的 α - 氧化也是必不可少的。这种氧化方式对降解支链脂肪酸具有重要作用。

(2)脂肪酸的 ω - 氧化　脂肪酸的 ω - 氧化是指将脂肪酸末端的 ω - 碳原子氧化,使之转变成二羧基酸的反应。催化此反应的酶为存在于内质网微粒体中的单加氧酶(monooxygenase),反应中 ω - 碳原子首先被羟基化,然后再氧化为羧基。氧化过程需要细胞色素 P_{450}、NADPH 和 O_2 参与。在鼠肝微粒体中可观察到脂肪酸的 ω - 氧化途径。经 ω - 氧化后的脂肪酸,两端的羧基都可与 CoA 结合,并可同时进行 β - 氧化,从而加速了脂肪酸降解的速度。

$$CH_3-(CH_2)_3-\overset{O}{\overset{\|}{C}}-O^- \xrightarrow{\omega\text{-氧化}} {}^-O-\overset{O}{\overset{\|}{C}}-(CH_2)_3-\overset{O}{\overset{\|}{C}}-O^-$$

(四)酮体的代谢

酮体(ketone body)是乙酰乙酸(acetoacetate)、$D-\beta$ - 羟丁酸($D-\beta$ - hydroxybutyrate)和丙酮(acetone)3 种物质的总称。它们是脂肪酸在肝中氧化分解产生的特有中间代谢物,是肝输出能源的一种形式。酮体均为可溶于水的小分子,能通过血脑屏障和肌肉毛细血管壁,当饥饿和糖供应不足时,酮体可以代替葡萄糖成为脑组织和肌肉的主要能源。特别是脑组织,它不能氧化脂肪酸,但能利用酮体。

1.酮体的生成

肝细胞线粒体内含有合成酮体的酶类,尤其是羟甲基戊二酸单酰 CoA(3 - hydroxy - 3 - methyl glutaryl CoA, HMG CoA)合成酶,但缺乏利用酮体的酶系,因此生成酮体是肝特有的功能。具体合成途径如图 4 - 27 所示。

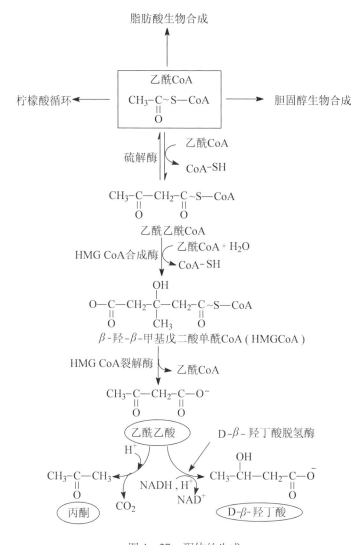

图 4 - 27　酮体的生成

2.酮体的利用

肝内产生的酮体通过血液循环被运送至肝外组织,肝外组织不能生成酮体,却具有很强氧化和利用酮体的能力。心肌、肾上腺皮质、脑组织等在糖供应不足时,都可利用酮体作为主要能源。特别是脑细胞,在正常情况下,主要以葡萄糖为能源,但是在长期饥饿或糖尿病状态下,脑中约 75% 的能源来自酮体。例如,在肝外组织中,$D - \beta -$ 羟丁酸可通过生成乙酰 CoA,它们进入柠檬酸循环可产生 ATP。

(五)乙醛酸循环

在某些细菌、藻类和高等植物萌发的种子(尤其是油料作物种子)中,存在另一种乙酰CoA 的代谢途径,即乙醛酸循环(glyoxylate cycle)。催化乙醛酸循环的酶既存在于一种称为乙醛酸体(glyoxysome)的特有亚细胞结构中,也存在于线粒体中。该循环中的大多数反应与柠檬酸循环相同。与柠檬酸循环不同之处是乙醛酸循环中存在 2 种关键酶,即异柠檬酸裂解酶和苹果酸合成酶。其代谢过程如图 4 - 28 所示。

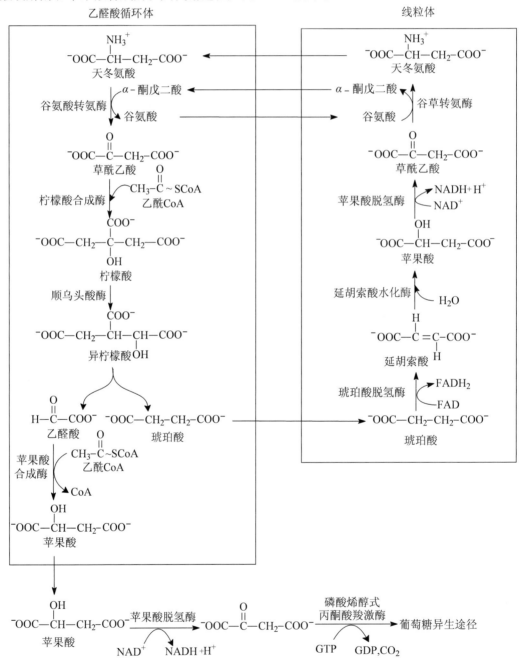

图 4 - 28　乙醛酸循坏

二、脂肪的合成代谢

(一)脂肪酸的生物合成

脂肪酸的合成过程比较复杂,它包括饱和脂肪酸的从头合成、脂肪酸链延长、不饱和脂肪酸的合成等途径。从头合成途径在细胞液中进行,产物为软脂酸;延长途径在线粒体或微粒体中进行,产物是 18 碳以上高级脂肪酸。此外,肝细胞内质网也具有使脂肪酸碳链延长的酶系。

1.脂肪酸合成原料乙酰辅酶 A 的转运

脂肪酸合成的原料是乙酰 CoA,它主要来自葡萄糖的有氧分解和脂肪酸的 β – 氧化。细胞内的乙酰 CoA 绝大多数集中在线粒体中,而从头合成脂肪酸的酶系存在于细胞液中。由于乙酰 CoA 不能直接穿过线粒体内膜扩散到线粒体外,因而需要通过“柠檬酸—丙酮酸循环”(citrate pyruvate cycle)这一特殊的转运机制将乙酰 CoA 转入细胞液中,转运过程见图 4 – 29。

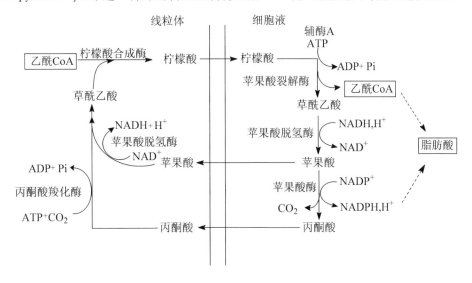

图 4 – 29　柠檬酸 – 丙酮酸循环

2.丙二酸单酰 CoA 的合成

在脂肪酸从头合成过程中,用以合成脂肪酸链的二碳单位的直接供体并不是乙酰 CoA,而是乙酰 CoA 的羧化产物丙二酸单酰 CoA(malonyl-CoA)。催化该羧化反应的酶是乙酰 CoA 羧化酶系(acetyl-CoA carboxylase),反应需消耗 1 分子 ATP。在原核生物(如大肠杆菌)中,乙酰 CoA 羧化酶由三个不同的亚基组成,一种亚基是生物素羧基载体蛋白(biotin carboxyl carrier protein,BCCP),它的作用是作为羧基的载体;另外两种蛋白质亚基具有生物素羧化酶(biotin carboxylase)和转羧基酶(trans carboxylase)活性。由乙酰 CoA 羧化酶催化的反应机制如下:

$$HCO_3^- + 酶 - BCCP + ATP \longrightarrow 酶 - BCCP - COO^- + ADP + Pi$$

$$酶 - BCCP - COO^- + 乙酰CoA \longrightarrow 丙二酸单酰CoA + 酶 - BCCP$$

在哺乳动物、鱼类和高等植物体内,乙酰 CoA 羧化酶是由分子质量为 260ku 的两个相同亚单位组成的二聚体。每个亚单位都兼有生物素羧化酶、转羧基酶和生物素羧基载体蛋白的功能,但它们只有在聚合状态下才具有活性。

乙酰 CoA 羧化酶是脂肪酸合成的限速酶,它严格控制着脂肪酸合成的速度。当酶活性升高时,产生大量丙二酸单酰 CoA,为脂肪酸合成提供充足的原料,使脂肪酸合成速度加快。同时丙二酸单酰 CoA 可抑制肉碱酰基转移酶 I 的活性,阻止脂肪酸转运进入线粒体,使脂肪酸的 β – 氧化停止,以阻止因两个过程同时发生而导致的耗能性无效循环。另一方面,乙酰 CoA 羧化酶是变构酶,其活性受柠檬酸变构激活,受脂肪酸合成的终产物软脂酰 CoA 抑制。除变构调节之外,乙酰 CoA 羧化酶还受磷酸化/脱磷酸化共价调节。

3.脂肪酸合成酶系催化软脂酸的合成

从乙酰 CoA 和丙二酸单酰 CoA 合成 16 碳软脂酸是一个重复加成的过程,每次延长 2 个碳原子,共需经过连续 7 次重复加成反应,此过程由脂肪酸合成酶复合体催化完成。在大肠杆菌和植物中,脂肪酸合成酶复合体由 6 种酶活性亚基和一种辅助蛋白亚基组成,它们分别是①乙酰 CoA – ACP 转移酶;②丙二酸单酰 CoA – ACP 转移酶;③β – 酮脂酰 – ACP 合成酶;④β – 酮脂酰 – ACP 还原酶;⑤β – 羟脂酰 – ACP 脱水酶;⑥烯脂酰 – ACP 还原酶以及酰基载体蛋白(acyl carrier protein,ACP)。

ACP 和 CoA 均为酰基载体,ACP 在脂肪酸合成中的作用与 CoA 在脂肪酸 β – 氧化途径中的作用相似,并且分子中都存在一个 $4'$ – 磷酸泛酰巯基乙胺(phosphopantetheine)的辅基。在 ACP 中辅基的磷酸基通过磷酸酯键与 ACP 上 36 位丝氨酸残基相连,另一端的—SH 以硫酯键与脂酰基相连。ACP 位于 6 种酶的中心,它犹如一个"摆臂"可把脂酰基从一个酶催化中心转移到另一个酶的催化中心。除脂肪酸合成酶系中 ACP 具有一活性巯基外,β – 酮脂酰 – ACP 合成酶上也有一活性巯基。它由多肽链的 Cys 提供,是脂肪酸合成过程中脂酰基的另一个载体,它与 ACP 上的巯基配合用于脂肪酸链合成过程中脂酰基的运载。通常将 ACP 上的巯基称为中央巯基,而将 β – 酮脂酰 – ACP 合成酶上的巯基称为外围巯基。

动物脂肪酸的从头合成是在细胞液中进行,植物则是在叶绿体和前质体中进行。虽然生物体内的脂肪酸链长短不一,不饱和程度各不相同,但都是首先合成 16 碳饱和脂肪酸。其合成过程如图 4 – 30。在脂肪酸合成过程中每延长 2 个碳原子,需经缩合、还原、脱水、还原 4 步反应。

(1)缩合 在 β – 酮脂酰 – ACP 合成酶的催化下,乙酰 – ACP 与丙二酸单酰 – ACP 缩合生成乙酰乙酰 – ACP,同时释放出一分子 CO_2,脱羧产生的能量可供缩合反应需要,同时也使反应不可逆。

(2)还原 乙酰乙酰 – ACP 在 β – 酮脂酰 – ACP 还原酶的作用下,被还原为 D – β – 羟丁酰 – ACP。反应需 NADPH 作为还原剂,产物为 D – 构型。

(3)脱水 β – 羟丁酰 – ACP 在 β – 羟脂酰 – ACP 脱水酶的作用下,形成 α,β – 反式 – 烯丁酰 – ACP。

（4）还原 在烯脂酰－ACP还原酶的作用下,烯丁酰－ACP被还原为丁酰－ACP。第二次还原反应同样发生在β－碳原子上,还原剂同样是NADPH。丁酰－ACP的合成完成了脂肪酸合成的第一次循环,第二次循环是丁酰－ACP与丙二酸单酰－ACP进行缩合,经4步反应后再延长2个碳原子。以此类推,每合成1分子软脂酰－ACP需循环7次,最后形成的软脂酰－ACP在硫酯酶的作用下,水解释放出游离脂肪酸。在真核生物中,β－酮脂酰－ACP合成酶对脂肪酸链长有专一性,它接受14碳脂酰基的活力最强,所以在大多数情况下仅限于合成软脂酸。软脂酸合成的总反应式如下:

8乙酰 CoA + 7ATP + 14NADPH + 14H$^+$ ——→ 软脂酸 + 14NADP$^+$ + 8HSCoA + 6H$_2$O + 7ADP + 7Pi

其中还原剂NADPH和H$^+$来自于磷酸戊糖途径和细胞液中由苹果酸酶催化苹果酸转变成丙酮酸的反应。

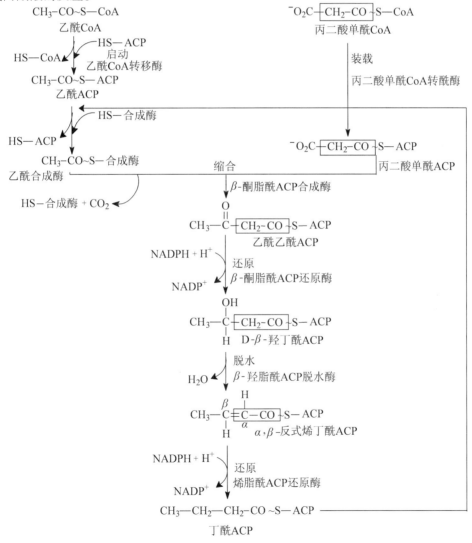

图4－30 脂肪酸的从头合成途径

脂肪酸从头合成途径完全不是 β - 氧化途径的逆过程,它们之间的异同点见表4 - 3。

表4 - 3　脂肪酸从头合成途径与 β - 氧化途径的比较

差异点	脂肪酸从头合成	脂肪酸 β - 氧化
酶系统在细胞内的分布	细胞液	线粒体
底物跨线粒体膜转运	柠檬酸 - 丙酮酸循环	肉碱
酰基载体	ACP	CoA
2 碳单位转移形式	丙二酸单酰 CoA	乙酰 CoA
辅因子	NADPH	NAD^+ 和 FAD
反应方向	从 ω 位到羧基端	从羧基端到 ω 位
β - 羟脂酰基构型	D - 型	L - 型
重复反应步骤	缩合 - 还原 - 脱水 - 还原	脱氧 - 水合 - 脱氧 - 硫解
能量	消耗 7mol ATP	产生 106mol ATP

4.不饱和脂肪酸的合成

不饱和脂肪酸的合成是在去饱和酶(desaturase)作用下,在一定链长的饱和脂肪酸中引入双键的过程。一般去饱和作用首先发生在饱和脂肪酸的9、10 位碳原子上,生成单不饱和脂肪酸,如油酸和棕榈油酸。然后动物尤其是哺乳动物从该双键向脂肪酸的羧基端继续去饱和,形成多不饱和脂肪酸。由于人和其他哺乳动物缺乏在脂肪酸第 9 位碳原子以上位置引入双键的酶,所以自身不能合成亚油酸和亚麻酸,必须从植物中获得。但动物可以通过延长脂肪酸碳链和去饱和作用,将亚麻酸转变为二十碳的花生四烯酸。而植物则可以从该单不饱和脂肪酸的双键处,向脂肪酸的甲基端继续去饱和,形成亚油酸、亚麻酸等多不饱和脂肪酸。

去饱和过程有需氧和厌氧两种途径,前者主要存在于真核生物中,后者存在于厌氧微生物中。需氧途径除需要去饱和酶外,还需要 O_2、NADPH 和一系列电子传递体的参与。在该途径中,一分子氧接受来自去饱和酶的两对电子而生成两分子水,其中一对电子是通过电子传递体从 NADPH 获得,另一对则是从脂酰基获得。已知有两种去饱和酶系,一种酶系存在于脊椎动物和真菌的内质网上,另一酶系存在于高等植物和某些微生物细胞中(图 4 - 31)。

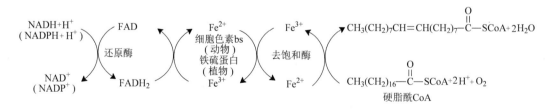

图 4 - 31　动物和植物体内脂肪酸去饱和酶的电子传递系统

厌氧微生物通过厌氧途径合成单烯脂肪酸。此途径是在饱和脂肪酸从头合成至 10 个碳的 β - 羟癸酰 - ACP 时,由专一性很强的 β - 羟癸酰 - ACP 脱水酶催化脱水反应,生成

β,γ - 烯癸酰 - ACP,然后继续以丙二酸单酰 - ACP 为供体进行从头合成反应,产生不同长短的单烯脂肪酸。由于厌氧途径不能合成多烯脂肪酸,因此厌氧微生物中只存在单烯脂肪酸。

5.脂肪酸碳链的延长

16 碳以上的饱和脂肪酸和不饱和脂肪酸是通过进一步延长反应和去饱和反应合成的(图 4 - 32)。在动物体内,延长过程发生在线粒体和滑面内质网中。

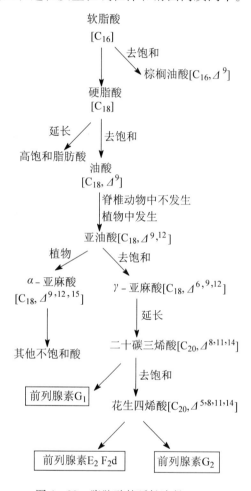

图 4 - 32 脂肪酸的延长途径

其中滑面内质网中的延长途径与细胞液中脂肪酸的从头合成途径相同,只是酰基载体为 CoA 而不是 ACP,延长的二碳单位来自丙二酸单酰 CoA。而线粒体中的脂肪酸链延长过程是脂肪酸 β - 氧化过程的逆反应,只是脱氢反应变为由还原酶催化的还原反应,并且第一次还原反应以 NADH 作还原剂,第二次还原反应以 NADPH 作为还原剂。在植物体内,延长过程发生在内质网、叶绿体或前质体中,而且在叶绿体或前质体中只是将软脂酸延长为硬脂酸,其延长过程与细胞液中脂肪酸从头合成完全相同,18 碳以上脂肪酸链的延长则由内质网的延长系统完成。

（二）脂肪酸代谢的调节

1.代谢物的调节作用

当动物进食高脂肪食物或处于饥饿状态时,贮存的葡萄糖耗尽,为了维持血糖浓度,缓解葡萄糖供给的压力,致使脂肪动员加强,肝细胞内软脂酰 CoA 水平升高,并将抑制乙酰 CoA 羧化酶和磷酸葡萄糖脱氢酶的活性,进而减少脂肪酸合成所需的 NADPH 供应,导致脂肪酸的合成抑制。当进食糖类时,情况刚好相反,机体内糖代谢加强,葡萄糖被用做燃料和脂肪酸合成的前体,乙酰 CoA 和 NADPH 水平升高,从而促进脂肪酸的合成。

2.激素的调节作用

哺乳动物中的脂肪酸代谢受激素调控,动物体内的胰岛素是调节脂肪酸合成的主要激素。胰岛素能诱导乙酰 CoA 羧化酶、脂肪酸合成酶和柠檬酸裂解酶的合成,促进 cAMP 的水解,抑制脂肪水解成游离脂肪酸,从而促进脂肪酸的合成。同时胰岛素还能加强脂肪组织中脂蛋白酯酶的活性,加速脂肪酸进入脂肪组织,进而促进磷脂酸和脂肪的合成和贮存,因此易导致动物肥胖。

胰高血糖素和肾上腺素则可促进 cAMP 的生成,从而促进脂肪水解成游离脂肪酸,同时通过增加依赖 AMP 的蛋白激酶活性,使乙酰 CoA 羧化酶磷酸化而降低其活性,从而抑制脂肪酸的合成。

（三）脂肪的生物合成

脂肪的生物合成需要 α - 磷酸甘油和脂酰 CoA 作为原料。其中 α - 磷酸甘油可由糖酵解的中间产物磷酸二羟丙酮还原产生,该反应由磷酸甘油脱氢酶催化;也可由甘油激酶催化 ATP 将磷酸基直接转移到甘油分子上形成。反应式如图 4 – 33、图 4 – 34。

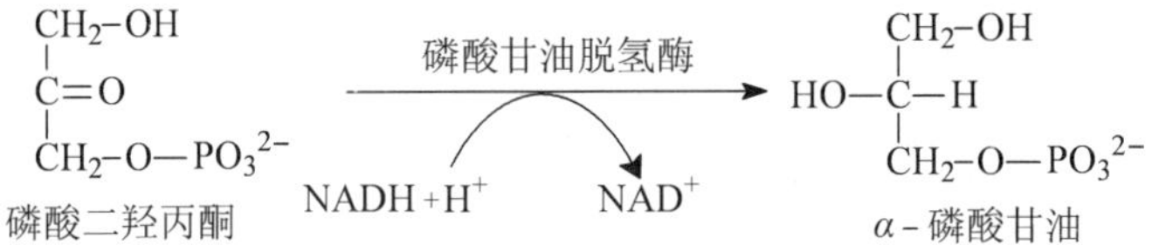

图 4 – 33　磷酸二羟丙酮还原成 α - 磷酸甘油

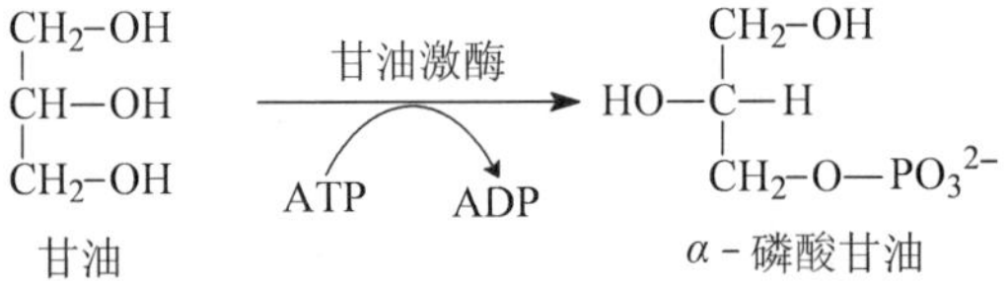

图 4 – 34　甘油磷酸化成 α - 磷酸甘油

脂肪的生物合成是由磷酸甘油脂酰转移酶、磷酸酶和二酰甘油脂酰转移酶催化的。两个脂酰 CoA 首先在磷酸甘油脂酰转移酶催化下,相继与 α - 磷酸甘油酯化生成溶血磷脂酸和磷脂酸（phosphatidic acid）。然后由磷酸酶催化的水解反应脱去磷酸生成二酰甘油,再由二酰甘油脂酰转移酶催化 1 分子脂酰 CoA 转移到二酰甘油的羟基上形成三酰甘油（图 4 – 35）。

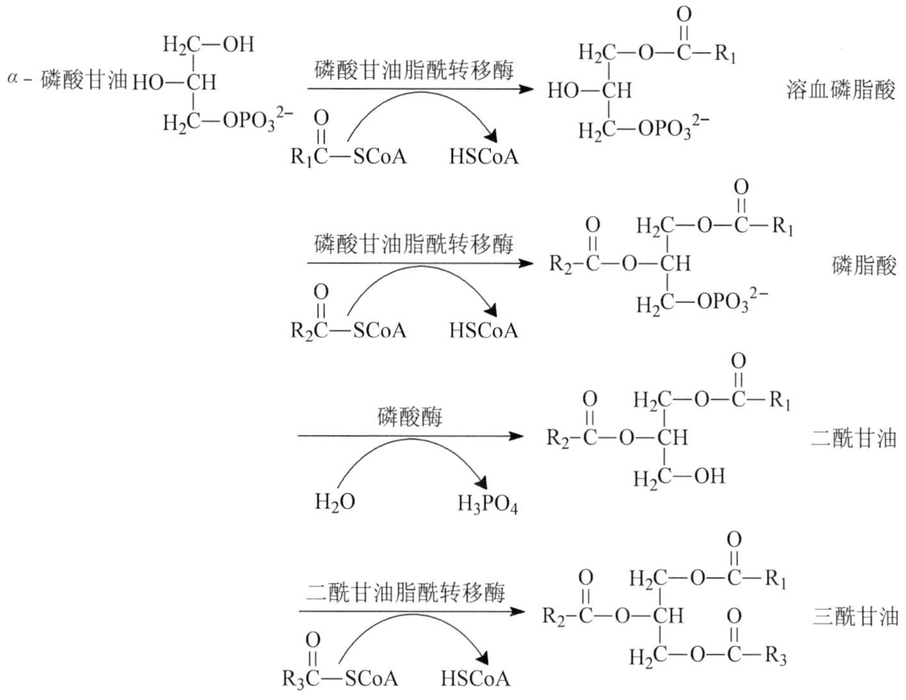

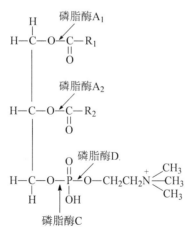

图 4 - 35 脂肪的生物合成途径

三、甘油磷脂的代谢

(一)甘油磷脂的分解

甘油磷脂能被不同的磷脂酶(phospholipase)所分解,生物体内主要的磷脂酶有 A_1、A_2、B_1、B_2、C 和 D。它们分别作用于磷脂分子中不同部位的酯键(图 4 - 36)。

图 4 - 36 磷脂酶的作用位点

磷脂酶 A_1 主要存在于动物细胞中,它专一水解 C_1 位的脂肪酸,产物为溶血卵磷脂和脂肪酸;磷脂酶 A_2 存在于蛇毒和蜂毒中,也发现以酶原的形式存在于动物的胰腺中,它专一

水解 C_2 位的脂肪酸,产物为溶血卵磷脂和脂肪酸;磷脂酶 B_1 和 B_2 广泛存在于动植物及霉菌中,它们分别催化磷脂酶 A_1 和 A_2 的水解产物;磷脂酶 C 存在于动物脑细胞、蛇毒和某些细菌中,它专一水解 C_3 位上的磷酯键,产物为二酰甘油和磷酰胆碱;磷脂酶 D 存在于高等植物中,它既可催化磷酸与胆碱之间的磷酯键水解,产生磷脂酸和胆碱,也可催化卵磷脂分子中的磷脂酰基转移到其他含羟基化合物上。

甘油磷脂的水解产物脂肪酸可以进入 β - 氧化或被再利用来合成脂肪;甘油可进入酵解或糖异生途径;磷酸可进入糖代谢或钙、磷代谢;含氮化合物则分别进入各自的代谢途径或合成新的磷脂。

（二）甘油磷脂的合成

甘油磷脂的合成是在内质网膜外侧进行的。不同甘油磷脂的合成途径虽有所不同,但都需要胞嘧啶核苷酸作为载体进行合成。CTP 在甘油磷脂合成中特别重要,它是合成 CDP - 胆碱、CDP - 乙醇胺及 CDP - 二酰甘油等活性中间体所必需的原料。各类甘油磷脂合成的基本过程归纳如下:

1.以磷脂酸为前体

与 CTP 反应生成 CDP - 二酰甘油,然后以 CDP - 二酰甘油为活性中间体与丝氨酸作用生成磷脂酰丝氨酸,与肌醇作用生成磷脂酰肌醇（图 4 - 37）。

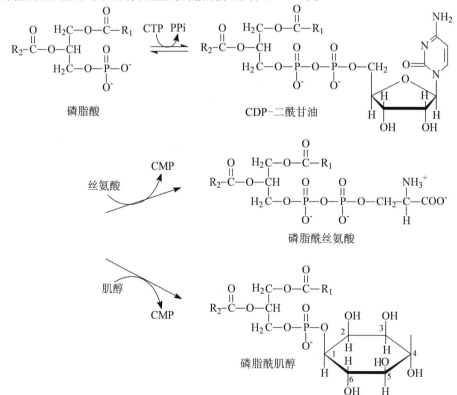

图 4 - 37　磷脂酰丝氨酸和磷脂酰肌醇的合成

2.以二酰甘油为前体

分别与 CDP – 乙醇胺和 CDP – 胆碱作用生成磷脂酰乙醇胺和磷脂酰胆碱。在这一反应中,活性中间体 CDP – 胆碱和 CDP – 乙醇胺分别由磷酸胆碱和磷酸乙醇胺与 CTP 反应生成(图 4 – 38)。

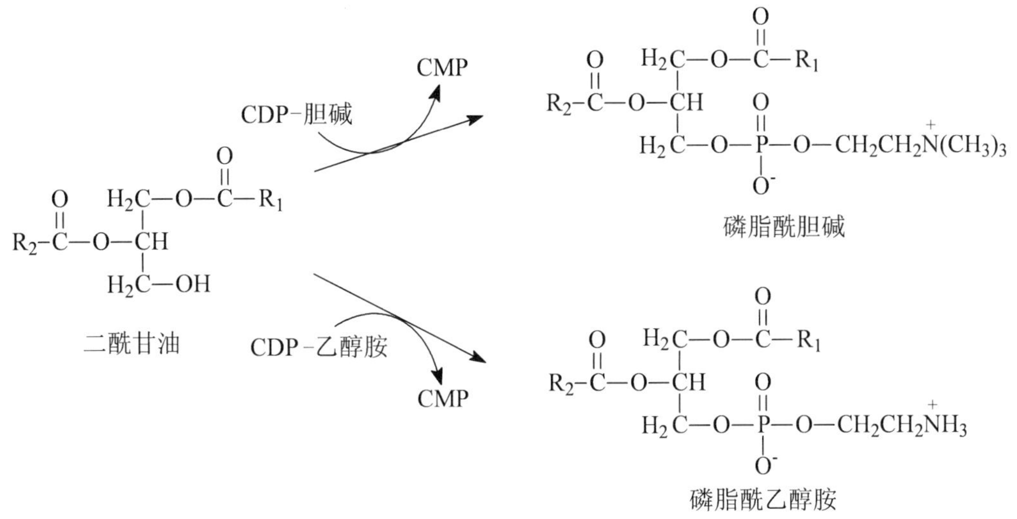

图 4 – 38 磷脂酰胆碱和磷脂酰乙醇胺的合成

除以上合成过程外,磷脂酰胆碱还可由磷脂酰乙醇胺从 S – 腺苷甲硫氨酸(图 4 – 39)获得甲基转化生成;磷脂酰丝氨酸也可由磷脂酰乙醇胺羧化或其乙醇胺与丝氨酸交换生成。

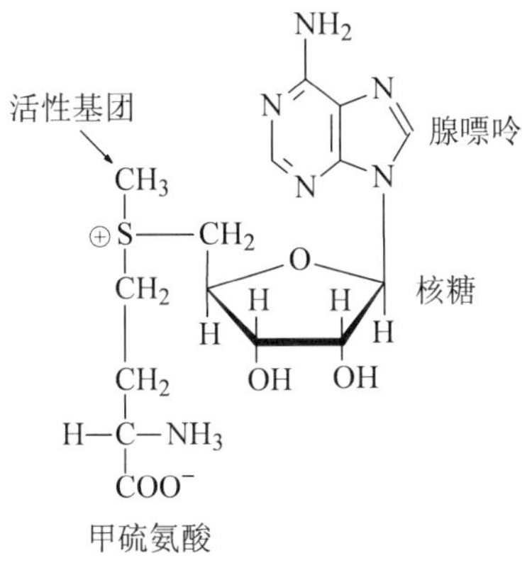

图 4 – 39 S – 腺苷甲硫氨酸的结构

四、人体胆固醇的转变

胆固醇的母核环戊烷多氢菲在生物体内不能被降解,但它的侧链可被氧化、还原或降解转变为其他具有环戊烷多氢菲母核的生理活性化合物。转化为胆汁酸及其衍生物,人体中的胆汁酸主要有胆酸、脱氧胆酸、鹅胆酸等,以及它们与牛磺酸或甘氨酸结合形成的牛磺胆酸盐和甘氨胆酸盐。胆固醇在肝中转化为胆汁酸是胆固醇在体内代谢的主要去路。正常人每天约合成 1~1.5g 胆固醇,其中 2/5 在肝中被转变为胆汁酸排入肠道,促进脂肪的消化和脂溶性维生素的吸收;转化为甾类激素,如胆固醇是糖皮质激素、盐皮质激素、孕激素、雄激素和雌激素五种主要激素的合成前体。性激素对动物和人类的生长、发育和成熟有重要作用;固醇在脱氢酶作用下先转变为 7 - 脱氢胆固醇,后者在紫外线的照射下,转变为维生素 D_3。

第五章　蛋白质

第一节　概述

蛋白质(Protein)是由氨基酸组成的一类生物大分子,是生命活动的主要承担者,一切生命活动都与蛋白质有关。新陈代谢是生命的主要特征,而构成新陈代谢的所有化学变化,都是在酶的催化之下完成的,大多数酶的化学本质是蛋白质。生物体的各种活动,如生长、运动、呼吸、免疫、消化、光合作用,以及对外界环境变化的感知和所作出的必要反应等,都必须依靠蛋白质来实现。虽然遗传信息的携带者是核酸,但遗传信息的传递和表达需要有酶的催化,受到各种蛋白质的调节控制,并通过编码蛋白质来实现。所以蛋白质是生物体的重要组成部分,也是食品中的重要成分。在食品中,蛋白质对食品的质构、风味、加工性状、营养等都会产生重要影响。

一、蛋白质的化学组成

元素分析结果表明,所有蛋白质分子都含有碳(50% ~ 55%)、氢(6% ~ 8%)、氧(19% ~24%)、氮(13% ~ 19%)。除此之外,有些蛋白质还含有少量的硫、磷、硒或金属元素铁、铜、锌、锰、钴、钼等,个别蛋白质还含有碘。蛋白质的含氮量十分接近,平均约为16%,此值在生物样品中蛋白质含量的测定上极为有用,因为动植物组织内的含氮物质以蛋白质为主,其他物质含氮很少且不均衡。因此,只要测出样品中含氮克数,再乘以系数6.25(100/16),即可得出所测样品中蛋白质的大致含量。

蛋白质是高分子化合物,可以受酸、碱或蛋白酶作用水解为小分子物质。蛋白质彻底水解后,用化学分析方法证明其基本组成单位为氨基酸(amino acid)。氨基酸是结构中含有氨基的羧酸,其命名以羧酸为母体,其碳原子的位次以阿拉伯数字表示,也可用希腊字母α、β、γ……标示。氨基酸命名除系统命名外,更常用通俗名称,例如:

$$CH_2-COOH$$
$$|$$
$$NH_2$$

α-氨基乙酸(甘氨酸)

$$CH_3-CH-COOH$$
$$|$$
$$NH_2$$

α-氨基丙酸(丙氨酸)

$$\bigcirc-CH_2-CH-COOH$$
$$|$$
$$NH_2$$

α-氨基-β-苯基丙酸(苯丙氨酸)

$$CH_2-CH_2-CH_2-CH_2-CH-COOH$$
$$|\qquad\qquad\qquad\qquad\quad|$$
$$NH_2\qquad\qquad\qquad\quad NH_2$$

α,ε-二氨基己酸(赖氨酸)

天然蛋白质主要由20种氨基酸构成,见表5-1。

表5-1　天然蛋白质中的氨基酸

名称	结构式	pK(25℃)	pI(25℃)
甘氨酸(Gly)	NH_2CH_2COOH	2.35,9.60	5.97
丙氨酸(Ala)	$CH_3CH(NH_2)COOH$	2.35,9.69	6.02
缬氨酸(Val)	$(CH_3)_2CHCH(NH_2)COOH$	2.32,9.62	5.97
亮氨酸(Leu)	$(CH_3)_2CHCH_2CH(NH_2)COOH$	2.36,9.60	5.98
异亮氨酸(Ile)	$C_2H_5CH(CH_3)CH(NH_2)COOH$	2.36,9.68	6.02
丝氨酸(Ser)	$CH_2(OH)CH(NH_2)COOH$	2.21,9.65	5.68
苏氨酸(Thr)	$CH_3CH(OH)CH(NH_2)COOH$	2.63,10.43	6.58
天冬氨酸(Asp)	$HOOCCH_2CH(NH_2)COOH$	2.09,3.86,9.82	2.98
谷氨酸(Glu)	$HOOCCH_2CH_2CH(NH_2)COOH$	2.19,4.25,9.67	3.22
精氨酸(Arg)	$CH(NH_2)COOH$	2.17,9.04,12.48	10.76
赖氨酸(Lys)	$H_2N(CH_2)_4CH(NH_2)COOH$	2.18,8.95,10.53	9.74
半胱氨酸(Cys)	$HSCH_2CH(NH_2)COOH$	1.71,8.33,10.78 *	5.02 *
胱氨酸(Cys)	$(SCH_2CH(NH_2)COOH)_2$	1.65,2.26,7.85,9.85 *	5.06 *
蛋氨酸(Met)	$CH_3SCH_2CH_2CH(NH_2)COOH$	2.28,9.81 *	5.75 *
苯丙氨酸(Phe)	$C_6H_5CH_2CH(NH_2)COOH$	1.83,9.13	5.48
酪氨酸(Tyr)	$4-OH-C_6H_4CH_2CH(NH_2)COOH$	2.20,9.11,10.07	5.65
脯氨酸(Pro)		1.99,10.60	6.30
羟脯氨酸(Hpr)		1.92,9.73	5.83
色氨酸(Try)		2.38,9.39	5.88
组氨酸(His)		1.82,6.00,9.17	7.58

注:标注 * 者在30℃下测定。

天然蛋白质中这些氨基酸的结构有共同的特点：

（1）蛋白质水解得到的氨基酸都是 α - 氨基酸（脯氨酸为 α - 亚氨酸），氨基都连接在 α 碳原子上，它可用下面的结构通式表示，R 称为氨基酸的侧链基团。

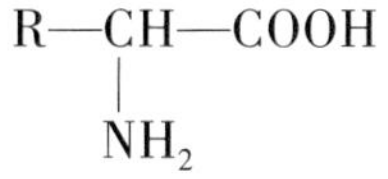

$$R—CH—COOH$$
$$|$$
$$NH_2$$

（2）不同氨基酸在于 R 不同，除了 R 为 H 的甘氨酸外，其他氨基酸的 α 碳原子都是手性碳原子，故它们具有旋光异构现象，存在 D - 型和 L - 型两种异构体（图 5 - 1）。组成天然蛋白质的氨基酸均为 L - 型。

$$
\begin{array}{cc}
COOH & COOH \\
| & | \\
H_2N—C—H & H—C—NH_2 \\
| & | \\
R & R \\
\end{array}
$$

L- α- 氨基酸　　　　　　　　　　D- α- 氨基酸

图 5 - 1　氨基酸的两种异构体

二、蛋白质的分子结构

蛋白质分子是由许多氨基酸通过肽键相连形成的生物大分子。人体内具有生理功能的蛋白质都是有序结构，每种蛋白质都有其一定的氨基酸百分组成及氨基酸排列顺序，以及肽链空间的特定排布位置。因此由氨基酸排列顺序及肽链的空间排布等所构成的蛋白质分子结构，才真正体现蛋白质的特性，是每种蛋白质具有独特生理功能的结构基础。由于组成人体蛋白质的氨基酸有 20 种，且蛋白质的分子量均较大，因此蛋白质的氨基酸排列顺序和空间位置几乎是无穷尽的，足以为人体成千上万种蛋白质提供各异的序列和特定的空间排布，完成生命所赋予的数以千万计的生理功能。蛋白质分子结构分成一级、二级、三级、四级结构 4 个层次，后三者统称为高级结构或空间构象（confonnation）。蛋白质的空间构象涵盖了蛋白质分子中的每一原子在三维空间的相对位置，它们是蛋白质特有性质和功能的结构基础。但并非所有的蛋白质都有四级结构，由一条肽链形成的蛋白质只有一级、二级和三级结构，由两条或两条以上多肽链形成的蛋白质才可能有四级结构。

（一）蛋白质的一级结构

所谓蛋白质的一级结构（primary structure）就是指不同种类及不同数量的氨基酸按照特定的排列顺序通过肽键连接而成的多肽链。这种排列顺序是由基因上遗传信息所决定的。一级结构是蛋白质分子的基本结构。一级结构的基本结构键为肽键，在某些蛋白质分子的一级结构中尚含有二硫键，是由两个半胱氨酸残基的巯基（—SH）脱氢氧化生成的。

图 5 - 2 为牛胰岛素的一级结构。胰岛素有 A 和 B 二条链，A 链有 21 个氨基酸残基，B

链有 30 个。牛胰岛素分子中有 3 个二硫键,1 个位于 A 链内,由 A 链的第 6 及 11 位半胱氨酸的巯基脱氢而形成,另两个二硫键位于 A、B 两条链间。

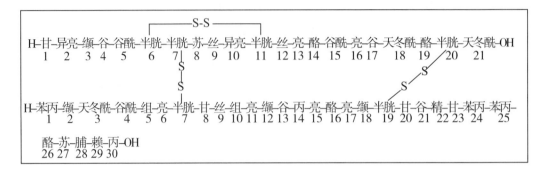

图 5 - 2　牛胰岛素的一级结构

蛋白质的一级结构是决定其空间结构的基础,而空间结构则是其实现生物学功能的基础。尽管各种蛋白质的基本结构都是多肽链,但所含氨基酸总数、各种氨基酸所占比例、氨基酸在肽链中的排列顺序不同,这就形成了结构多种多样、功能各异的蛋白质。因此,蛋白质一级结构的研究,是在分子水平上阐述蛋白质结构与其功能关系的基础。

蛋白质一级结构的改变有可能影响它的功能,有些改变甚至引起其功能的完全丧失。而一级结构的改变能否影响其生物功能,关键是看这种改变是否引起了构象的改变。如把胰岛素的 B 链中 28 ~ 30 位的脯—赖—丙去掉,对胰岛素的活性影响不大,说明这 3 个氨基酸残基与胰岛素的功能关系不大。而在 A 链上去掉 1 位上的甘氨酸残基,则其生物活性降低 90% 以上。

(二)蛋白质的空间结构

蛋白质的空间结构主要指二级结构、三级结构和四级结构。蛋白质是生物大分子,其功能结构不可能都是一条链状,这就需要在一级结构的基础上经过多次的盘绕折叠,成为一个最终具有功能的结构。一级结构的基本结构键为肽键,也称为蛋白质结构的主键,另有少量的二硫键。维持空间结构的作用力,主要有氢键、疏水相互作用、盐键、配位键和范德华力等,这些键被称为次级键(或者副键)。

1.蛋白质的二级结构

蛋白质的二级结构是指多肽链的主链骨架中的若干个肽单位盘绕、折叠,并以氢键为主要次级键形成有规则的构象,如 α - 螺旋、β - 片层(图 5 - 3、图 5 - 4)。某些蛋白质中还存在 U 形转折结构,称为 β - 折角。还有的存在无规则卷曲结构。蛋白质的二级结构是以 α - 螺旋、β - 片层为主要构象,一条多肽链可以含有几种不同的二级结构。

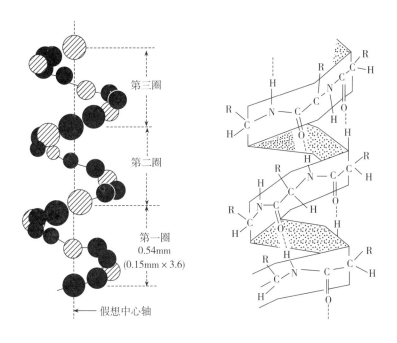

图 5 - 3 α - 螺旋结构示意图

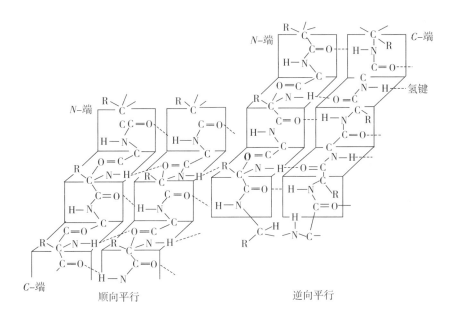

图 5 - 4 β - 片层结构示意图

2.蛋白质的三级结构

蛋白质的三级结构就是指在二级结构的基础上多肽链进一步折叠盘旋成更加复杂而有规律的紧密构象。如图 5-5 所示。

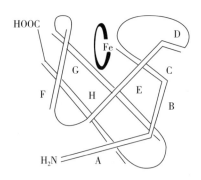

图 5-5　蛋白质三级结构示意图

A ~ H 代表 α - 螺旋区

维持三级结构的主要作用力是多肽链中各氨基酸残基侧链上的功能基团相互作用生成的各种次级键,如盐键、氢键等,其中疏水的侧链基团居于分子内部形成的疏水键是主要作用力。

对于只有一条多肽链组成的蛋白质而言,三级结构是其最终结构,也就是具备生物学功能的结构。若蛋白质的三级结构遭到严重破坏,就会导致其生物学功能的丧失。由两条及两条以上多肽链组成的蛋白质,还具有四级结构。

3.蛋白质的四级结构

当蛋白质是由多条多肽链组成时,每一条多肽链都分别形成一个三级结构,这些三级结构之间再通过次级键的连接形成四级结构,如图 5-6 所示。其中的每一个三级结构称为亚基或亚单位。在四级结构中的每一个亚基都具有相应的作用,共同承担该蛋白质的功能,若次级键被破坏导致亚基之间分离,则该蛋白质的生物学功能丧失。

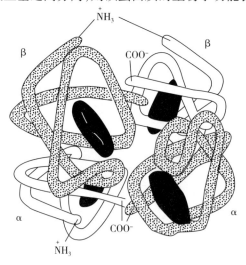

图 5-6　蛋白质四级结构示意图

蛋白质一级结构、二级结构、三级结构、四级结构之间的关系如图 5-7 所示。

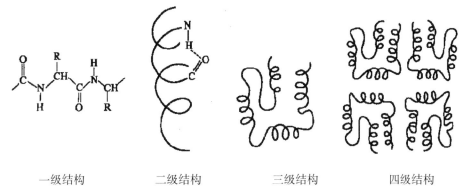

一级结构　　　　二级结构　　　　三级结构　　　　四级结构

图 5-7　蛋白质一级结构、二级结构、三级结构、四级结构关系示意

4.蛋白质空间结构与功能的关系

蛋白质的空间结构与其功能具有极其密切的关系。当蛋白质的空间结构发生改变时，蛋白质的生物功能也会发生改变。

（1）蛋白质的变性　一些物理因素（如加热、加压、射线等）和化学因素（如强酸、强碱、有机溶剂等）会破坏蛋白质的空间结构，导致蛋白质的生物活性丧失，同时引起某些物理性质和化学性质的变化，如溶解度降低、发生沉淀等，这类现象叫蛋白质的变性。变性蛋白质和天然蛋白质在一级结构上相同，只是空间结构发生改变，生物活性随之丧失。蛋白质的热变性是指在较高的温度下，蛋白质空间结构的次级键断裂，改变蛋白质构象，原来在分子内部的一些非极性疏水侧链暴露到分子表面，从而降低蛋白质分子的溶解度，促进蛋白质分子间相互结合而凝聚，继而形成不可逆的凝胶而凝固沉淀。在有些情况下，变性作用是可逆的，只要除去变性因素，蛋白质的空间结构还可逐渐恢复，重新恢复其生物活性。变性蛋白质分子恢复其天然构象，称为复性。如胰蛋白酶在酸性溶液中经 70~100℃ 短时间热变性后，如果适当冷却，仍可恢复其活性。

（2）蛋白质的变构效应　多亚基蛋白质（四级结构）中的一个亚基空间结构的改变会引起其他亚基空间结构的改变，从而使蛋白质功能和性质发生一定的改变，这种现象叫蛋白质的变构效应（allosteric effect）。变构效应除了对血红蛋白运氧功能具有重要的调节作用外，也是体内普遍存在的对于已合成蛋白质生物活性进行细微调控的重要方式之一。

三、蛋白质的分类

蛋白质是由 20 种氨基酸组成的大分子化合物，除氨基酸外，某些蛋白质还含有其他非氨基酸组分。因此根据蛋白质组成成分可分成单纯蛋白质和结合蛋白质，前者只含氨基酸，而后者除蛋白质部分外，还含有非蛋白质部分，为蛋白质的生物活性或代谢所依赖。结合蛋白质中的非蛋白质部分被称为辅基，绝大部分辅基通过共价键方式与蛋白质部分相连。构成蛋白质辅基的种类也很广，常见的有色素化合物、寡糖、脂类、磷酸、金属离子甚至

113

分子量较大的核酸。细胞色素 C 是含有色素的结合蛋白质,其铁卟啉环上的乙烯基侧链与蛋白质部分的半胱氨酸残基以硫醚键相连,铁卟啉中的铁离子是细胞色素 C 的重要功能位点。免疫球蛋白是一类糖蛋白,作为辅基的数支寡糖链通过共价键与蛋白质部分连接。

蛋白质还可根据其形状分为纤维状蛋白质和球状蛋白质两大类。一般来说,纤维状蛋白质形似纤维,其分子长轴的长度比短轴长 10 倍以上。纤维状蛋白质多数为结构蛋白质,较难溶于水,作为细胞坚实的支架或连接各细胞、组织和器官。大量存在于结缔组织中的胶原蛋白就是典型的纤维状蛋白质,其长轴为 300nm,而短轴仅为 1.5nm。球状蛋白质的形状近似于球形或椭圆形,多数可溶于水,许多具有生理活性的蛋白质如酶、转运蛋白、蛋白质类激素及免疫球蛋白等都属于球状蛋白质。

四、蛋白质的理化性质

蛋白质既然由氨基酸组成,其理化性质必然与氨基酸相同或相关,例如,两性电离及等电点(pI)、呈色反应等。但蛋白质又是生物大分子化合物,还具有胶体性质、沉淀、变性和凝固等特点。

(一)蛋白质的两性电离

蛋白质分子除两端的氨基和羧基可解离外,侧链中某些基团,如谷氨酸、天冬氨酸残基中的 γ 和 β - 羧基,赖氨酸残基中的 ε - 氨基,精氨酸残基的胍基和组氨酸的咪唑基,在一定的溶液 pH 条件下都可解离成带负电荷或正电荷的基团。当蛋白质溶液处于某一 pH 时,蛋白质解离成正、负离子的趋势相等,即成为兼性离子,净电荷为零,此时溶液的 pH 称为蛋白质的等电点(pI)。蛋白质溶液的 pH 大于等电点时,该蛋白质颗粒带负电荷,反之则带正电荷。

$$Pr\begin{array}{c} NH_3^+ \\ COOH \end{array} \quad \underset{H^+}{\overset{OH^-}{\rightleftharpoons}} \quad Pr\begin{array}{c} NH_3^+ \\ COO^- \end{array} \quad \underset{H^+}{\overset{OH^-}{\rightleftharpoons}} \quad Pr\begin{array}{c} NH_2 \\ COO^- \end{array}$$

正离子　　　　　　　　　　两性离子　　　　　　　　　负离子
(pH<pI)　　　　　　　　　(pH=pI)　　　　　　　　　(pH>pI)

体内各种蛋白质的等电点不同,但大多数接近于 pH 5.0。所以在人体体液 pH 7.4 的环境下,大多数蛋白质解离成阴离子。少数蛋白质含碱性氨基酸较多,其等电点偏于碱性,被称为碱性蛋白质,如鱼精蛋白、组蛋白等。也有少量蛋白质含酸性氨基酸较多,其等电点偏于酸性,被称为酸性蛋白质,如胃蛋白酶和丝蛋白等。

(二)蛋白质的胶体性质

蛋白质是生物大分子,分子质量一般都在 $10^4 \sim 10^6$ Da 或更高,更有甚者如烟草花叶病毒蛋白质的分子质量高达 40×10^6 Da。由于分子质量大,其颗粒直径约 $1 \sim 100$ nm,属胶体颗粒范围,所以蛋白质是胶体物质。

蛋白质是亲水胶体。构成亲水胶体的两个因素是蛋白质颗粒表面的水膜和同性电荷。

蛋白质颗粒表面有很多亲水基团,如氨基、羧基、疏基、羟基和酰氨基等。这些亲水基团与水结合,从而使蛋白质的颗粒表面形成水膜。由于水膜的相隔作用,阻止了蛋白质颗粒之间的聚集而不易沉淀。

蛋白质分子在大于等电点的溶液中,颗粒表面以负电荷为主;在小于等电点时,蛋白质颗粒表面以正电荷为主。这种同性电荷的相斥作用,也会使溶液中的蛋白质颗粒不易聚集而沉淀。

蛋白质的亲水胶体性质具有重要的生理意义。每克蛋白质含 0.30 ~ 0.55g 水。血液中的蛋白质通过与水的结合,可维持有效的血容量。若血液中蛋白质含量减少,就会影响血管内外水的交换,从而引起水肿。细胞内原生质中的代谢活动需要水的参与,水既是良好的溶剂,也有利于反应过程中吸收热量。而这些都与原生质中的蛋白质的亲水性有关。

蛋白质的亲水胶体性质也是蛋白质分离、纯化方法的基础。要想使蛋白质自溶液中分离出来,只需要破坏蛋白质颗粒表面的水膜和同性电荷即可。又由于蛋白质的颗粒直径较大,不能透过半透膜,据此,可以用透析的方法除去蛋白质提取物中的无机离子等小分子杂质。

(三)蛋白质的电泳

带电的蛋白质胶粒,在电场中向与自身所带电荷相反的电极泳动的现象,称为蛋白质的电泳。电泳的速度取决于蛋白质颗粒大小和所带电荷的多少。在一定的 pH 条件下,各蛋白质所带电量不同,在电场中就会以不同速度泳动,根据这一原理可将混合蛋白质予以分离。

根据支撑物的不同,有薄膜电泳、凝胶电泳等。薄膜电泳是将蛋白质溶液点样于薄膜上,薄膜两端分别加正负电极,此时带正电荷的蛋白质向负极泳动;带负电荷的向正极泳动;带电多,分子量小的蛋白质泳动速率快;带电少,分子量大的则泳动慢,于是蛋白质被分离。凝胶电泳的支撑物为琼脂糖、淀粉或聚丙烯酰胺凝胶。凝胶置于玻璃板上或玻璃管中,两端加上正负电极,蛋白质即在凝胶中泳动。电泳结束后,用蛋白质显色剂显色,即可看到一条条已被分离的蛋白质色带。

(四)蛋白质的沉淀反应

所谓蛋白质的沉淀就是蛋白质分子聚集而从溶液中析出的现象。蛋白质的沉淀反应有重要的实用价值,沉淀方法有如下几种。

1.中性盐沉淀反应

将大量高浓度的中性盐加入蛋白质溶液中,使蛋白质从溶液中沉淀析出的现象称为盐析。常用的中性盐有 $NaCl$、NH_4Cl、$MgCl_2$、$(NH_4)_2SO_4$ 等。中性盐在水中溶解度大,能和蛋白质颗粒争夺与水的结合,从而破坏水膜;其次是这些中性盐在水中解离作用强,能中和蛋白质分子表面的电荷。蛋白质颗粒在水中赖以稳定的两个因素均被破坏,所以从溶液中沉淀析出。由于不触及蛋白质分子的内部结构,所以用此方法沉淀的蛋白质不变性。因此本法是分离制备酶、激素等具有生物活性的蛋白类物质常用的方法。

在用中性盐沉淀蛋白质时须注意如下几条：

（1）低浓度的中性盐可以增加蛋白质在水中的溶解度，这种现象称为盐溶。

（2）同样浓度的情况下，二价离子中性盐比一价离子中性盐的沉淀效果好。其中以硫酸铵效果最佳，因为它在水中的溶解度很高，而溶解度的温度系数很低。

（3）不同的蛋白质因其分子大小、电荷性质的不同，盐析时所需盐的浓度各异。混合蛋白质溶液可用不同的盐浓度使其分别沉淀，这种方法称为分级沉淀。

2.有机溶剂沉淀反应

在蛋白质溶液中加入一定量的能与水互溶的有机溶剂，如乙醇、甲醇、丙酮、甲醛等，能使蛋白质失去水膜，致使蛋白质颗粒聚集而沉淀。使用有机溶剂沉淀蛋白质时须注意如下几条：

（1）在室温下，这些有机溶剂可以造成被沉淀的蛋白质变性。如果预先将有机溶剂冷却到 $-60 \sim -40$℃，然后在不断搅拌下将其加入，以防止局部浓度过高，则可以在很大程度上解决被沉淀蛋白质的变性问题。

（2）在等电点时加入有机溶剂，沉淀效果更好。

（3）在一定温度、pH 和离子强度条件下，引起蛋白质沉淀的有机溶剂的浓度不同，因此利用不同浓度的有机溶剂，可以对蛋白质进行分级分离。

3.重金属盐沉淀蛋白质

蛋白质在带负电荷时能与重金属离子如 Cu^{2+}、Hg^{2+}、Pb^{2+}、Ag^+ 结合成不溶性的蛋白盐而变性沉淀。

4.生物碱试剂和某些酸类沉淀法

生物碱试剂是指能引起生物碱沉淀的试剂，如鞣酸、磷钨酸、磷铂酸、苦味酸和碘化钾等。蛋白质在带正电荷时，可与上述物质结合形成不溶性沉淀。

5.加热沉淀蛋白质

加热可使蛋白质变性，也可使变性的蛋白质沉淀，这主要取决于溶液的 pH。蛋白质在等电点时最易沉淀，若在偏酸或者偏碱时，虽变性也不易发生沉淀。

（五）蛋白质的呈色反应

蛋白质多肽链上的肽键和一些侧链基团能与某些试剂结合而显示出特有的颜色，利用蛋白质的颜色反应可以对蛋白质进行定性、定量分析。由于蛋白质是由基本单位——氨基酸组成的，所以蛋白质也具有氨基酸所具有的某些颜色反应。因此，在利用颜色反应进行蛋白质的鉴定时，一定要结合蛋白质的其他特性全面加以考虑，切不可以任何单一的反应来确证蛋白质的存在。

1.茚三酮反应

在 pH5～7 时，蛋白质与茚三酮试剂加热可产生蓝紫色。此反应是试剂与蛋白质中的氨基的反应。

2.双缩脲反应

双缩脲是 2 分子的脲(尿素)经加热脱氨缩合生成的产物(图 5-8)。2 分子双缩脲在碱性溶液中能与硫酸铜试剂中的 Cu^{2+} 结合成粉红色的复合物,这一呈色反应称为双缩脲反应。

$$H_2N-\underset{\underset{O}{\|}}{C}-NH_2 \quad + \quad H_2N-\underset{\underset{O}{\|}}{C}-NH_2 \quad \xrightarrow{\triangle} \quad H_2N-\underset{\underset{O}{\|}}{C}-N-\underset{\underset{O}{\|}}{C}-NH_2 \quad + \quad NH_3$$

脲 脲 双缩脲

图 5-8 双缩脲反应

一切蛋白质和两个肽键以上的多肽化合物都能进行双缩脲反应,且肽键越多颜色越深。故此反应可用于蛋白质的定性定量分析,还可用于检测蛋白质的水解程度。

3. 酚试剂反应 蛋白质分子酪氨酸、色氨酸的酚基在碱性条件下,可与酚试剂(磷钼酸—磷钨酸化合物)反应,生成蓝色化合物。其颜色深浅与蛋白质的含量相关,且灵敏度比双缩脲反应高 100 倍,可测定微克水平的蛋白质含量。因此该反应是蛋白质浓度测定的常用方法。但要注意,该试剂只与蛋白质分子中的酪氨酸、色氨酸反应,因此反应结果受蛋白质中酪氨酸、色氨酸含量的影响,即不同的蛋白质其酪氨酸、色氨酸含量不同而使显色强度有所差异。要求作为标准的蛋白质其相关氨基酸含量应与样品接近,以减少误差。

(六)蛋白质的吸收光谱特点

酪氨酸、色氨酸和苯丙氨酸在近紫外区(200~400nm)有吸收光的能力,蛋白质由于含有这些氨基酸,所以也有紫外吸收能力,一般最大吸收波长在 280nm 处,因此能利用分光光度法很方便地测定样品中的蛋白质含量。

第二节 食品中的蛋白质

一、食品中常见的蛋白质

食品蛋白质主要来源于植物性蛋白质资源和动物性蛋白质资源,目前也有研究开发单细胞蛋白质资源。

植物性蛋白质资源占总蛋白质资源的 70%,它不但是人类食物蛋白质的重要来源,也是肉蛋奶等动物性蛋白质的初级提供者。从植物来源上讲,植物蛋白质主要来源于谷物、豆类种子、油料种子等。虽然植物性蛋白质资源丰富,价格相对低廉,但大部分植物性蛋白质属于不完全蛋白质,而且外侧包裹有一层纤维层,消化率较低;一些植物性蛋白质还伴随着一些危害物或感官难以接受的物质,不利于食用。

动物性蛋白质主要包括畜禽肉类、鱼类、乳类、蛋类等,大部分为完全蛋白质,营养价值高。但人类通过动物性资源摄入蛋白质的一大问题是在摄入蛋白质的同时,会大量摄入脂肪、胆固醇等,这些成分的过量摄入会对身体产生不利影响。除传统的动物蛋白质资源外,昆虫也作为一种新兴的动物蛋白质资源被开发利用。到目前为止,蚂蚁、蜂蛹、蚕蛹、黄粉虫等昆虫相关原料已被开发成多种保健饮料和食品。

单细胞蛋白是指利用各种基质大规模培养酵母菌、细菌、真菌、微藻等,再从中提取的微生物蛋白质。酵母菌是最早广泛用于生产单细胞蛋白的微生物,其蛋白质含量达到45%~55%。此外,光合细菌、小球藻、螺旋藻等也可用于单细胞蛋白生产。单细胞蛋白具有资源丰富、效率高、可工业化生产等优点,但其中含有的大量核酸却限制了人类的直接消费,需要进一步处理。

二、蛋白质的食品加工性质

(一)溶解性

蛋白质作为有机大分子物质,在水中以胶体态存在,并不是真正意义上的溶解态,只是习惯上将其称为溶液。蛋白质的溶解性是"蛋白质—蛋白质"和"蛋白质—溶剂"相互作用达到平衡的热力学表现形式。蛋白质的溶解性,可用水溶性蛋白质(WSP)、水可分散蛋白质(WDP)、蛋白质分散性指标(PDI)、氮溶解性指标(NSI)来评价。蛋白质的溶解性与蛋白质所处的外界因素如pH、离子强度、温度、蛋白质浓度以及蛋白质自身的特性有关。蛋白质溶解特性不但应用于天然蛋白质的分离和提纯,而且也为蛋白质的应用价值提供重要指标。

(二)黏性

黏性是流体食品的一大功能特性,它不仅可稳定食品中被分散的成分,同时也直接或间接地提供良好的口感,如控制食品中某些成分的结晶、限制冰晶的成长等。黏性常用黏度来衡量,它反映溶液流动的阻力。影响蛋白质体系黏度的主要因素是溶液中蛋白质分子或颗粒的表观直径,而表观直径又取决于蛋白质分子固有特性、"蛋白质—蛋白质"间的相互作用和"蛋白质—溶剂"间的相互作用。所以,蛋白质黏度和溶解度之间具有相关性。将不溶的热变性蛋白粉置于水溶液介质中并不表现出高的黏度;吸水性差和溶胀度小的易溶蛋白粉如乳清蛋白,在中性或等电点时黏度也低。而起始吸水性大的可溶蛋白粉如酪蛋白酸钠和某些大豆蛋白制品则具有高黏度。可见对许多蛋白质来说,吸水性和黏度呈正相关。

(三)乳化性

牛奶、乳脂、冰激凌、黄油、干酪、蛋黄酱和肉馅等许多食品属于乳胶体,蛋白质成分在稳定这些胶态体系中通常起着重要的作用。蛋白质吸附在油滴和连续水相的界面,并具有能阻止油滴聚结的性质和流变学性质(稠度、黏度和弹性—刚性)。氨基酸侧链也能发生解离,可产生有利于乳胶体稳定性的静电排斥力。但是,蛋白质一般对水/油(W/O)型乳胶液的稳定性较差,这可能是因为多数蛋白质的强亲水性使大量被吸附的蛋白质分子位于界面的水相一侧。

(四)起泡性

食品泡沫通常是气泡分散在含有表面活性剂的连续液相或半固相中的分散体系。许多加工食品是泡沫型产品,如搅打奶油、蛋糕、蛋白甜饼、面包、冰激凌、啤酒等。

产生泡沫的主要方法有:鼓泡法,让鼓泡的气体通过多孔分配器(如烧结玻璃),然后通入低浓度(0.01%~2.0%,质量体积百分比)蛋白质水溶液中产生泡沫;搅打法,又称搅拌或振摇法,是在有大量气相存在时搅打或振摇蛋白质水溶液产生泡沫;减压法,突然解除预先加压溶液的压力使其产生泡沫,例如分装气溶胶容器中加工成的掼奶油(搅拌奶油)。

具有良好起泡性质的蛋白质主要有:卵清蛋白、血红蛋白的珠蛋白部分、牛血清蛋白、明胶、乳清蛋白、酪蛋白胶束、β-酪蛋白、小麦蛋白、大豆蛋白和某些蛋白质的低度水解产物等。当然,蛋白质的起泡性及泡沫稳定性不仅取决于蛋白质本身的结构,还与其浓度和体系中的糖、盐、脂、pH以及起泡方法、设备等有关。糖类通常能抑制泡沫膨胀,但可提高泡沫稳定性,制作含糖泡沫食品时在泡沫膨胀后再加入糖就是这个道理;盐对蛋白质起泡性的影响因其对蛋白质溶解度影响不同而异,通常盐溶效应使蛋白质起泡性变差,盐析效应改善起泡性和泡沫稳定性。

(五)风味结合性质

蛋白质可以物理吸附或化学吸附的方式与风味物质结合。物理吸附主要通过范德华力和毛细管作用吸附;化学吸附主要通过静电吸附、氢键和共价键结合等作用实现。蛋白质结合风味物质这一性质有利有弊,有利的方面是制作食品时可利用蛋白质作为风味载体和风味改良剂,例如用植物蛋白加工仿真肉制品,可模仿出肉类风味;不利的方面是蛋白质产品储存时容易吸附环境异味,影响产品品质。

(六)织构化

将不具有组织结构和咀嚼性的植物分离蛋白或乳蛋白等通过加工处理使其形成咀嚼性和良好持水性能的薄膜或纤维状制品的过程称为蛋白质的织构化。织构化方法也可用于动物蛋白质的"重组织化"或"重整"。

常见蛋白质织构化的方法主有:热凝固和形成薄膜;热塑性挤压;纤维的形成。其中,热塑性挤压的方法最为常用,因为该方法工艺较为简单,原料要求较为宽松,经济适用。

(七)热诱导凝胶化

超过一定浓度的蛋白质溶液加热时,蛋白质分子会因变性而解折叠发生聚集,并形成有序的蛋白质网络结构,此过程称为蛋白质的热诱导凝胶化。热诱导凝胶化形成的凝胶结构和性质取决于蛋白质变性和聚集的相对速率,当蛋白质变性速率大于聚集速率时,蛋白质分子能充分伸展、发生相互作用从而形成高度有序的半透明凝胶,反之则形成粗糙、不透明凝胶。

(八)形成面团

小麦、大麦、燕麦等谷物制粉后在与水混合、揉搓后可形成黏稠、有弹性、具有持气性、可塑的面团,这主要是其中所含有的一些蛋白质的作用,这些蛋白质被称为面筋蛋白。面筋蛋白的主要成分为麦谷蛋白和麦醇溶蛋白,在小麦面粉中占总蛋白量的80%,它们的性质决定了面团的特性。

麦谷蛋白是相对分子质量为 12 000 ~ 130 000 的复杂多肽,可进一步根据相对分子质量大小分为高相对分子质量(> 90 000,HMW)和低相对分子质量(< 90 000,LMW)两类。麦谷蛋白多肽链能通过 2 个 – SH 向—S—S—转化反应广泛地聚合,因此麦谷蛋白对面团的黏弹性有着重大贡献。相对于麦谷蛋白的含量而言,麦谷蛋白二硫交联缔合的模式对面团具有更重要的影响。在 LMW 麦谷蛋白中缔合/聚合产生的一种结构类似于由 HMW 麦谷蛋白形成的结构,此类结构有利于面团黏度的提高,但对面团的弹性无贡献。相反地,在面筋中 LMW 麦谷蛋白通过二硫交联与 HMW 麦谷蛋白连接,这有助于面团弹性的提高。

麦醇溶蛋白由 4 组蛋白质构成,即 α – β – γ – 和 ε – 麦醇溶蛋白,在面筋中它们以相对分子量 30 000 ~ 80 000 单多肽链存在。麦醇溶蛋白含有约 2% ~ 3% 的半胱氨酸残基,然而在面团制备中,它们没有通过 2 个—SH 向—S—S—转化反应发生广泛的聚合作用,因而,由分离的麦醇溶蛋白和淀粉制备的面团具有黏性,但没有黏弹性。

综上所述,面粉中的麦谷蛋白和麦醇溶蛋白的含量、比例、分子质量、结构等均会影响到所形成面团的性质,进而影响产品质量。

三、食品加工和贮藏对蛋白质的影响

(一)热处理

热处理是对蛋白质影响较大的处理方法,影响的程度取决于热处理的时间、温度、湿度以及有无氧化还原性物质存在等因素。热处理可能会使蛋白质发生变性、分解、氨基酸氧化、氨基酸键之间的交换、氨基酸新键的形成等反应,对食品品质产生不同影响。

一般地,蛋白质经过温和热处理所产生的变化在营养学上是有利的。许多蛋白质例如大豆球蛋白、胶原蛋白和卵清蛋白经适度热处理后更易消化,其原因是蛋白质伸展,被掩蔽的氨基酸残基暴露,因而使专一性蛋白酶能更迅速地与蛋白质底物发生作用。

加热可使食品中天然存在的大多数蛋白质毒素或抗营养因子变性和钝化。例如微生物污染所产生的大多数蛋白质毒素,其中肉毒杆菌毒素在 100℃ 钝化;大豆、花生、菜豆、蚕豆、豌豆和苜蓿等豆科植物的种子或叶中所含有的能抑制或结合人体蛋白质水解酶的蛋白质蛋白酶抑制剂、植物血球凝集素(或外源凝集素),它们都可以通过加热被钝化。

热烫或蒸煮能使食品原料中的脂酶、脂肪氧合酶、蛋白酶、多酚氧化酶和酵解酶等酶失活,从而防止食品产生不应有的颜色,也可防止风味和质地的变化及维生素的损失。例如,菜籽经过热处理可使黑芥子硫苷酸酶(myrosinase)失活,因而阻止内源硫葡萄糖苷形成致甲状腺肿大的化合物,即 5 – 乙烯基 – 2 – 硫噁唑烷酮。

除了发生蛋白质变性,在不添加其他物质的情况下,蛋白质或蛋白质食品在加工过程中,常常会引起氨基酸脱硫、脱酰胺和异构化等化学变化,有些变化可能对食品品质是有益的,但有时会伴随有毒化合物产生,这主要取决于热处理条件。

蛋白质在超过 100℃ 时加热,会发生脱酰胺反应,释放出的氨主要来自谷酰胺和天冬酰胺的酰胺基,这些反应并不损害蛋白质的营养价值。在 115℃ 灭菌,会使半胱氨酸和胱氨酸部分

破坏,生成硫化氢、二甲基酰化物和磺基丙氨酸,这些挥发性化合物能使加热食品产生风味。

经剧烈热处理的蛋白质可生成环状衍生物,其中有些具有强致突变作用。

在热处理过程中,蛋白质还容易与食品中的其他成分如糖类、脂类、污染物和食品添加剂等反应,产生各种有利的和不利的变化。例如,赖氨酸、精氨酸、色氨酸、苏氨酸和组氨酸等在热处理中很容易与还原性物质如葡萄糖、果糖、乳糖发生美拉德反应,使产品带金黄色至棕褐色。如小麦团粉中虽然清蛋白仅占 6% ~ 12% ,但清蛋白中色氨酸含量较高,它对面粉焙烤呈色起较大的作用。脂类在热处理过程中发生氧化生成氢过氧化物,蛋白质与过氧化脂类发生共价结合或发生脂类诱导的蛋白质聚合反应。一般地,脂类—蛋白质作用是有害的反应,使蛋白质功效比和生理价值降低。

(二)碱处理

蛋白质的浓缩、分离、起泡、乳化或使溶液中的蛋白质纤维化,通常需要碱处理。蛋白质经过碱处理后,可形成氨基丙烯酸残基,它与赖氨酸、半胱氨酸或鸟氨酸等残基发生缩合反应生成新的氨基酸,即:赖氨丙氨酸、羊毛硫氨酸、鸟氨丙氨酸等。氨基丙烯酸残基与组氨酸、苏氨酸、丝氨酸、酪氨酸和色氨酸等残基通过缩合反应也可以生成不常见的衍生物。在碱处理过程中,还可以使精氨酸、胱氨酸、色氨酸、丝氨酸和赖氨酸发生构型变化,包括 β – 消去反应和形成碳负离子,碳负离子经质子化可随机形成 L – 、D – 氨基酸的外消旋混合物。由于大多数 D – 氨基酸不具有营养价值,因此,必需氨基酸残基发生外消旋反应,使营养价值降低约 50% 。此外,D – 异构体的存在可降低蛋白质消化率。

(三)脱水处理

干燥条件对粉末颗粒的大小以及内部和表面孔率的影响,将会改变蛋白质的可湿润性、吸水性、分散性和溶解度,应该注意干燥处理对蛋白质功能性质的影响。

不同的脱水方法对蛋白质影响程度也不相同,如:

传统的脱水方法:用自然的温热空气干燥脱水,脱水后的畜禽肉、鱼肉会变得坚硬、萎缩且回复性差,烹调后口感坚韧,风味较差。

真空干燥:在减压下干燥,因减压,脱水温度较低,可减少非酶褐变及其他化学反应;因无氧气,所以氧化反应较慢,所以较传统脱水法对肉的品质损害较小。

喷雾干燥:乳的脱水常用此法。喷雾干燥对蛋白质损害较小。

冷冻干燥:在减压条件下,冰晶经升华而除去食品中水分的一种干燥方法。干燥的食品可保持原形及大小,具有多孔性,有较好的回复性,是肉类脱水干燥的最好方法。

(四)辐照处理

以辐照方法来保存食品已被许多国家采用,不同辐照目的和不同食品需要不同的辐照剂量。按规定,凡是在辐照剂量低于 10 kGy 时,不需要进行毒理学试验。γ 辐射还可以引起低水分食品中的多肽链断裂,在 H_2O_2 和过氧化氢酶存在时,酪氨酸残基发生氧化性交联,生成二酪氨酸残基。

（五）机械处理

机械处理对食品中的蛋白质有较大的影响,经充分干磨的蛋白质粉或浓缩物易形成小的颗粒和大的表面积,与未磨细的对应物相比,吸水性、溶解性、对脂肪的吸收和起泡性大大地提高。机械力同样对蛋白质织构化过程起重要作用,例如面团受挤压加工时,剪切力能促使蛋白质改变分子的定向排列,二硫键交换和蛋白质网络的形成。在强剪切力例如牛乳均质的作用下,蛋白质悬浊液或溶液体系中蛋白质聚集体如胶束碎裂成亚单位,这种处理一般可提高蛋白质的乳化能力。在空气—水界面施加剪切力,通常会引起蛋白质变性和聚集,而部分蛋白质变性可以使泡沫变得更稳定;而过度地搅打鸡蛋白时会发生蛋白质聚集,使形成泡沫的能力和泡沫稳定性降低。

（六）低温贮藏

食品的低温贮藏分为冷藏和冻藏。冷藏是将温度控制在稍高于冻结温度的条件下,蛋白质较稳定,微生物生长也受到抑制;冻藏是将温度控制在低于冻结温度的条件下(一般为−18℃),贮藏期较长,但对蛋白质的品质有一定影响。

冷冻时,随着温度下降,冰晶逐渐形成,使蛋白质分子中的水化膜减弱甚至消失,蛋白质侧链暴露出来;同时加上冰晶的挤压,使蛋白质质点互相靠近而结合,致使蛋白质质点凝集沉淀,蛋白质发生变性,持水力下降,感官品质不佳。如鱼肉经冷冻后肌肉变硬,持水性降低,解冻后的肉变得干而强韧。蛋白质冷冻变性作用主要与冻结速度有关,冻结速度越快,冰晶越小,挤压作用也越小,变性程度就越小。食品工业根据这一原理常采用快速冷冻法以避免蛋白质变性,保持食品原有的风味。

第三节　蛋白质代谢

一、蛋白质的降解

从食物中摄取蛋白质,食物中蛋白质进入人体后,在消化道中各种蛋白酶的催化作用下经过一系列复杂的水解反应降解生成各种不同的中间降解产物,如蛋白胨(proteose)、蛋白胨(peptone)、多肽(polypeptide)、寡肽(oligopeptide),最终生成各种氨基酸。根据蛋白酶水解多肽的部位可分为蛋白酶(proteinase)和肽酶(peptidase)两个亚类。

蛋白酶又称肽链内切酶(endopeptidase),它可作用于肽链内部的肽键,生成长度较短的含氨基酸分子数较少的肽链。在生物体内,蛋白酶可将蛋白质水解为许多小的片段,但要彻底水解为氨基酸还需要肽酶的作用。

肽酶又称肽链端解酶(exopeptidase),肽酶只作用于多肽链的尾端,将蛋白质多肽链从尾端开始逐一水解成氨基酸。作用于氨基端的称氨肽酶(aminopeptidase),作用于羧基端的称羧肽酶(carboxypeptidase),作用于二肽的称为二肽酶(dipeptidase)。还有些肽酶每次水解下一分子二肽。蛋白质水解为氨基酸的过程需要蛋白酶和肽酶的共同作用。食物中的蛋白质在胃里受到胃蛋白酶的作用,分解为分子量较小的肽。进入小肠后受到来自胰脏的胰蛋白酶和胰凝乳蛋白酶的作用,进一步分解为更小的肽。然后小肽又被肠黏膜里的二肽酶、氨肽酶及羧肽酶分解为氨基酸,氨基酸可以被直接吸收利用,也可以进一步氧化供能。

二、氨基酸的分解代谢

氨基酸的分解代谢是蛋白质降解的继续,可分为氨基酸的一般代谢和个别氨基酸的代谢。

(一)氨基酸的一般代谢

氨基酸的一般分解代谢包括氨基酸的脱羧基和脱氨基作用。其反应主要是指 α – 羧基和 α – 氨基的分解。

1.氨基酸的脱羧基作用

氨基酸的脱羧基作用(decarboxylation)是在氨基酸脱羧酶(decarboxylase)的催化下进行的。氨基酸脱羧酶的辅酶是磷酸吡哆醛。体内只有少量的氨基酸经过脱羧基作用代谢。脱下的 α – 羧基生成 CO_2 和相应的胺类物质。氨基酸脱羧反应的通式如下:

$$H_2N—CHR—COOH \xrightarrow{\text{氨基酸脱羧酶}} H_2N—CH_2—R + CO_2$$

2.氨基酸的脱氨基作用

在各种脱氨酶和转氨酶的催化作用下,从氨基酸分子上脱掉 α – 氨基,生成氨和相应的 α – 酮酸称为氨基酸的脱氨基作用(deamination)。根据脱氨基反应的特点,分为氧化脱氨基、非氧化脱氨基、转氨基和联合脱氨基 3 种不同的方式。

(1)氧化脱氨基 氨基酸在各种氧化脱氨酶,即氨基酸脱氢酶(amino asid dehydrogenase)的催化下,脱掉氨基,生成相应的 α – 酮酸的过程称为氧化脱氨基(oxidative deamination)。在动物体内以 L – 谷氨酸脱氢酶活性为最高,其辅酶是 NAD^+(图 5 – 9)。

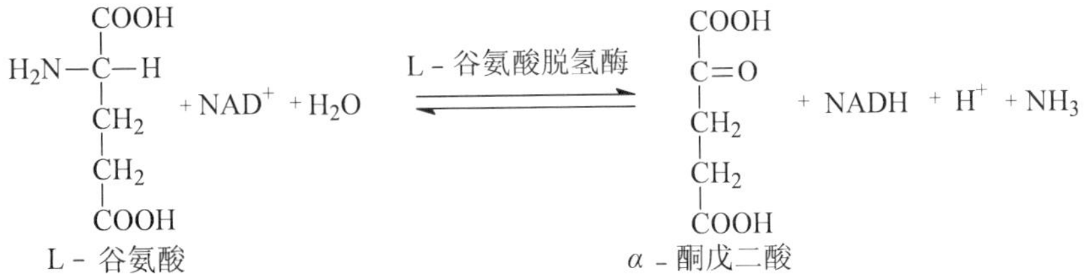

图 5 – 9 L – 谷氨酸的氧化脱氨基作用

(2)非氧化脱氨基作用 非氧化脱氨基作用(nonoxidative deamination)包括还原脱氨基、脱水脱氨基、脱硫化氢脱氨基和水解脱氨基 4 种不同方式。

①还原脱氨基 在某些微生物中的氢化酶催化下,使氨基酸还原生成相应的脂肪酸和氨(图 5 – 10)。

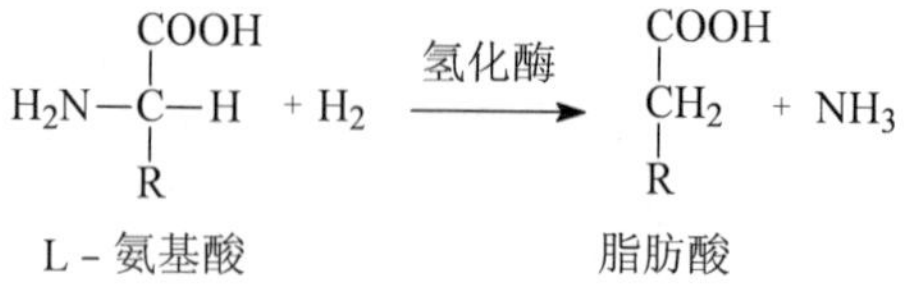

$$
\underset{\text{L-氨基酸}}{H_2N-\overset{\displaystyle COOH}{\underset{\displaystyle R}{\overset{|}{\underset{|}{C}}}-H}} + H_2 \xrightarrow{\text{氢化酶}} \underset{\text{脂肪酸}}{\overset{\displaystyle COOH}{\underset{\displaystyle R}{\overset{|}{\underset{|}{CH_2}}}}} + NH_3
$$

图 5-10 还原脱氨基作用

②脱水脱氨基 L-丝氨酸脱水酶催化此反应,生成丙酮酸和氨(图5-11)。

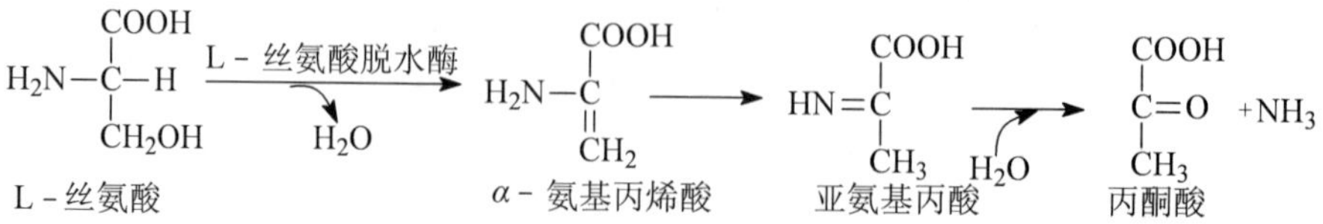

$$
\underset{\text{L-丝氨酸}}{H_2N-\overset{\displaystyle COOH}{\underset{\displaystyle CH_2OH}{\overset{|}{\underset{|}{C}}}-H}} \xrightarrow[\;-H_2O\;]{\text{L-丝氨酸脱水酶}} \underset{\alpha-\text{氨基丙烯酸}}{H_2N-\overset{\displaystyle COOH}{\underset{\displaystyle CH_2}{\overset{|}{\underset{\|}{C}}}}} \longrightarrow \underset{\text{亚氨基丙酸}}{HN=\overset{\displaystyle COOH}{\underset{\displaystyle CH_3}{\overset{|}{\underset{|}{C}}}}} \xrightarrow[H_2O]{} \underset{\text{丙酮酸}}{\overset{\displaystyle COOH}{\underset{\displaystyle CH_3}{\overset{|}{\underset{|}{C}}=O}}} + NH_3
$$

图5-11 L-丝氨酸的脱水脱氨作用

③脱硫化氢脱氨基 在脱硫化氢酶的催化下,半胱氨酸发生与上述丝氨酸的脱水脱氨基作用类似的反应,生成丙酮酸和氨(图5-12)。

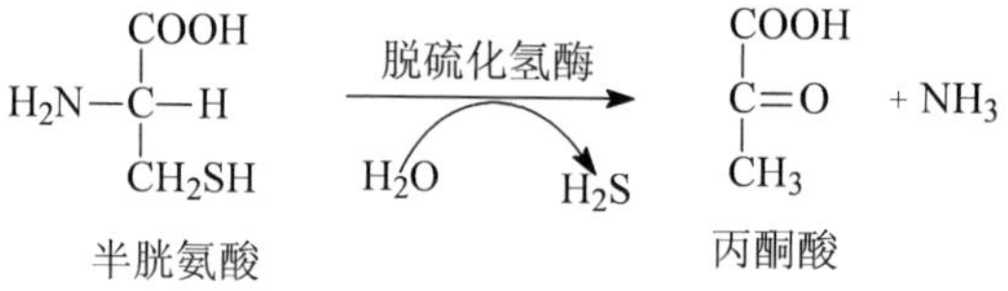

$$
\underset{\text{半胱氨酸}}{H_2N-\overset{\displaystyle COOH}{\underset{\displaystyle CH_2SH}{\overset{|}{\underset{|}{C}}}-H}} \xrightarrow[H_2O \quad H_2S]{\text{脱硫化氢酶}} \underset{\text{丙酮酸}}{\overset{\displaystyle COOH}{\underset{\displaystyle CH_3}{\overset{|}{\underset{|}{C}}=O}}} + NH_3
$$

图5-12 半胱氨酸的脱硫化氢脱氨基作用

④水解脱氨基 在氨基酸水解酶的催化作用下,氨基酸发生水解脱氨基作用,生成羟基酸和氨(图5-13)。

$$
\underset{\text{氨基酸}}{H_2N-\overset{\displaystyle COOH}{\underset{\displaystyle R}{\overset{|}{\underset{|}{C}}}-H}} + H_2O \xrightarrow{\text{氨基酸水解酶}} \underset{\text{羟基酸}}{\overset{\displaystyle COOH}{\underset{\displaystyle R}{\overset{|}{\underset{|}{CH}}-OH}}} + NH_3
$$

图5-13 水解脱氨基作用

(3)转氨基作用 生物体内存在有各种各样的转氨酶,亦称氨基移换酶(transaminase),它们可以催化α-氨基酸与α-酮酸之间的氨基移换反应,使原有α-氨基酸将α-氨基转移变成相应的α-酮酸,而原有的α-酮酸接受氨基后,转变生成相应的α-氨基酸,这类反应称为转氨基作用(transamination)(图5-14)。转氨酶的辅酶都是磷酸吡哆醛,参与氨基的传递过程。

(4)联合脱氨基 在动物体内,氨基酸脱氨基主要以联合脱氨基(combined deamination)的形式进行。因为体内存在各种转氨酶,并且L-谷氨酸脱氢酶的活性又比较高,所以首先将氨基酸上的氨基以转氨基的形式转移给α-酮戊二酸,形成L-谷氨酸,然后再以L-

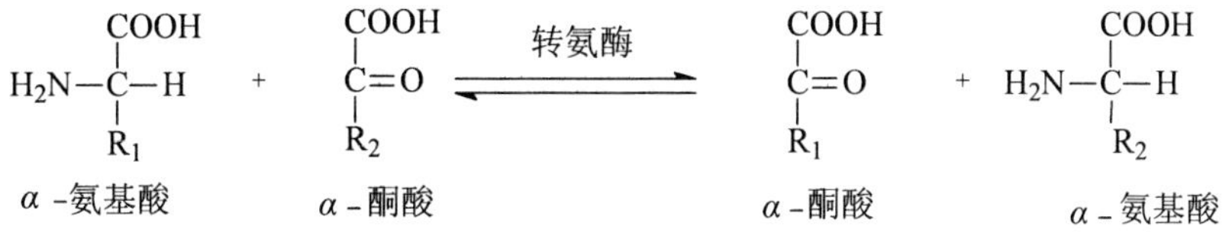

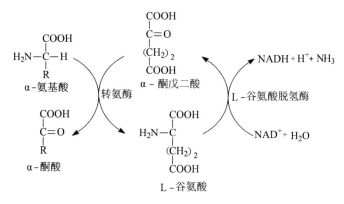

图 5 - 14　转氨基作用

谷氨酸脱氢酶催化,进行氧化脱氨基,最终实现氨基酸的脱氨基。这种将转氨基与氧化脱氨基联合起来进行的脱氨基作用,称为联合脱氨基作用(图 5 - 15)。

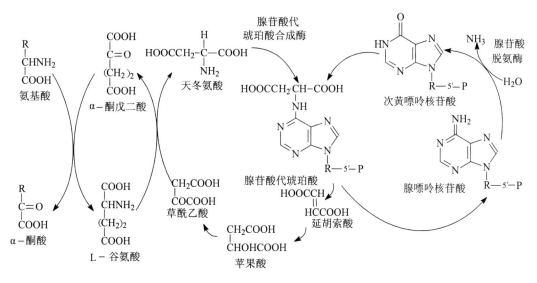

图 5 - 15　联合脱氨基作用

　　体内除上述联合脱氨基形式以外,还有近 50% 的脱氨基作用是通过嘌呤核苷酸循环(purin nucleotide cycle)的形式进行,是一个将转氨基作用同腺苷酸的脱氨基作用联合起来的联合脱氨基作用(图 5 - 16)。此过程将氨基酸上的氨基经转氨基作用转移给草酰乙酸生成天冬氨酸,再将其转移给次黄嘌呤核苷酸(IMP)生成腺嘌呤核苷酸(AMP),然后以腺苷酸脱氢酶催化其脱氨。

图 5 - 16　嘌呤核苷酸循环

3.氨的代谢去路

机体内氨基酸经脱氨基作用所生成的氨进入氨的总代谢池，进一步进行代谢，包括谷氨酰胺的生成、尿素的合成、核苷酸的合成、氨基酸的再合成等代谢去路。氨在机体内的代谢主要是以铵离子的形式进行的：

$$NH_3 + H_2O \longrightarrow NH_4^+ + OH^-$$

（1）谷氨酰胺的生成　NH_3在动物体内具有毒性，谷氨酰胺没有毒性，是NH_3在体内贮存和运输的形式。谷氨酰胺的合成需要消耗ATP，反应由谷氨酰胺合成酶催化，该酶需要Mg^{2+}。当机体需要利用氨时，则在谷氨酰胺酶的催化下使其分解（图5－17）。谷氨酰胺的这一代谢对维持机体的酸碱平衡也具有一定作用。

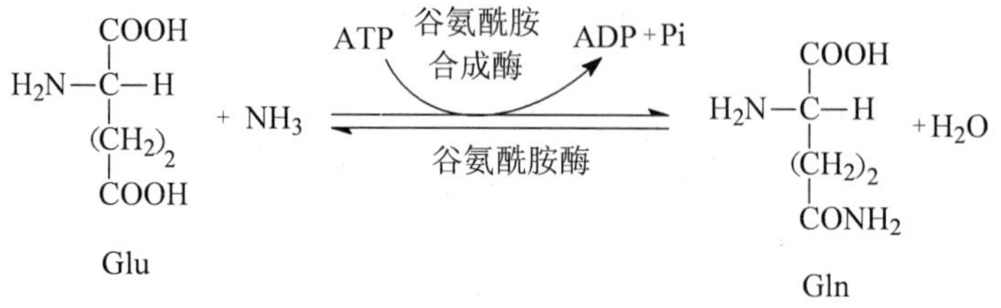

图5－17　谷氨酰胺的生成与分解

（2）尿素的生成　氨基酸脱氨基生成的氨在机体内主要是合成尿素而排出体外。尿素的合成由线粒体与胞液内的特殊酶系催化，鸟氨酸是中间产物，最终合成尿素，形成一个循环反应。H. Crebs和K. Henseleit于1932年首次提出鸟氨酸循环（ornithine cycle），此过程又称尿素循环（urea cycle）。尿素循环包括以下5步酶促反应。

①氨基甲酰磷酸的生成　肝细胞线粒体中的氨基甲酰磷酸合成酶Ⅰ（aminomethylphosphate synthetase Ⅰ）催化此反应。底物包括氨、CO_2、H_2O和ATP。除氨基甲酰磷酸外，还生成ADP和无机磷酸。该反应是一个耗能反应，分解2分子ATP，消耗2个高能磷酸键。

$$NH_3 + CO_2 + H_2O + 2ATP \xrightarrow{\text{氨基甲酰磷酸合成酶 I}} H_2N-\overset{\overset{\displaystyle O}{\|}}{C}-O\sim \textcircled{P} + 2ADP + Pi$$

氨基甲酰磷酸合成酶Ⅰ是尿素合成的重要调节酶。*N*－乙酰谷氨酸（*N*－AGA）是它的变构激活剂，由谷氨酸和乙酰CoA合成。当氨基酸分解旺盛时，由于转氨基作用产生大量的谷氨酸，促进*N*－乙酰谷氨酸的生成，进一步激活此酶，从而促进尿素的合成。

②氨基甲酰磷酸与鸟氨酸合成瓜氨酸　在线粒体内鸟氨酸转氨基甲酰酶（ornithine transcarbamylase）的催化下，氨基甲酰磷酸与鸟氨酸（ornithine，Orn）反应，生成瓜氨酸（citrulline，Cit）（图5－18）。

③精氨琥珀酸的生成　瓜氨酸生成后，穿过线粒体内膜，进入细胞液，在细胞液中的精氨琥珀酸合成酶（argininosuccinate synthetase）催化下，天冬氨酸参加反应，生成精氨琥珀酸。该反应需要消耗ATP，水解2个高能磷酸键（图5－19）。

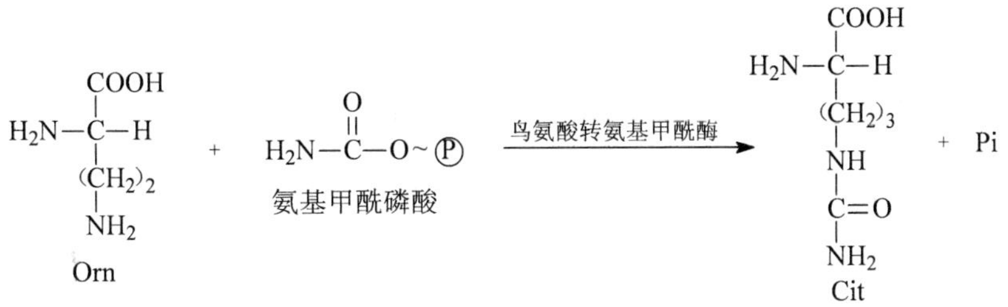

图 5 - 18　瓜氨酸的生成

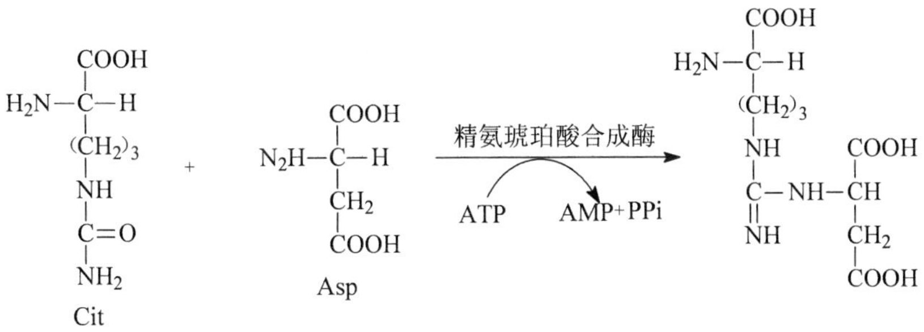

图 5 - 19　精氨琥珀酸的生成

④精氨酸的生成　精氨琥珀酸在精氨琥珀酸裂解酶(argininosuccinate lyase)的催化下,裂解生成精氨酸和延胡索酸(图 5 - 20)。

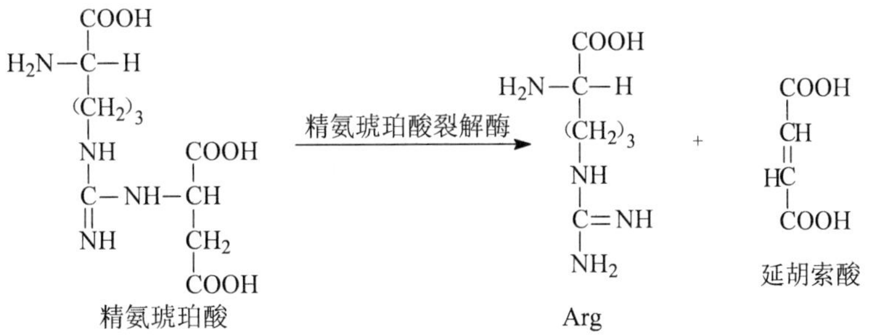

图 5 - 20　精氨酸的生成

⑤尿素的生成　精氨酸在精氨酸酶(arginase)的催化下,水解生成尿素和鸟氨酸(图 5 - 21)。

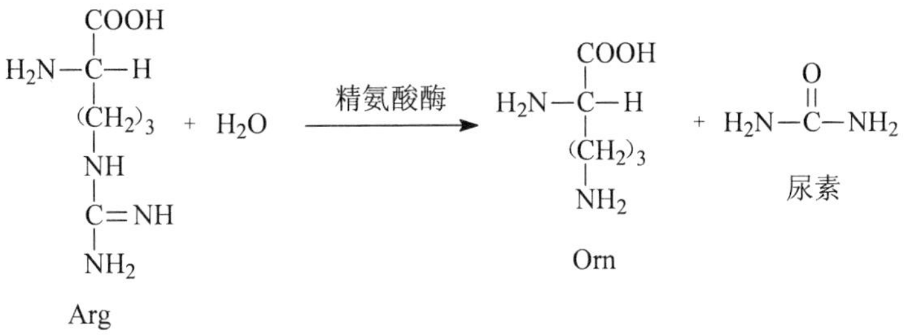

图 5 - 21　尿素的生成

尿素循环的总反应过程如图 5 - 22 所示。

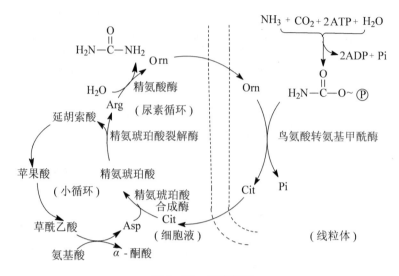

图 5 - 22 尿素循环

尿素循环中,氨基甲酰磷酸提供了尿素分子中的一个碳原子和一个氮原子,而另一个氮原子则来源于天冬氨酸的 α - 氨基。天冬氨酸失去 α - 氨基后生成的延胡索酸还需要经过一个"小循环",从氨基酸获得氨基,再生成天冬氨酸,重新参加新一轮尿素循环。归根结底,氨基酸提供氨基,与 CO_2 合成了尿素,最终以尿素的形式排出体外。

4. α - 酮酸的代谢去路

氨基酸经过各种脱氨基作用脱掉氨基后剩下的碳骨架,就是各种 α - 酮酸。α - 酮酸都可以经过三羧酸循环彻底氧化分解,生成 CO_2 和水,同时产生能量。氨基酸脱氨基生成的 α - 酮酸的彻底氧化代谢过程见图 5 - 23;在蛋白质的组成氨基酸中绝大多数氨基酸都可以转变为糖代谢的某些中间产物,经糖异生途径而生成葡萄糖,这就是氨基酸的生糖作用(glucogenesis)。有些氨基酸经脱氨基生成的 α - 酮酸,经过上述途径能够生成葡萄糖,

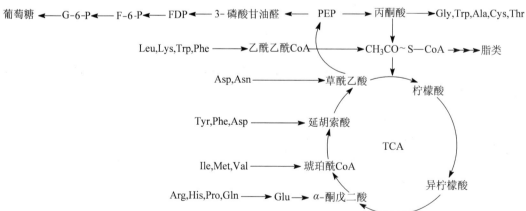

图 5 - 23 氨基酸脱氨后碳骨架的代谢去路

这些氨基酸就称为生糖氨基酸(glucogenic amino acid)。生糖氨基酸有 15 种。氨基酸异生成葡萄糖的过程,主要是通过糖代谢的一些中间产物进行转变。有些氨基酸经脱氨基后所生成的 α-酮酸经过进一步的代谢只能转化为乙酰辅酶 A,而乙酰 CoA 的进一步代谢除彻底氧化外只能用于合成酮体等脂类物质,这个过程叫作生酮作用(ketogenesis),这类氨基酸称为生酮氨基酸(ketogenic amino acid)。属于生酮氨基酸的包括亮氨酸和赖氨酸两种。还有一些氨基酸既可以生成葡萄糖,也可以生成酮体等脂类物质,如色氨酸、苯丙氨酸、酪氨酸和异亮氨酸,它们称为生糖兼生酮氨基酸(glucogenic and ketogenic amino acid)。

(二)个别氨基酸的代谢

氨基酸的脱氨基和脱羧基作用是氨基酸的一般代谢情况,但每个氨基酸都有它们比较复杂的具体代谢途径。

1.甘氨酸、丝氨酸及一碳单位的代谢

甘氨酸、丝氨酸、苏氨酸、甲硫氨酸等氨基酸的分解代谢不仅联系密切,而且都与一碳单位(single carbon unit)的代谢有关。一碳单位是由氨基酸代谢所产生的含有一个碳原子的基团,它们可以被转移,从而参加其他物质的合成。属于一碳单位的原子基团有:甲基(—CH_3),甲烯基(—CH_2—,又叫甲叉基),甲炔基(—$CH=$,又叫甲撑基),甲酰基(—CHO),羟甲基(—CH_2OH),氨基甲基(—CH_2NH_2)、亚氨甲基(—$CH=NH$)等。一碳单位的代谢和转移大多与四氢叶酸(5,6,7,11-tetrahydrofolic acid,FH_4)有关。四氢叶酸是一碳单位转移酶的辅酶,是维生素 B_{11} 的衍生物。四氢叶酸转移一碳单位时,通过其分子上的 N^5,N^{10} 与之连接。有关氨基酸涉及的一碳单位的代谢见图 5-24。

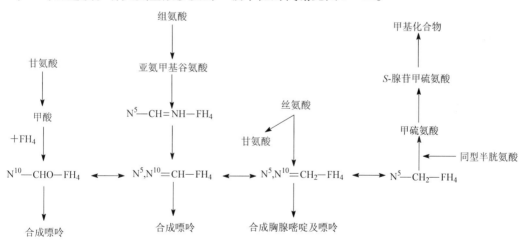

图 5-24 与氨基酸有关的一碳单位的代谢

在一碳单位的代谢中,N^{10}-甲酰四氢叶酸,N^5,N^{10}-甲炔四氢叶酸和 N^5,N^{10}-甲烯四氢叶酸参与嘌呤和嘧啶的合成,从而使氨基酸的代谢同核苷酸的代谢相互联系。

S-腺苷甲硫氨酸(S-adenosyl metheonine,SAM),又叫活性甲基,可将其分子中的甲基转移给其他物质。例如,脑磷脂可以接受由 S-腺苷甲硫氨酸转移的甲基生成卵

磷脂。

2.芳香族氨基酸的分解代谢

芳香族氨基酸中苯丙氨酸与酪氨酸的代谢有密切联系,苯丙氨酸与酪氨酸的代谢反应过程见图5-25。

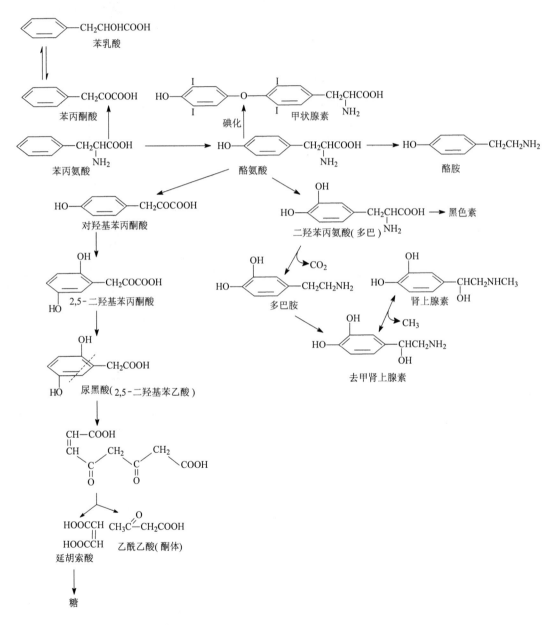

图5-25　苯丙氨酸与酪氨酸的代谢

3.含硫氨基酸的分解代谢

半胱氨酸与甲硫氨酸分子中都含有硫原子,统称为含硫氨基酸。它们的代谢除了彻底氧化分解和转化为葡萄糖外,还可以转化为具有一些特殊生理功能的活性物质。

（1）半胱氨酸的代谢　在蛋白质合成后的加工过程中,两个半胱氨酸残基可被氧化生成胱氨酸(cystine),对稳定蛋白质的高级结构起重要作用。半胱氨酸还能同谷氨酸、甘氨酸经过 γ - 谷氨酰胺循环(γ - glutamyl cycle)合成谷胱甘肽(glutathione,GSH)。谷胱甘肽在谷胱甘肽还原酶(glutayhione reductase)的催化下,在其还原型与氧化型之间转变,从而防止氧化性物质和药物对以巯基为活性基团的蛋白质的氧化作用,保持红细胞膜的完整性,并与药物、毒物结合,促进它们的生物转化,消除氧化物和自由基对细胞的损害,从而起到保护机体的作用。

$$2GSH \xrightarrow{\text{谷胱甘肽还原酶}} GSSG$$
还原型谷胱甘肽　　　　　　　氧化型谷胱甘肽

（2）甲硫氨酸的代谢　甲硫氨酸含有硫原子并有一个同硫原子相连的甲基,因此它在代谢反应中是甲基供体。当甲硫氨酸在腺苷转移酶(adenyly ltransferase)的催化下同 ATP 反应时,可生成 S - 腺苷甲硫氨酸。

三、氨基酸的合成代谢

不同氨基酸的生物合成途径各异,而且不同生物中合成途径也不尽相同。氨基酸的生物合成方式大致上可分为 α - 酮酸转氨基、氨基酸的相互转化和氨基酸的净合成几种。

（一）丙氨酸等氨基酸的生物合成

丙氨酸、缬氨酸和亮氨酸 3 种氨基酸的生物合成途径存在一定联系(图 5 - 26)

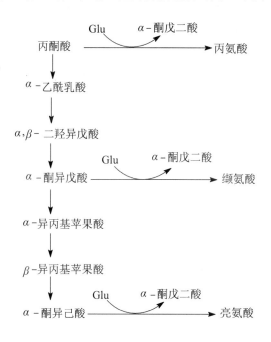

图 5 - 26　丙氨酸族氨基酸的合成路线

（二）丝氨酸等氨基酸的生物合成

丝氨酸、甘氨酸和半胱氨酸 3 种氨基酸均以乙醛酸为碳骨架,分别经转氨、水化及硫化反应而合成(图5-27)。

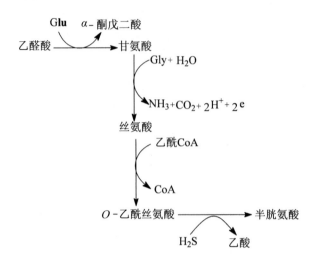

图5-27　丝氨酸族氨基酸的合成路线

(三)天冬氨酸等氨基酸的生物合成

天冬氨酸、天冬酰胺、赖氨酸、苏氨酸、甲硫氨酸和异亮氨酸6种氨基酸的碳骨架均来源于草酰乙酸,合成路线如图5-28所示。

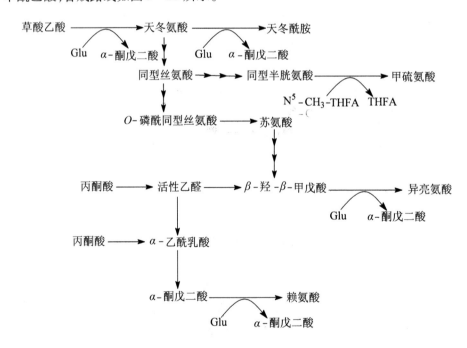

图5-28　天冬氨酸族氨基酸的合成路线

(四)谷氨酸等氨基酸的生物合成

谷氨酸、谷氨酰胺、脯氨酸、羟脯氨酸和精氨酸5种氨基酸的碳架都来源于 α-酮戊二酸。谷氨酸等氨基酸的合成路线如图 5 – 29 所示。

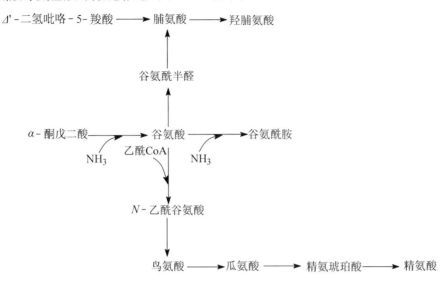

图 5 – 29　谷氨酸族氨基酸的合成路线

(五)芳香族氨基酸与组氨酸的生物合成

芳香族氨基酸包括苯丙氨酸、酪氨酸和色氨酸,它们的碳骨架来源于糖代谢的中间产物磷酸烯醇式丙酮酸(PEP)和 4 – 磷酸赤藓糖。而组氨酸碳骨架则来自 5 – 磷酸核糖焦磷酸(PRPP)和 ATP。它们的合成路线如图 5 – 30 所示。

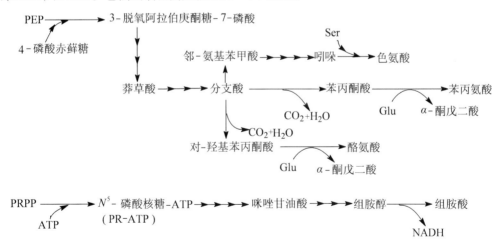

图 5 – 30　芳香族氨基酸与组氨酸的合成路线

第六章　核　酸

第一节　核酸的化学组成

核酸(nucleic acid)是生物体内重要的生物大分子之一,它决定着生物的遗传和发育过程。从 1869 年 F. Miescher 发现核酸起,经过不断地研究证明,核酸存在于任何有机体中,包括病毒、细菌、动植物等。

核酸包括核糖核酸(ribonucleic acid,RNA)和脱氧核糖核酸(deoxyribonucleic acid,DNA)两类。二者功能各异,DNA 是遗传信息的贮存和携带者,是生物的主要遗传物质,主要集中在细胞核内;RNA 主要参与遗传信息的传递和表达过程,即在蛋白质生物合成中起作用,主要分布在细胞质中。动物、植物和微生物细胞内都含有三种主要的 RNA:核糖体 RNA(ribosomel RNA,rRNA)、转运 RNA(transfer RNA,tRNA)和信使 RNA(messenger RNA,mRNA)。

核酸在核酸酶的作用下水解为核苷酸,核苷酸完全水解可释放出等摩[尔]量的含氮碱基、戊糖和磷酸。因此,核酸的基本组成单位是核苷酸(nucleotide),而核苷酸则由碱基、戊糖和磷酸三种成分连接而成。

一、核苷酸中的碱基成分

构成核苷酸的碱基(base)主要有五种(图 6-1),分属于嘌呤(purine)和嘧啶(pyrimidine)

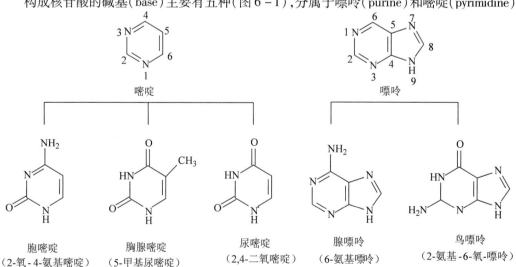

图 6-1　参与组成核酸的主要碱基

两类含氮杂环化合物。嘌呤类化合物包括腺嘌呤(adenine,A)和鸟嘌呤(guanine,G)两种,它们既存在于 DNA 也存在于 RNA 分子中。嘧啶类化合物有三种,DNA 和 RNA 分子中均含有胞嘧啶(cytosine,C),胸腺嘧啶(thymine,T)仅出现于 DNA 分子中,而尿嘧啶(uracil,U)仅出现于 RNA 分子中。

构成核酸的五种碱基成分中的酮基或氨基均位于杂环上氮原子的邻位,受介质pH 的影响,可形成酮式或烯醇式两种互变异构体以及氨基或亚氨基的互变异构体(图6-2)。

图 6-2　碱基的互变异构

嘌呤和嘧啶环中均含有共轭双键,因此对波长 260nm 左右的紫外光有较强吸收。这一重要的理化性质被用于对核酸、核苷酸、核苷及碱基的定性定量分析。

二、戊糖与核苷

戊糖是核苷酸的另一重要成分。构成 DNA 分子的核苷酸的戊糖是 β-D-2-脱氧核糖,构成 RNA 分子的核苷酸的戊糖为 β-D-核糖。为区别于碱基中的碳原子编号,核糖或脱氧核糖中的碳原子标以 C-1′,C-2′(图6-3)等。

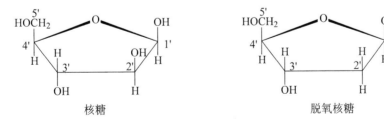

核糖　　　　　　　　　　脱氧核糖

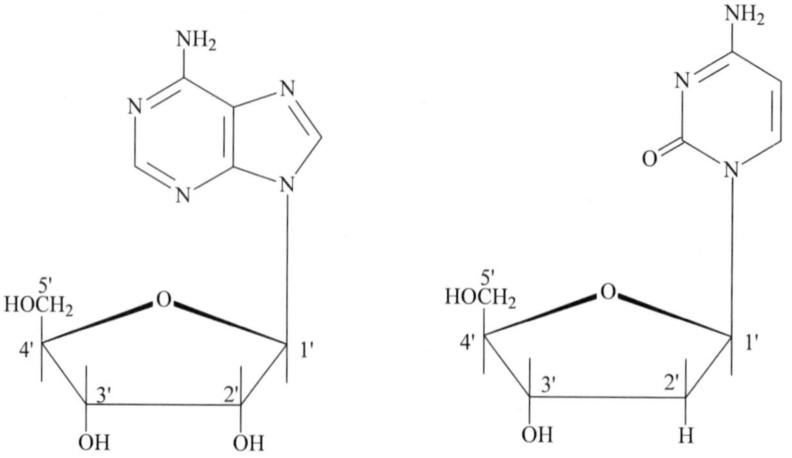

腺嘌呤核苷（腺苷）　　　　　胞嘧啶脱氧核苷（脱氧胞苷）

图6-3　核糖与核苷

碱基和核糖或脱氧核糖通过糖苷键缩合形成核苷或脱氧核苷,连接位置是 C-1′。DNA 和 RNA 中的核苷组成见表6-1,表中核苷和核苷酸名称均采用缩写,如腺苷代表腺嘌呤核苷、鸟苷代表鸟嘌呤核苷等。

表6-1　参与构成 DNA 和 RNA 的碱基、核苷及相应的核苷酸

名称	碱基	核苷	5′-核苷酸
RNA	腺嘌呤(A)	腺苷	腺苷酸(AMP)
	鸟嘌呤(G)	鸟苷	鸟苷酸(GMP)
	胞嘧啶(C)	胞苷	胞苷酸(CMP)
	尿嘧啶(U)	尿苷	尿苷酸(UMP)
	碱基	脱氧核苷	5′-脱氧核苷酸
DNA	腺嘌呤(A)	脱氧腺苷	5′-脱氧腺苷酸(dAMP)
	鸟嘌呤(G)	脱氧鸟苷	5′-脱氧鸟苷酸(dGMP)
	胞嘧啶(C)	脱氧胞苷	5′-脱氧胞苷酸(dCMP)
	胸腺嘧啶(T)	胸苷	5′-胸苷酸(dTMP)

三、核苷酸的结构与命名

核苷(脱氧核苷)与磷酸通过酯键结合即构成核苷酸(脱氧核苷酸)。尽管核糖环上所有的游离羟基(核糖的 C-2′、C-3′、C-5′及脱氧核糖的 C-3′、C-5′)均能与磷酸发生酯化反应,生物体内多数核苷酸却都是 5′-核苷酸,即磷酸基团位于核糖的第五位碳原子 C-5′上。含有一个磷酸基团的核苷酸称为核苷一磷酸(nucleoside monophosphate,NMP),含

有两个磷酸基团的核苷酸称为核苷二磷酸(nucleoside diphosphate, NDP),含有三个磷酸基团的核苷酸称为核苷三磷酸(nucleoside triphosphate, NTP),再加上碱基名称就构成了各种核苷酸的命名。图6-4是几个代表性核苷酸的结构示意图,其他的核苷酸或脱氧核苷酸均可以此类推。

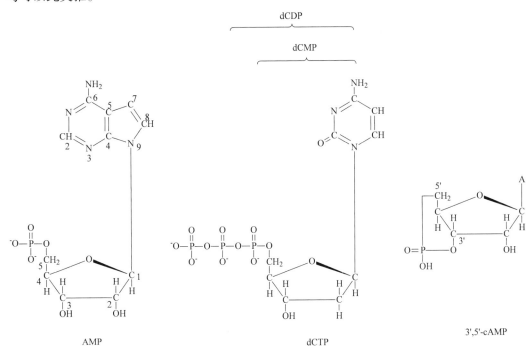

图6-4 不同类型的核苷酸

核苷酸在体内除构成核酸外,还参加各种物质代谢的调控和多种蛋白质功能的调节。例如 ATP 和 UTP 在能量代谢中均为重要的底物或中间产物,环腺苷酸(cyclic AMP, cAMP)和环鸟苷酸(cGMP)则在细胞信号转导过程具有重要调控作用。

第二节 核酸的分子结构

一、脱氧核糖核酸(DNA)的分子结构

DNA 的分子结构可分为一级结构、二级结构和三级结构。

(一)DNA 的一级结构

DNA 的一级结构是由数量极其庞大的四种脱氧核苷酸,即 dAMP、dGMP、dCMP、dTMP通过 3′,5′-磷酸二酯键连接起来的直线形或环形多聚体。图6-5表示 DNA 多核苷酸链的一个小片段。

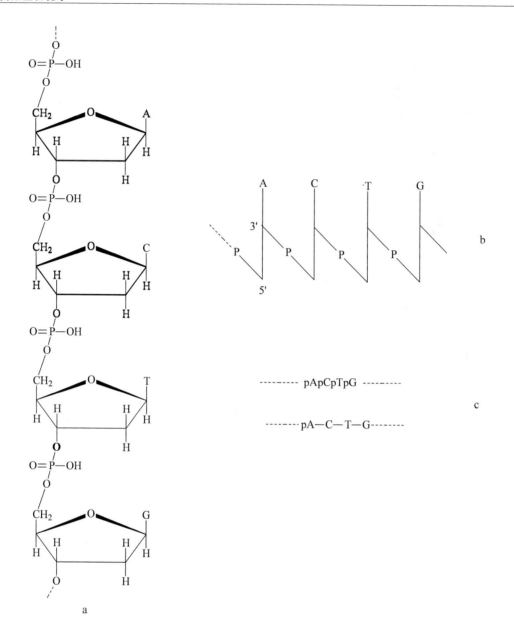

图6-5　DNA中多核苷酸链的一个小片段及缩写符号

A为DNA中多核苷酸链的一个小片段;B为条线式缩写;C为文字式缩写

从这个片段中可以发现,脱氧核糖和3′,5′-磷酸二酯键在DNA分子中是不变的骨架,真正代表DNA生物学意义的是不同的碱基序列,而不是单个碱基。生物的遗传信息贮存于DNA的核苷酸序列中,DNA分子的四种脱氧核苷酸千变万化的精确排列顺序决定了生物的多样性。DNA的一级结构的实际内容是DNA分子中核苷酸的排列顺序。

图6-5的右侧是多核苷酸的几种缩写法。B为线条式缩写,竖线表示核糖的碳链,A、C、T、G表示不同的碱基,P代表磷酸基,由P引出的斜线一端与C-3′相连,另一端与C-

5′相连。C 为文字式缩写,P 在碱基的左侧,表示 P 在 C$_5'$ 位置上。P 在碱基的右侧,表示 P
与 C$_3'$ 相连接。有时,多核苷酸中磷酸二酯键上的 P 也可省略,而写成…$_p$A—C—T—G…。
另外一种简化表示是直接用碱基符号表示,如…ACTG…,这种方式更便于书写和印刷。这
几种表示法对 DNA 和 RNA 分子都适用,凡简写式中出现 T 就视为 DNA 链,出现 U 则视为
RNA 链。需要注意的是各种简化式的读向是从左到右,左侧是 5′ – 端,右侧是 3′ – 端,在
某些情况下应该标明链的走向。

(二)DNA 的二级结构

DNA 的二级结构是一个双螺旋结构,其结构模型于 1953 年由美国的 Watson 和英国的
Crick 两位科学家共同提出,从本质上揭示了生物遗传性状得以世代相传的分子奥秘。其
基本内容如下:

1.主干链反向平行

DNA 分子是一个由两条平行的脱氧多核苷酸链围绕同一个中心轴盘曲形成的右手螺
旋结构,两条链行走方向相反,一条链为 5′→3′走向,另一条链为 3′→5′走向。磷酸基和脱
氧核糖基构成链的骨架,位于双螺旋的外侧;碱基位于双螺旋的内侧。碱基平面与中轴
垂直。

2.侧链碱基互补配对

两条脱氧多核苷酸链通过碱基之间的氢键连接在一起。碱基之间有严格的配对规律:
A 与 T 配对,其间形成两个氢键;G 与 C 配对,其间形成三个氢键。这种配对规律,称为碱
基互补配对原则(图 6 – 6)。每一碱基对的两个碱基称为互补碱基,同一 DNA 分子的两条
脱氧多核苷酸链称为互补链。

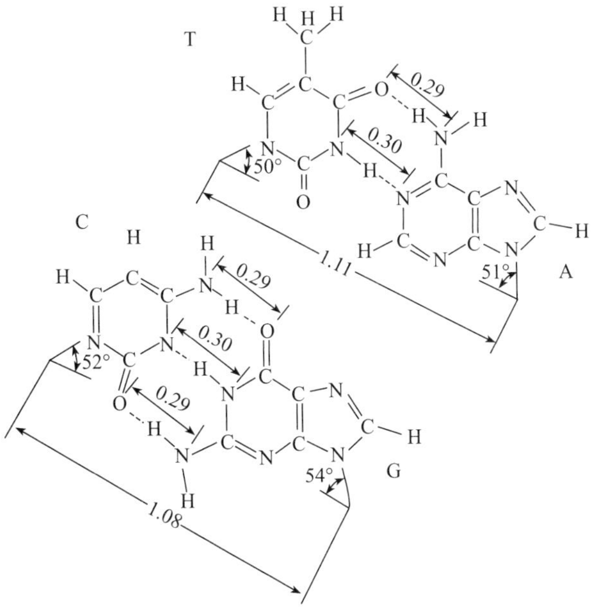

图 6 – 6　碱基互补配对

3.双螺旋立体结构

DNA 双螺旋的直径为 2nm,一圈螺旋含 10 个碱基对,每一碱基平面间的轴向距离为 0.34nm,故每一螺旋的螺距为 3.4nm,每个碱基的旋转角度为 36°(图 6 - 7)。维持 DNA 结构稳定的力量主要是碱基对之间的堆积力,碱基对之间的氢键也起着重要作用。

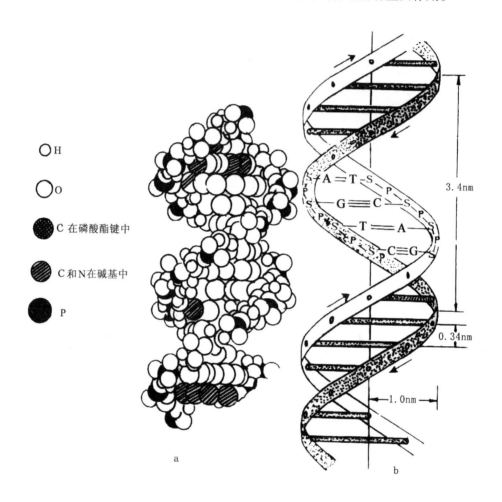

H

O

C 在磷酸酯键中

C 和 N 在碱基中

P

图 6 - 7 DNA 结构模型

DNA 双螺旋模型最主要的成就是引出"互补"(碱基配对)概念。根据碱基互补原则,当一条多核苷酸的序列被确定以后,即可推知另一条互补链的序列。碱基互补原则具有极其重要的生物学意义。DNA 复制、转录、反转录等的分子基础都是碱基互补。

(三)DNA 的三级结构

DNA 双螺旋进一步盘曲形成更加复杂的结构,称为 DNA 的三级结构。某些小病毒、线粒体、叶绿体以及某些细菌中的 DNA 为双链环形。在细胞内,这些环形 DNA 进一步扭曲成"超螺旋"的三级结构,如图 6 - 8 所示。

"超螺旋"根据螺旋的方向可分为正超螺旋和负超螺旋。正超螺旋使双螺旋结构更紧

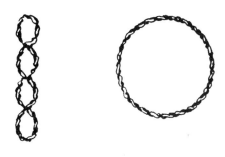

图 6-8 多留病毒的环状分子和超螺旋结构

密,双螺旋圈数增加,而负超螺旋可以减少双螺旋的圈数。几乎所有天然 DNA 中都存在负超螺旋结构。

在真核生物的染色质中,DNA 的三级结构与蛋白质的结合有关。构成染色质的基本单位是核小体。核小体由核小体核心和连接区组成(图 6-9)。核小体核心由组蛋白八聚体(由 H2A、H2B、H3、H4 各两分子组成)和盘绕其上的一段约含 146 碱基对(base pair,bp)的 DNA 双链组成,连接区含有组蛋白 H1 和一小段 DNA 双链(约 60 个碱基对)。核小体彼此相连成串珠状染色质细丝,染色质细丝螺旋化形成染色质纤维,后者进一步卷曲、折叠形成染色单体。这样,DNA 的长度被压缩近万倍。

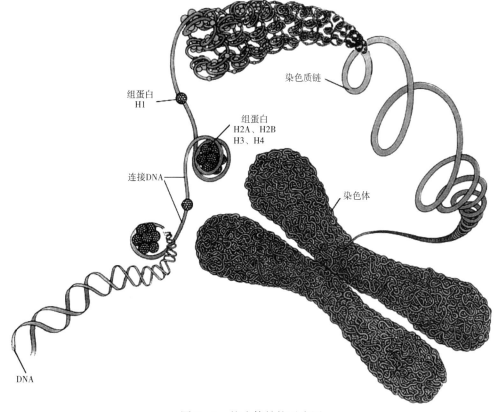

图 6-9 核小体结构示意图

二、核糖核酸(RNA)的分子结构

RNA 也是无分支的线形多聚核糖核苷酸,主要由四种核糖核苷酸组成,即腺苷酸、鸟苷酸、胞苷酸和尿苷酸。这些核苷酸中的戊糖不是脱氧核糖,而是核糖。RNA 分子中也还有某些稀有碱基。图 6-10 为 RNA 分子中的一小段以示 RNA 的结构。

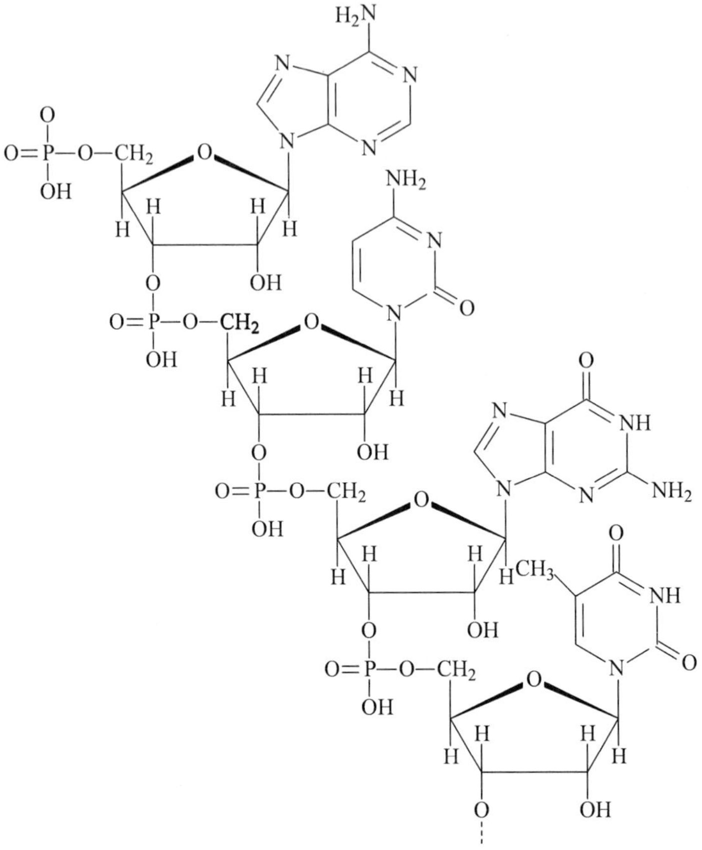

图 6-10 RNA 分子中一小段结构

组成 RNA 的核苷酸也是以 3′,5′-磷酸二酯键彼此连接起来的。尽管 RNA 分子中核糖环 C-2′上有一羟基,但并不形成 2′,5′-磷酸二酯键。

RNA 的一级结构是指多聚核糖核苷酸链中核糖核苷酸的排列顺序。RNA 分子的核苷酸残基数目在数十至数千之间,分子量一般在数百至数百万之间。

RNA 的多核苷酸链可以在某些部分弯曲折叠,形成局部双螺旋结构,此即 RNA 的二级结构。在 RNA 的局部双螺旋区,腺嘌呤(A)与尿嘧啶(U)、鸟嘌呤(G)与胞嘧啶(C)之间进行配对,无法配对的区域以环状形式突起。这种短的双螺旋区域和环状突起称为发夹结构。RNA 在二级结构的基础上进一步弯曲折叠就形成各自特有的三级结构。

(一)转运 RNA 的结构

转运 RNA(tRNA)的主要生物学功能是转运活化了的氨基酸,参与蛋白质的生物合成。

细胞内 tRNA 的种类很多,每一种氨基酸都有其相应的一种或几种 tRNA。许多 tRNA 的一级结构早就被阐明,tRNA 的二级结构和三级结构也比较清楚。

各种 tRNA 的一级结构互不相同,但有一些共同点:它们的相对分子质量在 2.5 万左右,由 70 ~ 90 个核苷酸组成,沉降系数在 4S 左右;碱基组成中有较多的稀有碱基;3′ – 末端都为…C_pC_pAOH,用来接受活化的氨基酸,所以这个末端称为接受末端;5′末端大多为$_pG$…,也有$_pC$…的。

tRNA 的二级结构都呈三叶草形(图 6 – 11)。双螺旋区构成了叶柄,突环区好像是三叶草的三片小叶。由于双螺旋结构所占比例甚高,tRNA 的二级结构十分稳定。三叶草形结构由氨基酸臂、二氢尿嘧啶环、反密码环、额外环和 TψC 环等五个部分组成。

氨基酸臂(amino acid arm)由 7 对碱基组成,富含鸟嘌呤,末端为一 CCA,接受活化的氨基酸。

二氢尿嘧啶环(dihydrouridine loop)由 8 ~ 12 个核苷酸组成,具有两个二氢尿嘧啶,故得名。通过由 3 ~ 4 对碱基组成的双螺旋区(也称二氢尿嘧啶臂)与 tRNA 分子的其余部分相连。

反密码环(anticodon loop)由 7 个核苷酸组成。环中部为反密码子,由 3 个碱基组成。反密码子可识别 mRNA 分子上的密码子,在蛋白质生物合成中起重要的翻译作用。次黄嘌呤核苷酸(也称肌苷酸,缩写成 I)常出现于反密码子中。反密码环通过由 5 对碱基组成的双螺旋区(反密码臂)与 tRNA 的其余部分相连。

额外环(extra loop)由 3 ~ 18 个核苷酸组成。不同的 tRNA 具有不同大小的额外环,所以是 tRNA 分类的重要指标。

假尿嘧啶核苷—胸腺嘧啶核糖核苷环(TψC 臂)与 tRNA 的其余部分相连。除个别例外,几乎所有 tRNA 在此环中都含有 TψC。

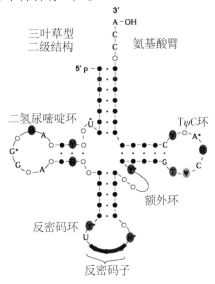

图 6 – 11　tRNA 的二级结构

tRNA 在二级结构的基础上进一步折叠成为倒"L"字母形的三级结构(图6-12)。

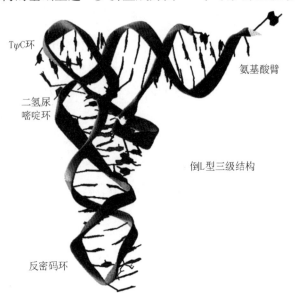

图6-12　tRNA 的三级结构

(二)信使 RNA 的结构

信使 RNA(mRNA)是从 DNA 上的遗传信息转录而来的,其功能是依据遗传信息指导各种特异性蛋白质的生物合成。细胞内 mRNA 的种类很多,分子大小不一,由几百至几千个核苷酸组成。mRNA 分子中从 $5'$ - 末端到 $3'$ - 末端每三个相邻的核苷酸组成的三联体代表氨基酸信息,称为密码子。

真核生物 mRNA 的一级结构有如下特点:

(1)mRNA 的 $3'$ - 末端有一段含 30~200 个核苷酸残基组成的多聚腺苷酸(polyA)。此段 polyA 不是直接从 DNA 转录而来,而是转录后逐个添加上去的。

(2)mRNA 的 $5'$ - 末端有一个 7 - 甲基鸟嘌呤核苷三磷酸($^{m7}Gppp$)的"帽"式结构。此结构在蛋白质的生物合成过程中可促进核蛋白体与 mRNA 的结合,加速翻译起始速度,并增强 mRNA 的稳定性,防止 mRNA 从头水解。

(三)核糖体 RNA 的结构

核糖体 RNA(rRNA)含量大,占细胞 RNA 总量的 80% 左右,是构成核糖体的骨架。rRNA 单独存在时不执行其功能,它与多种蛋白质结合成核糖体,作为蛋白质生物合成的"装配机"。

许多 rRNA 的一级结构及由一级结构推导出来的二级结构都已阐明,但是对许多 rRNA 的功能迄今仍不十分清楚。图6-13 为大肠杆菌 5S rRNA 的结构。

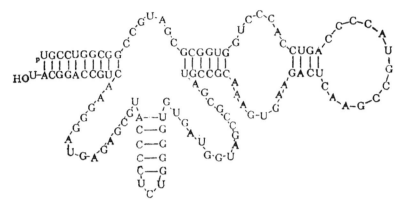

图 6-13 大肠杆菌 5S rRNA 的结构

第三节 核酸的理化性质和分离提纯

一、核酸的一般性质

在元素组成上,核酸含有 C、H、O、N 和 P 等元素。与蛋白质相比较,一是核酸一般不含元素 S,二是核酸中 P 元素的含量较多并且恒定,因而,可测定样品中的磷来定量分析核酸含量。

核酸是生物大分子,具有大分子的一般特性。表示核酸分子大小的方式有多种:①分子质量(u);②碱基或碱基对数,碱基数适用于单股链核酸,碱基对数 bp 适用于双股链核酸;③链长(μm);④沉降系数(S)。它们的关系是,一个 bp 相当的核苷酸,其分子质量平均为 660(u);1μm 长的 DNA 双螺旋相当于 3000bp 或 2×10^6(u)。

核酸分子中含有酸性的磷酸基及含氮碱基上的碱性基团,故为两性电解质,因磷酸基的酸性较强,所以核酸分子通常表现为酸性。各种核酸分子大小及所带电荷不同,故可用电泳和离子交换法来分离不同的核酸。

在碱性溶液中,RNA 能在室温下被水解,DNA 则较稳定,此特性可用来测定 RNA 的碱基组成,也可利用此特性来除去 DNA 中混杂的 RNA,纯化 DNA。

由于核酸分子所含碱基中都有共轭双键,故都具有吸收紫外线的性质,其最大吸收峰在 260nm 处,这一特点常被用来对核酸进行定性、定量分析。紫外吸收值还可作为核酸变性、复性的指标。

二、核酸的变性和复性

DNA 的变性是指天然双螺旋 DNA 分子被解开成单链的过程。核酸变性时,碱基对之间的氢键断开,但是不伴有共价键的断裂。核酸变性后,与未发生变性的同一浓度的核酸溶液相比,其在波长 260nm 的光吸收增强,称为增色效应,这是因为双螺旋解开后,碱基的共轭双键更多地暴露。

对核酸(双链 DNA)进行加热变性,当温度升高到某一高度时,核酸溶液的紫外吸收开始增强,继续升温,在一个较小的温度范围,光吸收达到一最大值,连续测定不同温度时的吸光度值,可得到一个特征性的曲线称为熔解曲线(图6-14)。DNA 的热变性是爆发式的,象结晶的溶解一样,只在很狭窄的温度范围之内完成。通常将熔解曲线的中点,即紫外吸收增值达最大值50%时的温度称为解链温度,又称为熔点(T_m)。在 T_m 时,DNA 分子内50%的双螺旋结构被破坏。

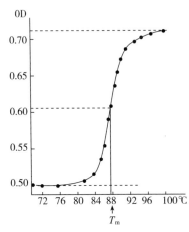

图6-14　DNA 的熔解曲线

DNA 的 T_m 值一般在70～85℃之间,DNA 的 T_m 值高低主要与 DNA 中的碱基组成有关。G-C 对含量越多,T_m 值就越高;A-T 对的含量越多,T_m 值就越低,这是因为 G-C 之间的氢键有三个,而 A-T 之间的氢键有两个,因而要拆散 G-C 之间的互补配对耗能就大。

DNA 的变性是可逆的,当变性后,温度再缓慢下降,解开的两条链又可重新结合,恢复为完整的双螺旋结构分子,这一过程称为复性或退火。伴随复性会出现核酸溶液的紫外光吸收降低的现象,这个现象称为减色效应。变性后若温度迅速下降,则复性不发生。实验证实,最适宜的复性温度是比 T_m 约低25℃,这个温度又叫作退火温度。

近年来发展起来的分子杂交技术就是以核酸的变性与复性为基础的。不同来源的核酸变性后,合并在一起进行复性,这时,只要这些核酸分子的核苷酸序列含有可以形成碱基互补配对的片段,复性也可发生在不同来源的核酸链之间,形成所谓的杂交分子,这个过程称为杂交。形成的杂交分子可以是 DNA/DNA,RNA/RNA 或 DNA/RNA。标记一个来源的核酸,通过杂交可以检查另一来源的核酸中是否含有相同的或相似的可形成碱基配对互补的片段,这种标记的核酸就称为探针。杂交和探针技术是许多分子生物学技术的基础,在生物学的研究中得到了广泛的应用。

三、核酸的提取

分离提取核酸的方法是:先破碎细胞,提取核蛋白;再使核酸与蛋白质分离;最后沉淀核酸,进行纯化。

(一)核蛋白的提取

在不同浓度的氯化钠溶液中,脱氧核糖核蛋白和核糖核蛋白的溶解度不同。脱氧核糖核蛋白易溶于1mol/L的氯化钠溶液,不溶于0.14mol/L的氯化钠溶液;而核糖核蛋白易溶于0.14mol/L的氯化钠溶液,不溶于1mol/L的氯化钠溶液。因此,可以利用不同浓度的氯化钠溶液将脱氧核糖核蛋白和核糖核蛋白分别从破碎的细胞中分离出来。

(二)除去蛋白质

核蛋白分离出来后,还需将其中的蛋白质除去。除去蛋白质的方法常用变性法,即利用蛋白质变性而沉淀将蛋白质除去。实验过程中选用的变性剂包括苯酚、三氯甲烷—戊醇混合液和十二烷基硫酸钠(SDS)。在提取过程中,还需加入柠檬酸钠或者硅藻土,作为核酸酶的抑制剂,以防止核酸的分解。

(三)核酸的纯化

由于核酸的种类比较多,因此往往采用不同的方法对不同的核酸进行纯化。常用的纯化方法有蔗糖密度梯度区带超离心法、超滤法、层析法、凝胶电泳法和凝胶过滤法。

第四节 核酸在食品中的应用

一、风味成分

食品大多源于动物、植物资源,其中的核酸类物质主要是细胞中核酸的降解产物和ATP的降解产物,主要有:腺苷酸(AMP)、鸟苷酸(GMP)、肌苷酸(IMP)及分解物,它们可影响食品风味。天然食物中上述这些核酸类物质含量较高,往往伴随着较好滋味和香味,如肉类、食用菌类等食品。现代食品工业从高含量核酸食物中提取核酸类物质或者利用发酵法制取呈味核酸类物质,经过复配生产出目前广泛应用于日常生活的调味品。例如鸡精生产就是主要利用核苷酸、味精、盐等复配加工而成。

二、保健成分

食物中的核酸类物质在人体内通过降解途径被小肠上皮细胞吸收,然后由生物体按照自身的生物学特征构成具有特定功能的核酸或基因。专家们从动物试验、人群观察以及体外细胞培养三个方面对核酸营养作用进行了论证,得出"核酸是条件型基本营养素"的结论。所谓"条件型",是指对于特定的人群,如迅速成长的婴儿以及机体损伤、外科手术、全身感染、肝功能损伤等病症和亚健康状态人群,除正常膳食外,补充适量的核酸及其降解产物对健康是有益的。核酸保健品定义为"保健品",不是针对每个人,而是如卫生部在批准的保健品时规定的"特定人群"。虽然人类能够自身合成核酸,但是在某种条件下,对于特定的人群,人体还需外源核酸类物质。膳食核苷酸或补充外源性核酸类物质有利于人体免疫功能的加强。但是由于嘌呤核苷酸的代谢终产物是尿酸,在体内过量积累会引发痛风,所以"核酸类保健食品的不适宜人群包括痛风患者、血尿酸高者、肾功能异常者"。

第五节　核酸代谢

一、核酸的降解

核苷酸分子中的碱基都是嘌呤与嘧啶的衍生物,属于含氮化合物。核酸经各种核酸酶的催化逐步降解为核苷酸。核苷酸进一步分解最终可生成简单的有机化合物而排出体外或进行再利用。因此,核苷酸的分解代谢实际上就是核酸分解代谢的继续。核苷酸的分解可产生某些氨基酸或氨基酸的衍生物,而核苷酸的合成则又以氨基酸为原料。无论是核苷酸的分解还是核苷酸的合成都与氨基酸代谢有着密切的联系。

核酸在各种核酸酶的催化下,逐步降解为多核苷酸、寡核苷酸和单核苷酸:

$$核酸 \xrightarrow{核酸酶} 多核苷酸 \xrightarrow{核酸酶} 寡核苷酸 \xrightarrow{核酸酶} 单核苷酸$$

单核苷酸的进一步分解需要另外一些酶的催化,最终生成核糖或脱氧核糖以及嘌呤碱和嘧啶碱。这些碱基的分解则又经过另外的酶进行催化,最终生成代谢终产物而排出体外或进行再利用。

二、核苷酸的分解代谢

核苷酸在体内的分解是在核苷酸酶(nucleotidase)或磷酸单酯酶(phosphomonoesterase)的催化下进行的。磷酸单酯酶有特异性磷酸单酯酶和非特异性磷酸单酯酶两种,而前者又分为 $5'$-核苷酸酶和 $3'$-核苷酸酶两种。经过这些酶的催化,核苷酸分解为磷酸和各种核苷。核苷进一步的分解是在各种核苷酶(nucleosidase)的催化下进行的。核苷酶包括核苷磷酸化酶(nucleoside phosphorylase)和核苷水解酶(nucleoside hydrolase)两类。核苷磷酸化酶催化核苷与磷酸反应,生成各种碱基和 1-磷酸戊糖,并且可以催化其逆反应。核苷酸水解酶主要存在于植物体内,所催化的反应不可逆,并且只作用于核糖核苷,而不作用于脱氧核糖核苷。

$$核苷酸 \xrightarrow{核苷酸酶} 核苷 + Pi$$

$$5'-核苷酸 \xrightarrow{5'-核苷酸酶} 核苷 + Pi$$

$$3'-核苷酸 \xrightarrow{3'-核苷酸酶} 核苷 + Pi$$

$$核苷 + Pi \underset{}{\overset{核苷磷酸化酶}{\rightleftharpoons}} 1-磷酸戊糖 + 嘌呤碱(嘧啶碱)$$

$$核苷 + H_2O \xrightarrow{核苷水解酶} 核糖 + 嘌呤碱(嘧啶碱)$$

(一)嘌呤碱的分解代谢

腺嘌呤和鸟嘌呤的分解具有相似的代谢过程,但在不同种类生物体内的代谢最终产物不完全相同。人类、灵长类及鸟类以尿酸为最终产物而排出体外，其他哺乳动物以尿囊素为最终产物，大多数鱼类和两栖类动物以尿素为最终产物，而硬骨鱼则以尿囊酸的形式排出体外。嘌呤的分解过程主要经过脱氨、氧化等反应，生成次黄嘌呤和黄嘌呤中间产物进行代谢。腺嘌呤脱氨酶(adenin deaminase)的活性较低，而腺嘌呤核苷酸脱氨酶(adenylate deaminase)和腺嘌呤核苷脱氨酶(adenosine deaminase)的活性较强。所以，它的脱氨反应可从腺嘌呤核苷酸或腺嘌呤核苷开始。鸟嘌呤脱氨酶(guanine deaminase)的活性较强，它催化分解反应从鸟嘌呤开始。分解过程中生成的次黄嘌呤(hypoxanthine)在黄嘌呤氧化酶(xanthine oxidase)的催化下生成黄嘌呤，继续氧化则生成尿酸。嘌呤的分解过程见图6-15。

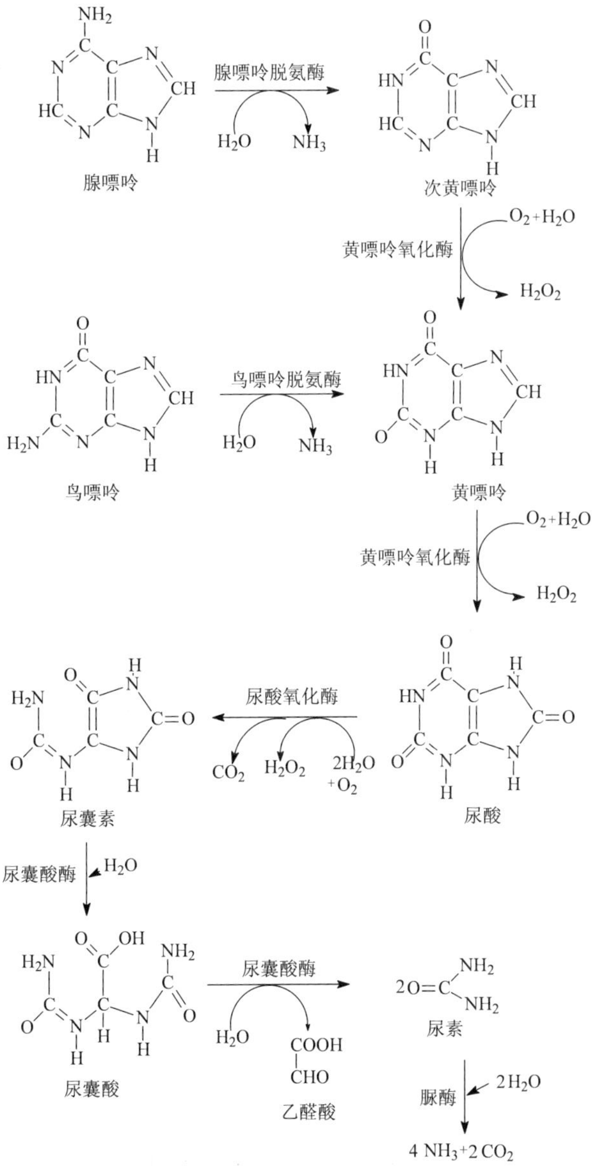

图6-15 嘌呤的分解代谢

（二）嘧啶碱的分解代谢

嘧啶的分解大体上经过脱氨、还原和水解过程,生成氨基丙酸或氨基异丁酸而进入有机酸代谢。胞嘧啶、尿嘧啶和胸腺嘧啶的分解具有相似的过程。对于不同的生物,嘧啶的分解有所差别。人类和一些动物从嘧啶核苷或嘧啶核苷酸开始分解。对蔓菁(Brassia napus)幼苗的研究表明,其胞嘧啶的分解不是从游离的胞嘧啶开始,而是从胞嘧啶核苷开始。嘧啶的分解代谢见图 6 - 16。

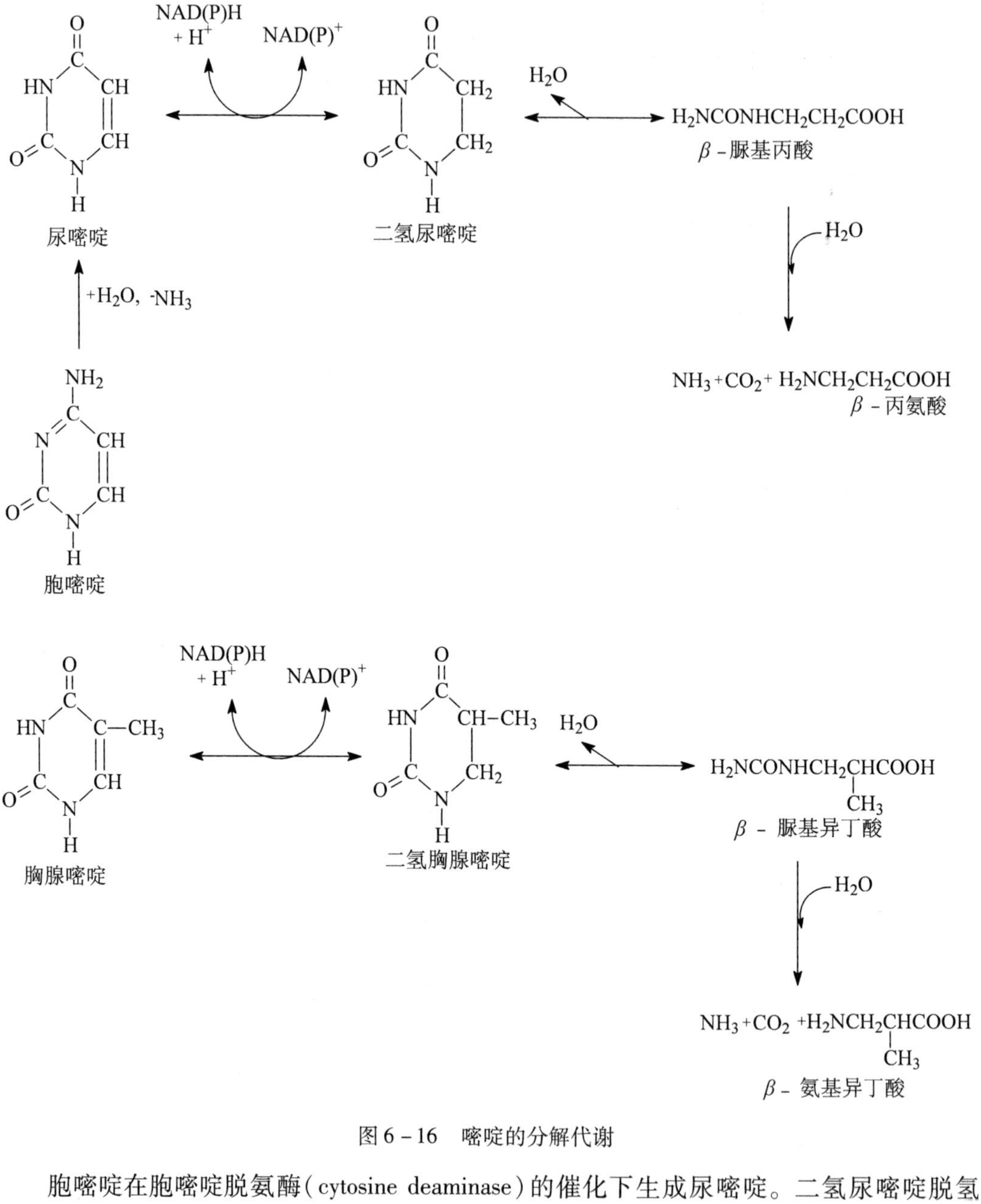

尿嘧啶

二氢尿嘧啶

$NAD(P)H + H^+$ $NAD(P)^+$

H_2O

$H_2NCONHCH_2CH_2COOH$
β - 脲基丙酸

H_2O

$NH_3 + CO_2 + H_2NCH_2CH_2COOH$
β - 丙氨酸

$+H_2O, -NH_3$

胞嘧啶

胸腺嘧啶

二氢胸腺嘧啶

$NAD(P)H + H^+$ $NAD(P)^+$

H_2O

$H_2NCONHCH_2CHCOOH$
　　　　　　　CH_3
β - 脲基异丁酸

H_2O

$NH_3 + CO_2 + H_2NCH_2CHCOOH$
　　　　　　　　　CH_3
β - 氨基异丁酸

图 6 - 16　嘧啶的分解代谢

胞嘧啶在胞嘧啶脱氨酶(cytosine deaminase)的催化下生成尿嘧啶。二氢尿嘧啶脱氢酶(dihydrourasil dehydrogenase)催化尿嘧啶还原为二氢尿嘧啶。二氢尿嘧啶的水解开环是在二氢尿嘧啶酶(dihydrourasilase)的催化下完成的。接着由脲基丙酸酶(uralase)催化,最终生成β-丙氨酸。胸腺嘧啶的分解同上述过程相似,只是产物多一个甲基,最终生成β-氨基异丁酸。

三、核苷酸的合成代谢

核苷酸的生物合成是核酸生物合成的前期过程,分为从头合成途径与补救途径。在机体内由CO_2、氨基酸、甲酸盐、磷酸核糖等简单的化合物开始,经一系列酶促反应合成核苷酸的过程称为从头合成途径。以磷酸核糖和已有的碱基为原料合成核苷酸称为补救途径。嘌呤核苷酸的合成同嘧啶核苷酸的合成有很大差别,并且脱氧核苷酸的合成也有其特殊之处。

(一)嘌呤核苷酸的合成代谢

1.嘌呤环上各原子的来源

根据同位素的示踪分析,现已清楚在嘌呤核苷酸从头合成过程中嘌呤环上各个原子的来源。N_1来自天冬氨酸,C_2和C_8来自甲酸盐(分别以一碳单位N^{10}—CHO—THFA和N^5,N^{10}=CH—THFA的形式),N_3和N_9来自谷氨酰胺的酰胺基,C_4、C_5、N_7来自甘氨酸,而C_6则来自CO_2(图6-17)。

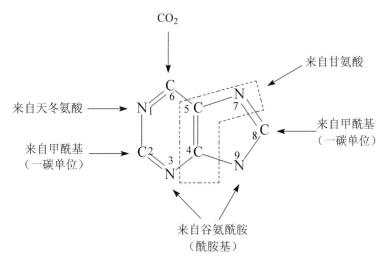

图6-17 嘌呤环上各原子的来源

2.嘌呤核苷酸的从头合成

嘌呤核苷酸的从头合成(de novo synthesis)是以5-磷酸核糖(5-phosphoribose,R-5-P)和ATP反应生成5-磷酸核糖-1-焦磷酸(5-phosphoribosyl-1-pyrophosphate,PRPP)开始,经一系列酶促反应生成次黄嘌呤核苷酸(inosine monophosphate,IMP),然后通过分支途径分别生成腺嘌呤核苷酸(ATP)和鸟嘌呤核苷酸(GTP)。

(1)5-磷酸核糖-1-焦磷酸的生成 5-磷酸核糖与ATP在磷酸核糖焦磷酸激酶(phosphoribosyl pyrophosphokinase)的催化下生成5-磷酸核糖-1-焦磷酸(PRPP)(图6-18)。

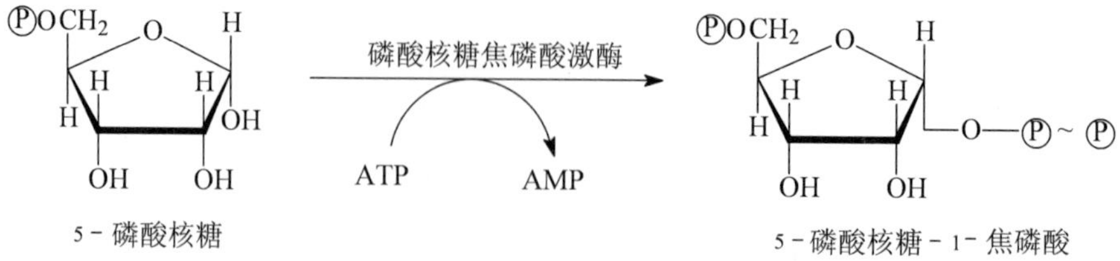

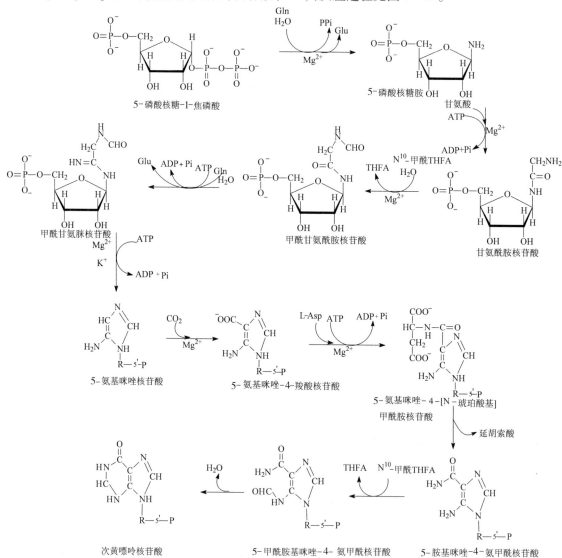

图 6 - 18　5 - 磷酸核糖 - 1 - 焦磷酸的生成

（2）次黄嘌呤核苷酸的生成　从 5 - 磷酸核糖 - 1 - 焦磷酸开始，在 Gln、Gly、Glu、Asp、CO_2 和一碳单位的参加下，消耗 4 分子 ATP，经 10 步酶促反应，按 $N_9 \rightarrow C_4$，C_5，$N_7 \rightarrow C_8 \rightarrow N_3 \rightarrow C_6 \rightarrow N_1 \rightarrow C_2$ 的顺序，合成次黄嘌呤核苷酸（IMP），反应过程见图 6 - 19。

图 6 - 19　次黄嘌呤核苷酸（IMP）的从头合成

（3）腺嘌呤核苷酸（AMP）和鸟嘌呤核苷酸（GMP）的合成　　以次黄嘌呤核苷酸（IMP）为共同的前体,经过不同的酶促反应,分别生成腺嘌呤核苷酸（AMP）和鸟嘌呤核苷酸（GMP）,如图6-20所示。

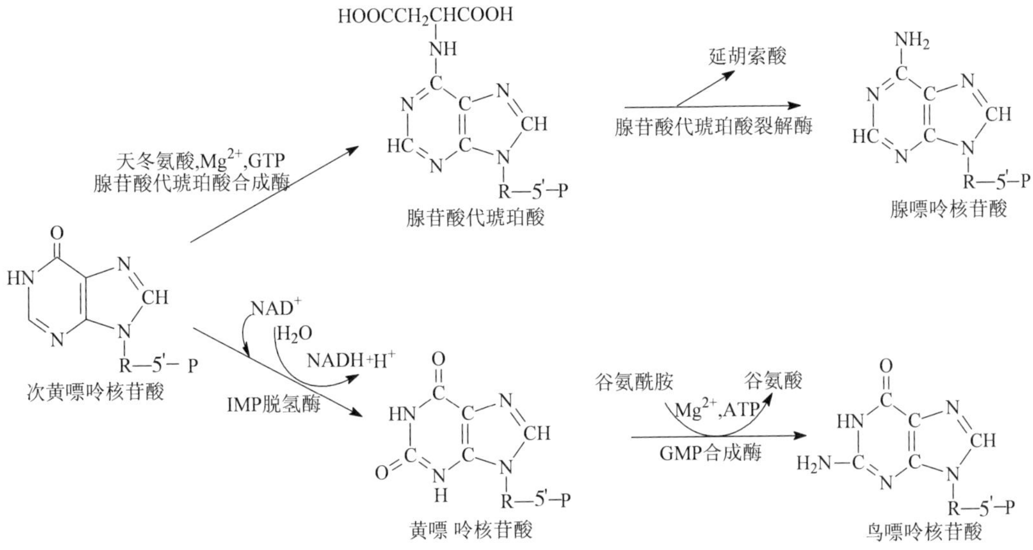

图6-20　腺嘌呤核苷酸和鸟嘌呤核苷酸的生成

综合上面的合成过程,腺嘌呤核苷酸（AMP）和鸟嘌呤核苷酸（GMP）的从头合成经过了一个共同的合成途径,直到生成次黄嘌呤核苷酸,然后经过一个分支途径,分别生成最终产物。可见,腺嘌呤核苷酸（AMP）和鸟嘌呤核苷酸（GMP）的生物合成相互间具有密切的联系,并且相互依赖。AMP的生成需要消耗GTP,而GMP的生成则需要消耗ATP,因此两种嘌呤核苷酸的合成量是协调一致的。

3.嘌呤核苷酸合成的补救途径

在机体内,除了上述从头合成途径外,嘌呤核苷酸的合成还有补救途径。补救途径就是利用从核酸分解产生的或新合成的现有的嘌呤碱同1-磷酸核糖和ATP反应或直接同PRPP反应,直接生成嘌呤核苷酸的过程。前者需要核苷磷酸化酶（ribonucleoside phosphatase）和腺苷激酶（adenosine kinase）的催化,后者则需要磷酸核糖转移酶（phosphoribosyl transferase）的催化:

$$嘌呤 + R-1-P \xrightarrow{\text{核苷磷酸化酶}} 嘌呤核苷 + Pi$$

$$腺嘌呤核苷 + ATP \xrightarrow{\text{腺苷激酶}} AMP + Pi$$

$$嘌呤 + PRPP \xrightarrow{\text{磷酸核糖转移酶}} 嘌呤核苷酸 + PPi$$

（二）嘧啶核苷酸的合成代谢

嘧啶核苷酸的合成与嘌呤核苷酸不同。首先合成嘧啶碱,再同PRPP进行磷酸核糖的转移生成 UMP,在 UMP 的基础上再生成其他嘧啶核苷酸。

1.嘧啶环上各原子的来源

嘧啶环上的 6 个原子分别来自氨基甲酰磷酸和天冬氨酸,而氨基甲酰磷酸的合成则以谷氨酰胺和 CO_2 为原料。因此,蛋白质和 CO_2 可以提供嘧啶核苷酸合成的所有原料。嘧啶环上各原子的来源见图 6 – 21。

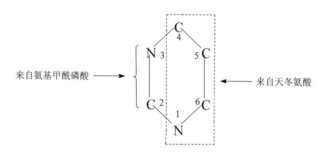

图 6 – 21 嘧啶环上各原子的来源

2.嘧啶核苷酸的从头合成

嘧啶核苷酸的从头合成可分为氨基甲酰磷酸的合成,尿嘧啶核苷酸的合成和胞嘧啶核苷酸的合成 3 个阶段。而胸腺嘧啶核苷酸的合成是在合成脱氧尿嘧啶核苷酸之后经转甲基作用完成的。

(1)氨基甲酰磷酸的合成　谷氨酰胺与 CO_2 在 ATP 的参加下,经过氨基甲酰磷酸合成酶 Ⅱ(carbamyl phosphate synthetase Ⅱ)催化生成。此酶位于细胞液,以谷氨酰胺为氨基的来源。而线粒体中的氨基甲酰磷酸合成酶 Ⅰ 以 NH_3 为氨基的来源。

$$Gln + CO_2 + 2\,ATP \xrightarrow{\text{氨基甲酰磷酸合成酶 Ⅱ}} \underset{\text{氨基甲酰磷酸}}{H_2N-\overset{\overset{O}{\|}}{C}-O\sim\textcircled{P}} + Glu + 2\,ADP + Pi$$

(2)尿嘧啶核苷酸的合成　氨基甲酰磷酸与天冬氨酸在天冬氨酸转氨甲酰酶(aspartate carbomyl transferase)的催化下将氨甲酰基转移到天冬氨酸的 α – 氨基上,生成氨甲酰天冬氨酸(carbomyl aspartic acid)。接着在二氢乳清酸酶(dihydroorotase)的催化下,环化生成二氢乳清酸(dihydroorotate)。二氢乳清酸脱氢酶(dihydroorotate dehydrogenase)再催化脱氢反应,生成乳清酸(orotic acid)。乳清酸核苷酸焦磷酸化酶(orotidylic acid pyrophosphorylase)催化乳清酸同 PRPP 反应,生成乳清酸核苷酸(orotidylic acid),之后乳清酸核苷酸脱羧酶(orotidylic acid decarboxylase)催化脱羧反应,生成尿嘧啶核苷酸(图 6 – 22)。

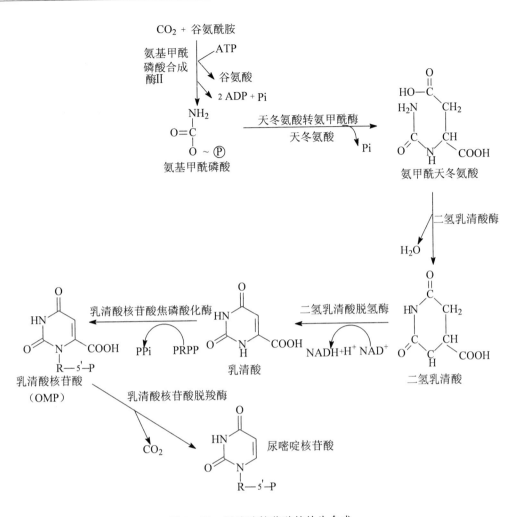

图 6-22 尿嘧啶核苷酸的从头合成

（3）胞嘧啶核苷酸的合成 胞嘧啶核苷酸是在尿嘧啶核苷三磷酸的水平上,经过胞嘧啶核苷三磷酸合成酶(CTP synthetase)的催化,从谷氨酰胺获得氨基(动物)或直接与氨作用(细菌)而生成。因此,先期合成的尿嘧啶核苷酸需在尿嘧啶核苷酸激酶(uridine-5-phosphate kinase)和核苷二磷酸激酶(nucleoside diphosphokinase)的催化下,转变为 UDP 和 UTP。

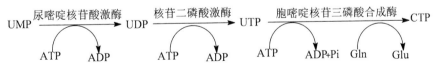

3.嘧啶核苷酸合成的补救途径

除上述从头合成途径外,嘧啶核苷酸的合成也可以由外源性或由核酸降解生成的嘧啶碱与 5-磷酸核糖焦磷酸或 1-磷酸核糖反应直接合成,即补救途径。其中,尿嘧啶核苷酸可以有以下两种合成途径:

（1）尿嘧啶与 5 – 磷酸核糖焦磷酸经尿嘧啶核苷酸磷酸核糖转移酶（UMP phosphoribose transferase）的催化而生成：

$$尿嘧啶 + PRPP \xrightarrow{\text{尿嘧啶核苷酸磷酸核糖转移酶}} UMP + PPi$$

（2）尿嘧啶与 1 – 磷酸核糖经尿苷磷酸化酶（uridine phosphorylase）的催化生成尿嘧啶核苷，后者在尿苷激酶（uridine kinase）的催化下，从 ATP 获得磷酸基团而生成尿嘧啶核苷酸：

$$尿嘧啶 + R-1-P \xrightarrow{\text{尿苷磷酸化酶}} 尿嘧啶核苷 \xrightarrow[\substack{\text{ATP} \quad \text{ADP}}]{\text{尿苷激酶}} UMP$$

胞嘧啶不能直接从 PRPP 获得磷酸核糖，但胞嘧啶核苷可以通过尿苷激酶生成胞嘧啶核苷酸：

$$胞嘧啶核苷 \xrightarrow[\substack{\text{ATP} \quad Mg^{2+} \quad \text{ADP}}]{\text{尿苷激酶}} CMP$$

（三）脱氧核苷酸的合成代谢

DNA 的生物合成需要 4 种脱氧核糖核苷酸，其中脱氧腺嘌呤核苷酸、脱氧鸟嘌呤核苷酸和脱氧胞嘧啶核苷酸的合成都是在核苷二磷酸的水平上，经过还原生成。而脱氧胸腺嘧啶核苷酸的合成则是由脱氧尿嘧啶核苷一磷酸经转移甲基而生成。

1.脱氧核苷二磷酸的合成

催化核苷二磷酸还原反应的酶是核糖核苷酸还原酶（ribonucleotide reductase）。该酶有两个亚基 B_1 和 B_2，当它们共同存在时才有活性。还原反应所需要的氢是由氢携带蛋白（hydrogen carying protein），包括硫氧还蛋白（thioredoxine）或谷氧还蛋白（glutaredoxine）以及硫氧还蛋白还原酶（thioredoxine reductase）或谷氧还蛋白还原酶（glutaredoxine reductase）的传递而获得。NADPH 是最初始的还原剂（图 6 – 23）。

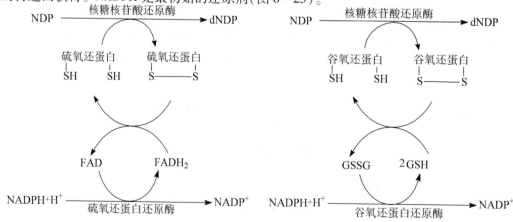

图 6 – 23　脱氧核苷二磷酸（dNDP）的合成

2.脱氧胸腺嘧啶核苷一磷酸的合成

脱氧尿嘧啶核苷二磷酸也以上述途径合成,合成之后,经过脱磷酸转化为脱氧尿嘧啶核苷一磷酸(dUMP)。胸腺嘧啶核苷酸合成酶(thymidylate synthase)催化生成脱氧胸腺嘧啶核苷一磷酸(dTMP)的甲基转移反应,甲基供体是 N^5, N^{10} – 甲烯基四氢叶酸(N^5, N^{10} – CH_2 – THFA)(图 6 – 24)。

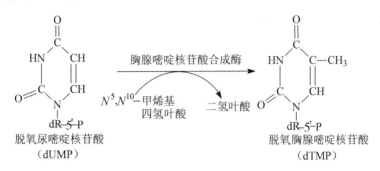

图 6 – 24　脱氧胸腺嘧啶核苷一磷酸的合成

第七章　酶

第一节　概　述

生物体内每时每刻都进行着新陈代谢,它是生命活动的物质基础,表现为生物体不断地从外界摄取所需要的物质,组成自身成分,同时将体内产生的废物排出体外。生物体的新陈代谢过程是由无数个连续的化学反应组成,这些反应之间相互联系、相互制约,且这些反应通常是在生物体内的温和条件下进行的。例如,蛋白质、脂肪和糖类在体外只有长时间与浓酸或浓碱作用并在加热、加压等条件下才能分解为相应的单体,但在生物体内这些反应很容易进行,究其原因是因为这些化学反应都是在生物体内特异的催化剂即酶的催化下进行的。

酶(enzyme)是由活细胞合成的、对其特异底物(substrate)起催化作用的蛋白质,是机体内催化各种代谢反应最主要的催化剂。1926 年美国生物化学家 James B. Summer 第一次从刀豆中分离得到脲酶结晶,同时证明了脲酶的蛋白质本质。以后对陆续发现的 2000 多种酶的研究,也证明了酶的本质是蛋白质。直到 1982 年,Thomas Cech 在四膜虫 rRNA 前体的加工研究中首次发现 rRNA 前体本身具有自我催化作用,从而提出了核酶的概念。核酶的发现为生物催化剂的发展做出了杰出的贡献。核酶(ribozyme)是具有高效、特异催化作用的核酸,是近年来发现的一类新的生物催化剂,主要参与 RNA 的剪接。

一、酶促反应的特点

酶与一般催化剂相同,在化学反应前后都没有质和量的改变,它们都只能催化热力学上允许的化学反应,且在不改变平衡位点或平衡常数的情况下加速反应速率。因为酶在本质上是蛋白质和核酸,所以它具有一般催化剂没有的生物大分子的特性。

(一)酶促反应具有极高的效率

酶的催化效率通常比非催化反应高出 $10^8 \sim 10^{20}$ 倍,比一般催化剂高 $10^7 \sim 10^{13}$ 倍。酶与一般催化剂加速反应的机制相同,都是降低反应的活化能。在任何一种热力学允许的反应体系中,底物分子所含有的平均能量较低。在反应中,只有那些能量较高,达到或超过一定水平的分子(即活化分子)才有可能发生化学反应。活化分子具有的高出平均水平的能量称为活化能。在反应中,活化分子愈多,反应速率愈快。酶与一般催化剂相比,能有效地降低反应的活化能,使底物只需少量的能量就能进入活化状态,见图 7-1。

(二)酶促反应具有高度的特异性

酶对其所催化的底物具有较严格的选择性称为酶的特异性或专一性。酶的特异性分

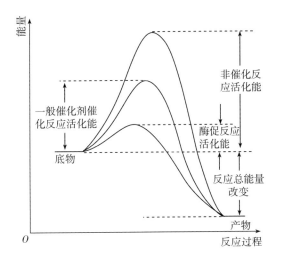

图 7-1 酶促反应活化能的改变

为绝对特异性、相对特异性和立体异构特异性三种类型。

1.绝对特异性

有些酶对底物的要求非常严格,只作用于一种底物催化一种反应,而不作用于任何其他物质,这种酶的专一性称为绝对特异性。例如脲酶只能催化尿素水解生成 CO_2 和 NH_3,而对尿素以外的任何衍生物都不起作用。酶的绝对特异性是由酶蛋白的立体结构决定的。

$$H_2N-\overset{\overset{\displaystyle O}{\|}}{C}-NH_2 \ + \ H_2O \xrightarrow{\text{脲酶}} 2NH_3 + CO_2$$

2.相对特异性

有些酶的特异性相对较差,这种酶作用于一类化合物或一种化学键,这种不太严格的选择性称为相对特异性。例如磷酸酶对一般的磷酸酯键都有水解作用。酯酶能水解几乎所有的有机酯中酸和醇形成的酯键,且对酯键两端的 R 和 R′ 基团没有严格要求。

$$R-\overset{\overset{\displaystyle O}{\|}}{C}-O-R' \ + \ H_2O \xrightarrow{\text{酯酶}} RCOO^- + R'OH + H^+$$

3.立体异构特异性

(1)旋光异构特异性。当底物具有旋光异构时,酶只能作用于其中的一种。如 L-氨基酸氧化酶只能催化 L-氨基酸氧化,而对 D-氨基酸无作用。

(2)几何异构特异性。如延胡索酸酶,只能催化反丁烯二酸的水化反应,对顺丁烯二酸则无作用。

(三)酶促反应的可调节性

酶促反应通常受到多种因素的调控,以适应机体不断变化的内环境和外环境的需要。其中包括酶的活性大小的调节,酶生成和降解的调节,酶的共价修饰调节等。

二、酶的分类和命名

(一)酶的分类

根据国际酶学委员会(IEC)的规定,按照酶促反应性质,将酶分为六大类。

1.氧化还原酶类

催化底物进行氧化还原反应的酶类。凡是失电子、脱氢或得到氧的反应叫氧化反应,反之则为还原反应。氧化反应和还原反应总是伴随发生。例如,乳酸脱氢酶、细胞色素氧化酶、过氧化氢酶、过氧化物酶和琥珀酸脱氢酶等。反应式如下:

$$A \cdot 2H + B \Longleftrightarrow A + B \cdot 2H$$

其中 $A \cdot 2H$ 为供氢体,B 为受氢体。

2.转移酶类

催化底物之间进行基团转移或交换的酶类。可以转移的基团有甲基、氨基、醛基、酮基、磷酸基、糖苷基和酰基等。例如,甲基转移酶、氨基转移酶、磷酸化酶等。

3.水解酶类

催化底物发生水解反应的酶类。水解酶催化的反应在一般情况下多数是不可逆的。例如,溶菌酶、酯酶、淀粉酶等,它们在食品工业中很重要。反应式如下:

$$AB + H_2O \Longleftrightarrow AOH + BH$$

4.裂合酶类

催化一种化合物裂解为两种化合物,或两种化合物加合成一种化合物。例如,柠檬酸合成酶和醛缩酶。反应式如下:

$$A + B \Longleftrightarrow AB$$

5.异构酶类

催化同分异构体相互转化的酶类。例如,磷酸丙糖异构酶。反应式如下:

$$A \Longleftrightarrow B$$

6.合成酶类

催化两分子底物合成一分子化合物,同时伴有 ATP 高能磷酸键断裂的酶类,例如,谷氨酰胺合成酶。

每一大类中又可分为若干亚类,各亚类又分为若干次亚类。国际系统分类法将每种酶的分类由四位数字编号表示,其中第一位数字表示酶的大类,第二位数字表示酶的亚类,第三位数字表示酶的次亚类,第四位数字是酶在次亚类中的编号。例如,过氧化氢酶的编号是 EC 1.11.1.6。

在以上六大类酶中,与食品工业特别相关的是氧化还原酶类和水解酶类。

(二)酶的命名

1.系统命名法

国际酶学委员会在制定酶的分类方法的同时,制定了与分类法相应的酶的系统命名法。系统命名法规定每一种酶均有一个系统名称,它标明酶的所有底物和催化反应的性质,如果底物不止一个,则底物和底物之间以":"隔开。一个酶只有一个名称,并附有4个数字的分类编号。如乳酸脱氢酶的系统命名为:EC 1.1.1.27 乳酸:NAD^+氧化还原酶。该命名法的缺点是名称过长且烦琐,故很多学者仍使用习惯名称。

2.习惯命名法

习惯命名法是根据以下三个原则来命名的:①根据酶催化的底物命名,如乳酸脱氢酶、水解酶类等;②根据所催化的反应类型或性质命名,如脱氢酶、转氨酶等;③在上述命名基础上加上酶的来源命名,如细菌淀粉酶、胃蛋白酶等。

习惯命名法使用起来比较通俗、简单和方便,但缺乏统一的命名原则,有时会出现一酶数名或一名多酶的情况,造成一些混乱现象。

第二节　酶的分子结构和酶的催化机制

一、酶的分子组成

根据其蛋白分子组成的特点,酶可分为单纯酶和结合酶。单纯酶仅由氨基酸残基构成,如脲酶、淀粉酶、酯酶等。结合酶由酶蛋白和非蛋白因子(辅助因子)组成。酶蛋白与辅助因子结合形成的复合物称为全酶,只有全酶才有催化作用。在酶催化反应中,酶蛋白决定酶促反应的专一性,而辅助因子则直接对电子、原子或化学基团起传递作用。酶的辅助因子包括金属离子(如K^+、Na^+、Mg^{2+}、Fe^{2+}、Zn^{2+}等)及有机化合物,一般在酶促反应中起转移电子、原子或某些功能基团等的作用。酶的辅助因子按其与酶蛋白结合的紧密程度不同可分为辅酶和辅基,与酶蛋白松弛结合的辅助因子称为辅酶,通常可用透析或超滤方法将全酶中的辅酶除去。在少数情况下,有一些辅助因子是以共价键和酶蛋白牢固结合在一起,不能透析除去,这种辅助因子称为辅基。金属离子多为酶的辅基,对其构象有稳定作用。见表7-1。

表7-1　某些辅酶(辅基)在催化反应中的作用

转移的基团	辅酶或辅基	
	名称	所含的维生素
氢原子(质子)	NAD^+(烟酰胺腺嘌呤二核苷酸,辅酶Ⅰ)	烟酰胺(维生素PP之一)
	$NADP^+$(烟酰胺腺嘌呤二核苷酸磷酸,辅酶Ⅱ)	同上
	FMN(黄素单核苷酸)	维生素B_2(核黄素)
	FAD(黄素腺嘌呤二核苷酸)	同上
醛基	TPP(焦磷酸硫胺素)	维生素B_1(硫胺素)

续表

转移的基团	辅酶或辅基	
	名称	所含的维生素
酰基	辅酶 A(CoA) 硫辛酸	泛酸 硫辛酸
烷基	钴胺素辅酶类	维生素 B_{12}
二氧化碳	生物素	生物素
氨基	磷酸吡哆醛	吡哆醛(维生素 B_6 之一)
甲基、甲烯基、甲炔基、甲酰基等一碳单位	四氢叶酸	叶酸

二、酶的活性中心

酶是生物大分子,酶分子中的各种化学基团并不一定都与酶的活性密切相关,其中与酶的活性密切相关的基团称酶的必需基团(essential group)。这些必需基团在一级结构上可能相距很远,但在空间结构上彼此靠近,组成具有特定空间结构的区域,此区域能与底物特异性结合并将底物转化成产物,将这一区域称为酶的活性中心(active center)。对于不需要辅酶的酶来说,活性中心就是酶分子在三维结构上比较靠近的少数几个氨基酸残基,或是这些残基上的某些基团,它们在一级结构上可能相距甚远,甚至位于不同的肽链上,通过肽链的盘绕、折叠而在空间构象上相互靠近;对于需要辅酶的酶来说,辅酶分子或其部分结构往往就是活性中心的组成成分。例如,羧基肽酶 A 的活性中心是由多肽链上以下序号的氨基酸残基组成的:组氨酸 69、精氨酸 71、谷氨酸 72、精氨酸 145、组氨酸 196、酪氨酸 198、酪氨酸 248 和苯丙氨酸 279,另外锌离子参与了活性中心的组成。

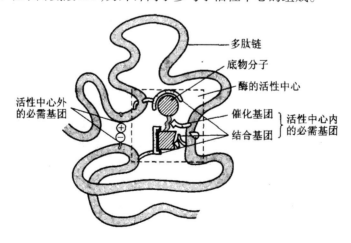

图 7-2　酶活性中心示意图

酶活性中心内的必需基团一般有两种:一是结合基团,底物靠此部位结合到酶分子上,形成酶－底物复合物;二是催化基团,底物的键在此被打断或形成新的键,从而发生一定的化学变化,催化底物发生化学反应并将底物转化成产物。活性中心的形成要求酶蛋白分子具有一定的空间构象,当外界物理化学因素破坏了酶的结构时,首先就可能影响酶活性中心的特定结构,结果就必然影响酶活力。见图 7－2。

三、酶的催化机制

酶的催化本质是降低反应所需的活化能,加快反应的进行。为了达到降低活化能的目的,酶与底物之间必然要通过某种方式而互相作用,并经过一系列的变化过程。酶和底物的相互作用和变化过程,称为酶的催化机制。关于酶的催化作用机制,有如下几种假说:

(一)中间产物学说

1913 年 Michaelis 和 Menten 首先提出中间产物学说。他们研究认为首先酶(E)和底物(S)结合生成中间产物 ES,然后中间产物再分解成产物 P,同时使酶重新游离出来。

$$E + S \Longrightarrow ES \longrightarrow E + P$$

对于有两种底物的酶促反应,该学说可用下式表示:

$$E + S_1 \Longrightarrow ES_1$$
$$ES_1 + S_2 \longrightarrow E + P$$

中间产物学说的关键,在于中间产物的形成。酶和底物可以通过共价键、氢键、离子键和络合键等结合形成中间产物。中间产物是不稳定的中间复合物,分解时所需活化能少,易于分解成产物并使酶重新游离出来。

根据中间产物学说,酶促反应分两步进行,而每一步反应的能阈较低,所需的活化能较少,见图 7－3。

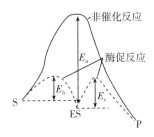

图 7－3 酶促反应减少所需的活化能

从图 7－3 中可知,当非催化反应时,反应 S→P 所需的活化能为 E_a,而在酶的催化下,由 E + S→ES,活化能为 E_b,再由 ES→E + P,需要活化能 E_c。E_b 和 E_c 均比 E_a 小得多。所以酶促反应比非酶促反应所需的活化能少,从而加快反应的进行。

中间产物学说已为许多实验所证实,中间产物的存在也已得到确证。例如,过氧化物酶 E 可催化过氧化氢(H_2O_2)与另一还原型底物 AH_2 进行反应,按中间产物学说,其反应过程如下:

$$E + H_2O_2 \rightarrow E - H_2O_2$$

$$E - H_2O_2 + AH_2 \rightarrow E + A + 2H_2O$$

在此过程中,可用光谱分析法证明中间产物 $E - H_2O_2$ 的存在。首先对酶液进行光谱分析,发现过氧化物酶在 645nm、587nm、548nm、498nm 处有四条吸收光带。接着向酶液中加进过氧化氢,此时发现酶的四条光带消失,而在 561nm、530nm 处出现两条吸收光带,说明酶已经与过氧化氢结合而生成了中间产物 $E - H_2O_2$。然后加进另一还原型底物 AH_2,这时酶的四条吸收光带重新出现,证明中间产物分解后使酶重新游离出来了。

(二)诱导契合假说

早在 20 世纪 40 年代 Fischer 就提出锁钥假说,他认为只有特定的底物才能契合于酶分子表面的活性部位,底物分子(或其一部分)像钥匙那样专一地嵌进酶的活性部位上,而且底物分子化学反应的敏感部位与酶活性部位的氨基酸残基具有互补关系,一把钥匙只能开一把锁(图 7 - 4a)。此假说能解释酶的立体异构专一性,但不能解释酶的其他专一性。

后来 Koshland 提出了诱导契合假说,他认为酶分子与底物分子相互接近时,酶蛋白受底物分子的诱导,酶的构象发生相应的变化,变得有利于与底物结合,导致彼此互相契合而进行催化反应(图 7 - 4b)。对于这一假说,许多研究已得到证实。

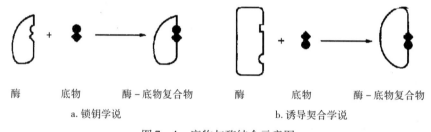

| 酶 | 底物 | 酶 - 底物复合物 | | 酶 | 底物 | 酶 - 底物复合物 |

a. 锁钥学说　　　　　　　　　　b. 诱导契合学说

图 7 - 4　底物与酶结合示意图

(三)邻近效应

化学反应速度与反应物浓度成正比,若反应系统的局部区域的底物浓度增高,反应速度也随之增高。因此,提高酶反应速度最简单的方式是使底物分子进入酶的活性中心,即增大活性中心的底物有效浓度。酶的活性中心(区域)与底物可逆地接近结合,这种效应称为邻近效应(Approximation)。有实验证实,当底物浓度由 0.001mol/L 提高到 100mol/L 时,其酶的活性可提高 10^5 倍左右。

(四)亲核催化作用

若一个被催化的反应,必须从催化剂供给一个电子对到底物才能进行时,称为亲核催化作用。这种亲核"攻击"在一定程度上控制着反应速度。

一个良好的电子供体必然是一个良好的亲核催化剂。例如,许多蛋白酶和脂酶类在其活性部位上,亲核的氨基酸侧链基团(丝氨酸的羟基、半胱氨酸的—SH,组氨酸的咪唑基团等)可以作为肽类和脂类底物上酰基部分的供体,然后把酰基转移。例如咪唑基催化对硝基乙酸酯的水解,其亲核催化作用反应式见图 7 - 5。

从反应可知,咪唑基较缓慢地攻击酯上的羰基碳,即向羰基供给电子对,置换出硝基苯

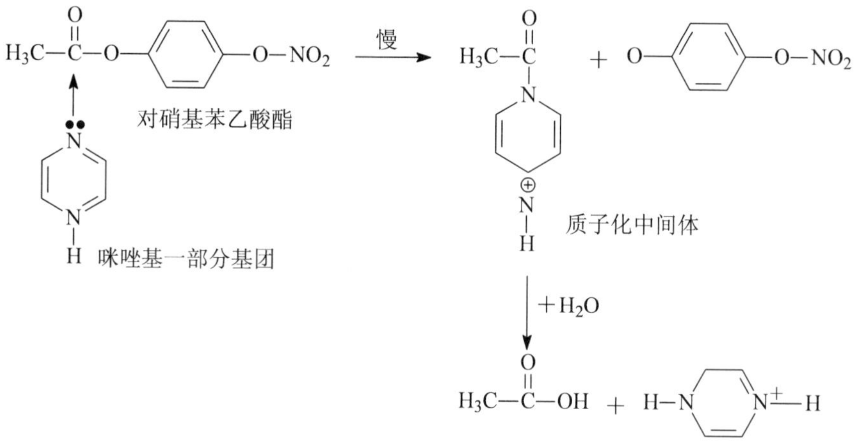

图 7-5　亲核催化作用

酚盐,然后迅速水解质子化的乙酰咪唑中间体,生成乙酸并使催化剂再生。由于酶分子中可提供一对电子对的基团有 His – 咪唑基、Ser – OH、Cys – SH 等,因此,亲核催化作用对阐明酶的催化作用具有重要作用。

(五)微环境概念

1977 年 A. R. Fersht 提出微环境概念。根据 X 射线分析表明,酶分子上的活性中心是一个特殊的微环境。例如,溶菌酶的活性部位是由多个非极性氨基酸侧链基团所包围的,与外界水溶液有着显著不同的微环境。根据计算表明,这种低介电常数的微环境可能使 Asp – 52 对正碳离子的静电稳定作用显著增加,从而可使其催化速度得以增大 3×10^6 倍。

第三节　影响酶促反应速率的因素

酶是生物催化剂,它的主要特征是使化学反应速率加快,因此研究酶反应速率规律,即酶促反应动力学,是酶研究中的主要内容之一。由于酶反应都是在一定条件下进行的,受多种因素的影响,因此酶促反应动力学就是研究酶反应速率的规律以及各种因素对它的影响。研究酶反应速率不仅可以阐明酶反应本身的性质,了解生物体内正常的和异常的新陈代谢,还可以在体外寻找最有利的反应条件来最大限度地发挥酶反应的高效性。

由于酶反应相当复杂,这里仅介绍一些最基本的内容。

一、底物浓度对酶促反应速率的影响

在其他因素不变的情况下,底物浓度的变化对反应速率影响的曲线是矩形双曲线(图 7 – 6)。在底物浓度较低时,反应速率随底物浓度的增加而急剧上升,两者成正比关系,反应为一级反应。随着底物浓度的进一步提高,反应速率不再成正比升高。在这一段,反应表现为混合级反应。如果继续加大底物浓度,反应速率将不再增加,表现出零级反应,这时酶已被底物饱和。

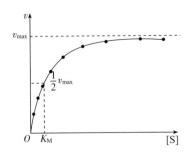

图 7 - 6　底物浓度对酶促反应速率的影响

（一）米—曼氏方程式

1913 年 L. Michaelis 和 M. L. Menten 提出了反应速率与底物浓度关系的数学方程式，即著名的米氏方程式：

$$v = \frac{v_{max}[S]}{K_M + [S]}$$

式中：v_{max} 为最大反应速率，$[S]$ 为底物浓度，K_M 为米氏常数，v 是在不同 $[S]$ 时的反应速率。

从式中可见，当底物浓度很低（$[S] \ll K_M$）时，$v = v_{max}[S]/K_M$，反应速率与底物浓度成正比。当底物浓度很高（$[S] \gg K_M$）时，$v = v_{max}$，反应速率达最大速率，再增加底物浓度也不再影响反应速率。

（二）由米—曼氏方程式得到的结论

（1）当酶促反应 $V = V_{max}/2$

$$\frac{V_{max}}{2} = \frac{v_{max}[S]}{K_M + [S]} \qquad \frac{1}{2} = \frac{[S]}{K_M + [S]} \qquad [S] = K_M$$

由此看出 K_M 值的物理意义，即 K_M 值是当酶反应速率达到最大反应速率一半时的底物浓度，单位为 mol/L。

（2）K_M 是酶和底物亲和力的量度，也是酶—底物复合物稳定性的量度。$1/K_M$ 叫作"亲和力常数"，可近似地表示酶对底物亲和力的大小，$1/K_M$ 越大，表示亲和力越大，因为 $1/K_M$ 越大，K_M 就越小，达到最大反应速率一半所需要的底物浓度就越小。

（3）K_M 值是酶的特征性常数之一，只与酶的结构、酶所催化的底物和反应环境（如温度、PH、离子浓度）有关，与酶的浓度无关。

（4）v_{max} 是酶完全被底物饱和时的反应速率，与酶浓度成正比。

（三）K_M 和 v_{max} 值的测定

双倒数作图法又称林—贝氏作图法，是最常用的作图法（图 7 - 7）。它将米氏方程等号两边取倒数，即得到林—贝氏方程式：

$$\frac{1}{v} = \frac{K_{\mathrm{M}}}{v_{\max}} \cdot \frac{1}{[\,\mathrm{S}\,]} + \frac{1}{v_{\max}}$$

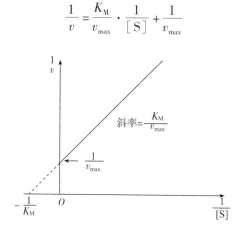

图 7 - 7　双倒数作图法

若以 $1/v$ 对 $1/[\,\mathrm{S}\,]$ 作图,可得到一条直线,外推至与横轴相交,纵轴上的截距为 $1/v_{\max}$,横轴上的截距为 $-1/K_{\mathrm{M}}$ 值,此作图法可求出 K_{M} 和 $v_{\max}$。

二、酶浓度对酶促反应速率的影响

在酶促反应系统中,当底物浓度足够大,足以使酶饱和,则反应速率与酶浓度成正比,见图 7 - 8。

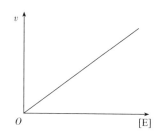

图 7 - 8　酶浓度对反应速率的影响

三、温度对酶促反应速率的影响

酶是生物催化剂,温度对酶促反应速率具有很大影响,见图 7 - 9,酶促反应有一个最适温度,即酶促反应速率最快时的温度。温度对酶促反应速率的影响有两方面:一方面当温度升高时,反应速率加快,通常反应温度提高 10℃,其反应速率多为原来的 1～2 倍;另一方面,随着温度升高而使酶逐渐变性,即通过酶蛋白变性失活而降低酶催化反应速率。酶促反应的最适温度就是这两种过程平衡的结果,当低于最适温度时,前一种效应为主,而高于最适温度时,则后一种效应为主。对于多数酶来说,最适温度在 30～40℃ 之间,但液化型细菌淀粉酶的最适温度可高达 70℃。

酶的最适温度不是酶的特征性常数,它与酶作用时间的长短、pH、底物浓度等有关。作用时间长,最适温度较低,而作用时间短,最适温度较高。大量底物的存在,使酶的最适温度提高,例如液化型细菌淀粉酶制造葡萄糖的工艺中,液化温度可高达$(90\pm2)℃$,除这种酶本身耐热外,大量底物淀粉的存在对它也起了保护作用。

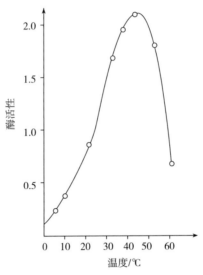

图 7 - 9　温度对淀粉酶活性的影响

四、pH 对酶促反应速率的影响

大部分酶的活力受环境 pH 的影响,在一定 pH 下,酶促反应具有最大速率,高于或低于此值,反应速率均下降,通常称此 pH 为酶促反应的最适 pH。pH 对不同酶的活性影响不同,典型的最适 pH 曲线是钟罩形曲线, 见图 7 - 10。

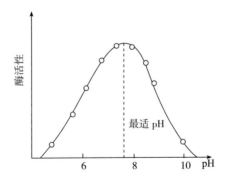

图 7 - 10　pH 对酶活性的影响

酶的最适 pH 不是酶的特征性常数,它受底物浓度、缓冲液的种类和浓度以及酶的纯度等因素的影响。一般说来大多数酶的最适 pH 在 4.5 ~ 8.0 之间,但是也有例外,如胃蛋白酶最适 pH 是 1.5,肝精氨酸酶最适 pH 是 9.8。由于 pH 对酶活性的影响,在测定酶活性时要选用适合的缓冲液以保持酶活性的相对稳定性。

五、抑制剂对酶促反应速率的影响

酶是蛋白质,凡能使酶蛋白变性而导致酶活力丧失的现象称为酶的失活。凡使酶活力下降,但并不引起酶蛋白变性的现象称为酶的抑制,引起酶抑制作用的物质称为酶的抑制剂。在某些情况下,酶的失活和抑制是很难区分的。

根据抑制剂与酶结合的紧密程度不同,酶的抑制作用分为可逆性抑制作用和不可逆性抑制作用两类。

(一) 不可逆性抑制作用

有些抑制剂能以比较牢固的共价键与酶蛋白活性中心上的必需基团结合,而使酶失活,这种作用称不可逆性抑制作用(irreversible inhibition)。这种作用不能用透析、超滤等物理方法去除抑制剂,恢复酶活性。例如,农药敌敌畏、敌百虫、1059 等有机磷化合物能特异性地与胆碱酯酶活性中心丝氨酸上的羟基结合,使酶失活,见图 7 – 11。

$$
\begin{array}{c}
R{-}O \quad O \\
\diagdown P \diagup \\
R'{-}O \quad X
\end{array}
+ HO{-}E \longrightarrow
\begin{array}{c}
R{-}O \quad O \\
\diagdown P \diagup \\
R'{-}O \quad O{-}E
\end{array}
+ HX
$$

有机磷化合物   失活的酶

图 7 – 11 有机磷化合物对胆碱酯酶的不可逆性抑制作用

(二) 可逆性抑制作用

一些抑制剂与酶蛋白非共价的可逆结合,可以用透析或超滤等方法除去抑制剂而恢复酶的活性。这种抑制作用为可逆抑制作用(reversible inhibition)。按抑制剂对酶动力学的不同影响又可将其抑制作用分为竞争性抑制作用(competitive inhibition)、非竞争性抑制作用(non – competitive inhibition)和反竞争性抑制作用(uncompetitive inhibition)3 种基本类型。

1.竞争性抑制作用

这类抑制剂与酶的底物结构相似,可与底物竞争酶的活性中心,从而阻止底物与酶结合形成中间复合物,将这种抑制作用称为竞争性抑制作用。由于抑制剂与酶的结合是可逆的,抑制程度则取决于抑制剂与酶的相对亲和力以及与底物浓度的相对比例。其反应过程见图 7 – 12。

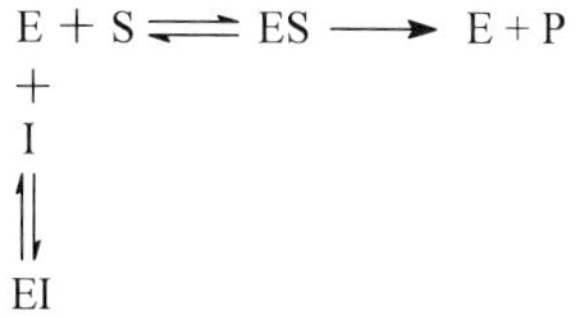

$$
\begin{array}{c}
E + S \rightleftharpoons ES \longrightarrow E + P \\
+ \\
I \\
\big\Updownarrow \\
EI
\end{array}
$$

图 7 – 12 竞争性抑制作用示意图

在竞争性抑制作用中,最典型的例子是丙二酸对琥珀酸脱氢酶的抑制,因为丙二酸是二羧酸化合物,与这个酶的正常底物琥珀酸结构上很相似。丙二酸与酶的亲和力远大于琥珀酸与酶的亲和力,当丙二酸的浓度仅为琥珀酸浓度的1/50时,酶的活性便被抑制50%。若增大琥珀酸的浓度,此抑制作用可被减弱。

2.非竞争性抑制作用

这类抑制剂不影响酶与底物的结合,酶和底物的结合也不影响酶与抑制剂的结合。也就是说,酶可以同时与底物及抑制剂结合(形成 ESI 复合物),两者没有竞争关系,但 ESI 复合物不能形成产物,由于抑制剂不与底物竞争酶的活性中心,故把这种抑制作用称为非竞争性抑制作用。非竞争性抑制作用的强弱取决于抑制剂的绝对浓度,不能用增强底物浓度来消除抑制剂的抑制作用。其反应过程见图 7 – 13。

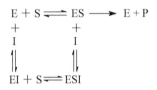

图 7 – 13　非竞争性抑制作用示意图

例如淀粉被 α – 淀粉酶水解时,麦芽糖的存在能抑制该酶的催化作用,这就是非竞争性抑制的例子。

3.反竞争性抑制作用

与上述两种抑制作用不同,此类抑制剂只与酶和底物形成的酶—底复合物结合,使反应中酶—底复合物减少。这样,既减少从酶—底复合物转化为产物的量,也同时减少从酶—底复合物解离出游离酶和底物的量。其反应过程见图 7 – 14。

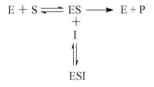

图 7 – 14　反竞争性抑制作用示意图

综上所述,已知的酶抑制剂种类很多,但由于其毒性和对食品风味的影响,使得酶抑制剂在食品工业中的实际应用仍寥寥无几。

六、激活剂对酶促反应速率的影响

使酶从无活性变为有活性或使酶活性增加的物质称为酶的激活剂(activator)。激活剂大多数为无机离子或小分子有机化合物等,前者可分为阳离子和阴离子,例如 Mg^{2+}、K^+、Mn^{2+}、Cl^- 等。根据激活剂作用方式的不同,分为必需激活剂和非必需激活剂两类。

(一)必需激活剂

这类激活剂是酶催化作用所必需的,缺乏时酶将丧失活性。必需激活剂常见的是金属离子,它在反应中与底物结合,然后再参与酶促反应,如在己糖激酶催化的反应中,Mg^{2+} 与 ATP 形成 Mg^{2+} – ATP 复合物,再参与己糖激酶催化的反应,Mg^{2+} 就是己糖激酶的必需激活剂。

(二)非必需激活剂

这类激活剂虽有促进酶促反应的效应,但在缺乏时,该酶仍有催化效应,不过催化效率较低,加入激活剂后,酶的催化活性显著升高,如 Cl^- 对 α – 淀粉酶的激活作用。许多有机化合物类激活剂都属于非必需激活剂。

七、酶活力测定与酶活力单位

酶活力测定是工业生产和科学研究中经常涉及的问题。因为酶制剂中常含有很多杂质,实际上真正的含酶量并不多,所以酶制剂中酶的含量通常用它催化某一特定反应的能力来代表。酶的活力是指酶催化化学反应的能力,其衡量的标准是酶促反应速率的大小。酶活力的大小可以用在一定条件下,它所催化的某一化学反应的反应速率来表示,酶催化反应的速率与酶的活力成正比。酶的反应速率可用单位时间内、单位体积中底物减少量或产物的增加量来表示,单位是浓度/时间。

酶活力单位是衡量酶活力大小的尺度,它反映了在规定条件下,酶促反应在单位时间 (s,min,h)内生成一定量的产物或消耗一定量的底物所需要的酶量。为了统一标准,国际生化学会酶学委员会于 1976 年规定:在特定的条件下,每分钟催化 $1\mu mol$ 底物转化为产物所需要的酶量为一个国际单位(IU)。1979 年该学会又推荐以催量来表示酶的活性,1 催量 (1kat)是指在特定的条件下,每秒钟使 1mol 底物转化为产物所需要的酶量。1 IU = $16.67 \times 10^{-9}kat$。

第四节　酶的调节

体内各种代谢途径的调节主要方式之一是对代谢途径中关键酶的调节。改变酶的活性与含量是体内对酶调节的主要方式。此外,在长期进化过程中,酶的基因表现型的差别使不同的组织细胞具有其独特的代谢特征。

一、酶活性的调节

(一)酶原与酶原的激活

有些酶在细胞内合成或初分泌时只是酶的无活性前体,必须在一定条件下,这些酶的前体水解一个或几个特定的肽键,致使构象发生改变,表现出酶的活性。这种无活性酶的前体称作酶原(zvmogen),酶原向酶的转化过程称为酶原的激活。酶原的激活实际上是酶的活性中心形成或暴露的过程。

胃蛋白酶、胰蛋白酶、胰凝乳蛋白酶、羧基肽酶、弹性蛋白酶在它们初分泌时都是以无活性的酶原形式存在,在一定条件下水解掉1个或几个短肽,转化成相应的酶。例如,胰蛋白酶原进入小肠后,在Ca^{2+}存在下受肠激酶的激活,第6位赖氨酸残基与第7位异亮氨酸残基之间的肽键被切断,水解掉一个六肽,分子的构象发生改变,形成酶的活性中心,从而成为有催化活性的胰蛋白酶。

消化管内蛋白酶原的激活具有级联反应性质。胰蛋白酶原被肠激酶激活后,生成的胰蛋白酶除了可以自身激活外,还可进一步激活胰凝乳蛋白酶原、羧基肽酶原A和弹性蛋白酶原,从而加速对食物的消化过程。血液中凝血与纤维蛋白溶解系统的酶类也都以酶原的形式存在,它们的激活具有典型的级联反应性质。只要少数凝血因子被激活,便可通过瀑布式的放大作用,迅速使大量的凝血酶原转化为凝血酶,引发快速而有效的血液凝固。纤维蛋白溶解系统也是如此。

酶原的激活具有重要的生理意义。消化管内蛋白酶以酶原形式分泌,不仅保护消化器官本身不受酶的水解破坏,而且保证酶在其特定的部位与环境发挥其催化作用。此外,酶原还可以视为酶的贮存形式。如凝血和纤维蛋白溶解酶类以酶原的形式在血液循环中运行,一旦需要便转化为有活性的酶,发挥其对机体的保护作用。

(二)变构酶

生物体内许多酶也具有类似的变构现象。体内一些代谢物可以与某些酶分子活性中心外的某些部位可逆地结合,使酶发生变构并改变其催化活性。此结合部位称为变构部位(allosteric site)或调节部位(regulatory site)。对酶催化活性的这种调节方式称为变构调节(allosteric regulation)。受变构调节的酶称作变构酶(allosteric enzyme)。导致变构效应的代谢物称作变构效应剂(allosteric effector)。有时底物本身就是变构效应剂。

变构酶分子中常含有多个(偶数)亚基,酶分子的催化部位(活性中心)和调节部位有的在同一亚基内,也有的不在同一亚基内。含催化部位的亚基称为催化亚基;含调节部位的亚基称为调节亚基。具有多亚基的变构酶存在着协同效应,包括正协同效应和负协同效应。如果效应剂是底物本身,则正协同效应的底物浓度曲线为S形曲线(图7-15)。

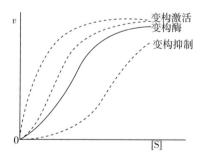

图 7-15　变构酶的 S 形曲线

如果某效应剂引起的协同效应使酶对底物的亲和力增加,从而加快反应速度,此效应称为变构激活效应;效应剂称为变构激活剂(allosteric activator),反之,降低反应速度者称为变构抑制剂(allosteric inhihitor)。例如,ATP 和柠檬酸是糖酵解途径的关键酶之一磷酸果糖激酶的变构抑制剂。这两种物质增多时,此代谢途径受到抑制,防止产物过剩;而 ADP 和 AMP 是该酶的变构激活剂,这两种物质的增多激发葡萄糖的氧化供能,增加 ATP 的生成。

(三)酶的共价修饰调节

酶蛋白肽链上的一些基团可与某种化学基团发生可逆的共价结合,从而改变酶的活性,这一过程称为酶的共价修饰(covdent modification)或化学修饰(chemical modification)。在共价修饰过程中,酶发生无活性(或低活性)与有活性(或高活性)两种形式的互变。这种互变由不同的酶所催化,后者又受激素的调控。酶的共价修饰包括磷酸化与脱磷酸化、乙酰化与脱乙酰化、甲基化与脱甲基化、腺苷化与脱腺苷化,以及—SH 与—S—S—的互变等。其中以磷酸化修饰最为常见。酶的共价修饰是体内快速调节的另一种重要方式。

二、酶含量的调节

(一)酶蛋白合成的诱导与阻遏

某些底物、产物、激素、药物等可以影响一些酶的生物合成。一般在转录水平上促进酶生物合成的化合物称为诱导剂(inducer),诱导剂诱发酶蛋白生物合成的作用称为诱导作用(induction);在转录水平上减少酶生物合成的物质称为辅阻遏剂(corepressor),辅阻遏剂与无活性的阻遏蛋白结合,影响基因的转录,此过程称为阻遏作用(repression)。由于诱导剂在诱导酶生物合成过程的转录后,还需要有翻译和翻译后加工等过程,所以其效应出现较迟,一般需要几个小时以上才能见效。然而,一旦酶被诱导合成以后,即使去除诱导因素,酶的活性仍然存在。可见,酶的诱导与阻遏作用是对代谢的缓慢而长效的调节。

(二)酶降解的调控

酶是机体的组成成分,也在不断地自我更新。细胞内各种酶的半寿期相差很大,可以通过改变酶分子的降解速度来调节细胞内酶的含量。细胞内酶的降解速度与机体的营养和激素的调节有关。

三、同工酶

同工酶(isoenzyme)是长期进化过程中基因分化的产物。同工酶是指催化相同的化学反应,而酶蛋白的分子结构、理化性质乃至免疫学性质不同的一组酶。根据国际生化学会的建议,同工酶是由不同基因或等位基因编码的多肽链,或由同一基因转录生成的不同 mRNA 翻译的不同多肽链组成的蛋白质。翻译后经修饰生成的多分子形式不在同工酶之列。同工酶存在于同一种属或同一个体的不同组织或同一细胞的不同亚细胞结构中,它在代谢调节上起着重要的作用。

现已发现百余种酶具有同工酶。乳酸脱氢酶(lactate dehydrogenase,LDH)是四聚体酶。该酶的亚基有两型:骨骼肌型(M 型)和心肌型(H 型)。这两型亚基以不同的比例组成五种同工酶:LDH$_1$(HHHH 或 H$_4$)、LDH$_2$(HHHM 或 H$_3$M)、LDH$_3$(HHMM 或 H$_2$M$_2$)、LDH$_4$(HMMM 或 HM$_3$)、LDH$_5$(MMMM 或 M$_4$)。由于分子结构上的差异,这五种同工酶具有不同的电泳速度(这里五种同工酶出现的次序代表电泳速度递减的次序),对同一底物表现出不同的 K$_m$ 值。单个亚基无酶的催化活性。研究表明,LDH 同工酶中这两种不同肽链的合成受不同基因的控制。H 型多肽链来自第 12 号染色体的基因位点 B,M 型多肽链来自第 11 号染色体的基因位点 A。由于不同组织器官合成这两种亚基的速度不同和两种亚基之间杂交的情况不同,LDH 的同工酶在不同组织器官中的含量与分布比例不同,这使不同的组织与细胞具有不同的代谢特点。

第五节 食品加工中重要的酶

一、淀粉酶

凡催化淀粉水解的酶,称为淀粉酶。淀粉酶是糖苷水解酶中最重要的一类酶。因水解淀粉的方式不同,可将淀粉酶分为四类:α-淀粉酶、β-淀粉酶、葡萄糖淀粉酶和脱支酶。

(一)α-淀粉酶

α-淀粉酶广泛存在于动物、植物和微生物中。现在工业上已经能利用枯草杆菌、米曲霉、黑曲霉等微生物制备高纯度的 α-淀粉酶。天然的 α-淀粉酶分子中都含有一个结合得很牢固的 Ca^{2+},Ca^{2+} 起着维持酶蛋白最适宜构象的作用,从而使酶具有高的稳定性和最大的活力。α-淀粉酶是一种内切酶,以随机方式在淀粉分子内部水解 α-1,4 糖苷键,但不能水解 α-1,6 糖苷键。在作用于淀粉时有两种情况:第一种情况是水解直链淀粉,首先将直链淀粉随机迅速降解成低聚糖,然后把低聚糖分解成终产物麦芽糖和葡萄糖。第二种情况是水解支链淀粉,作用于这类淀粉时终产物是葡萄糖、麦芽糖和一系列含有 α-1,6 糖苷键的极限糊精或异麦芽糖。由于 α-淀粉酶能快速地降低淀粉溶液的黏度,使其流动性加强,故又称为液化酶。

不同来源的 α-淀粉酶有不同的最适温度和最适 pH。最适温度一般在 55~70℃,但也有少数细菌 α-淀粉酶最适温度很高,达80℃以上。最适 pH 一般在 4.5~7.0 之间,细菌中 α-淀粉酶的最适 pH 略低。

(二)β-淀粉酶

β-淀粉酶主要存在于高等植物的种子中,大麦芽内尤为丰富。少数细菌和霉菌中也含有此种酶,但哺乳动物中还尚未发现。

β-淀粉酶是一种外切酶,它只能水解淀粉分子中的 α-1,4 糖苷键,不能水解 α-1,6 糖苷键。β-淀粉酶在催化淀粉水解时,是从淀粉分子的非还原性尾端开始,依次切下一个个麦芽糖单位,并将切下的 α-麦芽糖转变成 β-麦芽糖。β-淀粉酶在催化支链淀粉水解时,因为它不能断裂 α-1,6 糖苷键,也不能绕过支点继续作用于 α-1,4 糖苷键,因此,β-

淀粉酶分解淀粉是不完全的。β – 淀粉酶作用的终产物是 β – 麦芽糖和分解不完全的极限糊精。

β – 淀粉酶的热稳定性普遍低于 α – 淀粉酶,但比较耐酸。

(三)葡萄糖淀粉酶

葡萄糖淀粉酶主要由微生物的根霉、曲霉等产生。最适 pH 为 4~5,最适温度在 50~60℃范围。

葡萄糖淀粉酶是一种外切酶,它不仅能水解淀粉分子的 α – 1,4 糖苷键,而且能水解 α – 1,6 糖苷键和 α – 1,3 糖苷键,但对后两种键的水解速度较慢。葡萄糖淀粉酶水解淀粉时,是从非还原性尾端开始逐次切下一个个葡萄糖单位,当作用于淀粉支点时,速度减慢,但可切割支点。因此,葡萄糖淀粉酶作用于直链淀粉或支链淀粉时,终产物均是葡萄糖。工业上用葡萄糖淀粉酶来生产葡萄糖。所以也称此酶为糖化酶。

(四)脱支酶

脱支酶在许多动植物和微生物中都有分布,是水解淀粉和糖原分子中 α – 1,6 糖苷键的一类酶,有支链淀粉酶和异淀粉酶之分。

二、蛋白酶

蛋白酶从动物、植物和微生物中都可以提取得到,也是食品工业中重要的一类酶。生物体内蛋白酶种类很多,以来源分类,可将其分为动物蛋白酶、植物蛋白酶和微生物蛋白酶三大类。根据它们的作用方式,可分为内肽酶和外肽酶两大类。还可根据最适 pH 的不同,分为酸性蛋白酶、碱性蛋白酶和中性蛋白酶。

(一)动物蛋白酶

在人和哺乳动物的消化道中存在有各种蛋白酶。胃蛋白酶、胰蛋白酶、胰凝乳蛋白酶等先都分别以无活性前体的酶原形式存在,在消化道需经激活后才具有活性。

在动物组织细胞的溶酶体中有组织蛋白酶,最适 pH 为 5.5 左右。当动物死亡之后,随组织的破坏和 pH 的降低,组织蛋白酶被激活,可将肌肉蛋白质水解成游离氨基酸,使肌肉产生优良的肉香风味。但从活细胞中提取和分离组织蛋白酶很困难,限制了它的应用。

在哺乳期小牛的第四胃中还存在一种凝乳酶,是由凝乳酶原激活而成,pH 5 时可由已有活性的凝乳酶催化而激活,在 pH 2 时主要由 H^+(胃酸)激活。凝乳酶也是内肽酶,能使牛奶中的酪蛋白凝聚,形成凝乳,用来制作奶酪等。

动物蛋白酶由于来源少,价格昂贵,所以在食品工业中的应用不甚广泛。胰蛋白酶主要应用于医药上。

(二)植物蛋白酶

蛋白酶在植物中存在比较广泛。最主要的 3 种植物蛋白酶,即木瓜蛋白酶、无花果蛋白酶和菠萝蛋白酶已被大量应用于食品工业。这 3 种酶都属巯基蛋白酶,也都为内肽酶,对底物的特异性都较宽。

木瓜蛋白酶是番木瓜胶乳中的一种蛋白酶,在 pH 5 时稳定性最好,低于 pH 3 和高于 pH 11 时,酶会很快失活。该酶的最适 pH 虽因底物不同而有不同,但一般在 5 ~ 7 之间。与其他蛋白酶相比,其热稳定性较高。

无花果蛋白酶存在于无花果胶乳中,新鲜的无花果中含量可高达 1% 左右。无花果蛋白酶在 pH 6 ~ 8 时最稳定,但最适 pH 在很大程度上取决于底物。若以酪蛋白为底物,活力曲线在 pH 6.7 和 9.5 两处有峰值;以弹性蛋白为底物时,最适 pH 为 5.5;而对于明胶,最适 pH 则为 7.5。

菠萝汁中含有很强的菠萝蛋白酶,从果汁或粉碎的茎中都可提取得到,其最适 pH 范围在 6 ~ 8。

以上 3 种植物蛋白酶在食品工业上常用于肉的嫩化和啤酒的澄清。

(三)微生物蛋白酶

细菌、酵母菌、霉菌等微生物中都含有多种蛋白酶,是生产蛋白酶制剂的重要来源。生产用于食品和药物的微生物蛋白酶的菌种主要是枯草杆菌、黑曲霉、米曲霉三种。

随着酶科学和食品科学研究的深入发展,微生物蛋白酶在食品工业中的用途将越来越广泛。在肉类的嫩化,尤其是牛肉的嫩化上应用微生物蛋白酶代替价格较贵的木瓜蛋白酶,可达到更好的效果。微生物蛋白酶还被运用于啤酒制造以节约麦芽用量。在酱油的酿制中添加微生物蛋白酶,既能提高产量,又可改善质量。除此之外,还常用微生物蛋白酶制造水解蛋白胨用于医药,以及制造蛋白胨、酵母浸膏、牛肉膏等。细菌性蛋白酶还常用于日化工业,添加到洗涤剂中,以增强去污效果,这种加酶洗涤剂对去除衣物上的奶斑、血斑等蛋白质类污迹的效果很好。

三、果胶酶

果胶酶是能水解果胶类物质的一类酶的总称。它存在于高等植物和微生物中,在高等动物中不存在,但蜗牛是例外。果胶酶在食品工业中具有很重要作用,尤其在果汁的提取和澄清中应用最广。根据其作用底物的不同,可分为果胶酯酶、聚半乳糖醛酸酶和果胶裂解酶 3 种类型。

(一)果胶酯酶

果胶酯酶存在于植物及部分微生物种类里。果胶酯酶催化果胶脱去甲酯基生成聚半乳糖醛酸链和甲醇的反应。不同来源的果胶酯酶的最适 pH 不同,霉菌来源的果胶酯酶的最适 pH 在酸性范围,细菌来源的果胶酯酶在偏碱性范围,植物来源的果胶酯酶在中性附近。不同来源的果胶酯酶对热的稳定性也有差异,例如霉菌果胶酯酶在 pH 3.5 时,50℃ 加热 0.5 h,酶活力无损失,当温度提高到 62 ℃ 时,酶基本上全部失活。而番茄和柑橘果胶酯酶在 pH 6.1 时,70℃ 加热 1 h,酶活力也只有 50% 的损失。

在一些果蔬的加工中,若果胶酯酶在环境因素下被激活,将导致大量的果胶脱去甲酯基,从而影响果蔬的质构。生成的甲醇也是一种对人体有毒害作用的物质,尤其对视神经特别敏感。在葡萄酒、苹果酒等果酒的酿造中,由于果胶酯酶的作用,可能会引起酒中甲醇的含量超标,因此,果酒的酿造,应先对水果进行预热处理,使果胶酯酶失活以控制酒中甲醇的含量。

(二)聚半乳糖醛酸酶

聚半乳糖醛酸酶是降解果胶酸的酶,根据对底物作用方式不同可分两类:一类是随机水解果胶酸(聚半乳糖醛酸)的苷键,这是聚半乳糖醛酸内切酶;另一类是从果胶酸链的末端开始逐个切断苷键,这是聚半乳糖醛酸外切酶。聚半乳糖醛酸内切酶多存在于高等植物、霉菌、细菌和一些酵母中,聚半乳糖醛酸外切酶多存在于高等植物和霉菌中,在某些细菌和昆虫中也有发现。

聚半乳糖醛酸酶来源不同,它们的最适 pH 也稍有不同,大多数内切酶的最适 pH 在 4.0 ~ 5.0,大多数外切酶最适 pH 在 5.0 左右。

聚半乳糖醛酸酶的外切酶与内切酶,由于作用方式不同,所以它们作用时对果蔬质构影响或果汁处理效果也有差别。例如同一浓度果胶液,内切酶作用时,只要 3% ~ 5% 的果胶酸苷键断裂,黏度就下降;而外切酶作用时,则要 10% ~ 15% 的苷键断裂才使黏度下降 50%。

(三)果胶裂解酶

果胶裂解酶是内切聚半乳糖醛酸裂解酶、外切聚半乳糖醛酸裂解酶和内切聚甲基半乳糖醛酸裂解酶的总称。果胶裂解酶主要存在于霉菌中,在植物中尚无发现。

果胶裂解酶是催化果胶或果胶酸的半乳糖醛酸残基的 $C_4 \sim C_5$ 位上的氢进行反式消去作用,使糖苷键断裂,生成含不饱和键的半乳糖醛酸。

四、多酚氧化酶

多酚氧化酶广泛存在于各种植物和微生物中。在果蔬食物中,多酚氧化酶分布于叶绿体和线粒体中,但也有少数植物,如马铃薯块茎,几乎所有的细胞结构中都有分布。

多酚氧化酶的最适 pH 常随酶的来源不同或底物不同而有差别,但一般在 pH 4 ~ 7 范围之内。同样,不同来源的多酚氧化酶的最适温度也有不同,一般多在 20 ~ 35℃。在大多数情况下从细胞中提取的多酚氧化酶在 70 ~ 90 ℃下热处理短时就可发生不可逆变性。低温也影响多酚氧化酶活性。较低温度可使酶失活,但这种酶的失活是可逆的。阳离子洗涤剂、Ca^{2+} 等能活化多酚氧化酶。抗坏血酸、二氧化硫、亚硫酸盐、柠檬酸等都对多酚氧化酶有抑制作用,苯甲酸、肉桂酸等有竞争性抑制作用。

多酚氧化酶是一种含铜的酶,主要在有氧的情况下催化酚类底物反应形成黑色素类物质。在果蔬加工中常常因此而产生不受欢迎的褐色或黑色,严重影响果蔬的感官质量。

多酚氧化酶催化的褐变反应多数发生在新鲜的水果和蔬菜中,例如香蕉、苹果、梨、茄子、马铃薯等。当这些果蔬的组织碰伤、切开、遭受病害或处在不适宜的环境中时,很容易发生褐变。这是因为当它们的组织暴露在空气中时,在酶的催化下多酚氧化为邻醌,再进一步氧化聚合而形成褐色素或称类黑素。

五、其他酶类

(一) 脂肪酶

脂肪酶存在于含有脂肪的组织中。植物的种子里含脂肪酶,一些霉菌、细菌等微生物也能分泌脂肪酶。

脂肪酶的最适 pH 常随底物、脂肪酶纯度等因素而有不同,但多数脂肪酶的最适 pH 在 8~9,也有部分脂肪酶的最适 pH 偏酸性。微生物分泌的脂肪酶最适 pH 在 5.6~8.5 之间。脂肪酶的最适温度也因来源、作用底物等条件不同而有差异,大多数脂肪酶的最适温度在 30~40℃ 范围之内。也有某些食物中脂肪酶在冷冻到 -29℃ 时仍有活性。除了温度对脂肪酶的活性有影响外,盐对脂肪酶的活性也有一定影响,对脂肪具有乳化作用的胆酸盐能提高酶活力,重金属盐一般具有抑制脂肪酶的作用,Ca^{2+} 能活化脂肪酶并可提高其热稳定性。

脂肪酶能催化脂肪水解成甘油和脂肪酸,但是对水解甘油酰三酯的酯键位置具有特异性,首先水解 1,3 位酯键生成甘油酰单酯后,再将第二位酯键在非酶异构后转移到第一位或第三位,然后经脂肪酶作用完全水解成甘油和脂肪酸。

脂肪酶只作用于油—水界面的脂肪分子,增加油水界面能提高脂肪酶的活力,所以,在脂肪中加入乳化剂能大大提高脂肪酶的催化能力。

(二) 脂氧合酶

脂氧合酶广泛地存在于植物中。各种植物的种子,特别是豆科植物的种子含量丰富,尤其以大豆中含量最高。

脂氧合酶对底物具有高度的特异性,它作用的底物脂肪,在其脂肪酸残基上必须含有一个顺,顺 1,4 - 戊二烯单位(—CH ＝ CH—CH_2—CH ＝ CH—)。必需脂肪酸的亚油酸、亚麻酸、花生四烯酸都含有这种单位,所以必需脂肪酸都能被脂氧合酶所利用,特别是亚麻酸更是脂氧合酶的良好底物。

脂氧合酶对食品质量的影响较复杂,它在一些条件下可提高某些食品的质量,例如在面粉中加入含有活性的脂氧合酶的大豆粉,由于脂氧合酶的作用,使得面筋网络更好地形成,从而较好地改善了面包的质量。可是脂氧合酶在很多情况下又能损害一些食品的质量,例如能直接或间接地影响肉类的酸败和对食品中一些维生素的破坏;减少食品中不饱和脂肪酸的含量和使高蛋白食品产生不良风味等。控制食品加工时的温度是使脂氧合酶失活的有效方法。

(三) 葡萄糖氧化酶

葡萄糖氧化酶最初从黑曲霉和灰绿曲霉中发现,米曲霉、青霉等多种霉菌都能产生葡萄糖氧化酶。但在高等动物和植物中,目前还没发现。葡萄糖氧化酶是一种需氧脱氢酶,在有氧条件下催化葡萄糖的氧化。反应如下:

$$葡萄糖 + O_2 \xrightarrow{\text{葡萄糖氧化酶}} 葡萄糖酸 + H_2O$$

利用该酶促反应可以除去葡萄糖或氧气。例如葡萄糖氧化酶可用在蛋品生产中以除去葡萄糖而防止引起产品变色的美拉德反应,又可用它减少土豆片中的葡萄糖,从而使油炸土豆片产生金黄色而不是棕色。葡萄糖氧化酶还常用于除去封闭包装系统中的氧气以抑制脂肪的氧化和天然色素的降解。

(四)风味酶

水果和蔬菜中的风味化合物,一些是由风味酶直接或间接地作用于风味前体,然后转化生成的。当植物组织保持完整时,并无强烈的芳香味,因为酶与风味前体是分隔开的,只有在植物组织破损后,风味前体才能转变为有气味的挥发性化合物。而有的是经过贮藏和加工过程而生成的。例如香蕉、苹果或梨在生长过程中并无风味,甚至在收获期也不存在,直到成熟初期,由于生成少量的乙烯的刺激而发生了一系列酶促变化,风味物质才逐渐形成。

对风味物前体转化为风味物产生关键催化作用的专一性酶被称为风味酶。例如蒜氨酸酶、葡萄糖硫苷酶、脂肪氧合酶和 S – 烷基 – L – 半胱氨酸亚砜断裂酶分别是蒜氨酸转变为蒜素、芥子苷转变为异硫氰酸酯、亚麻酸转变为黄瓜醛和香菇酸转变为香菇精反应中关键的效应酶,所以它们都是风味酶。

第八章　维生素与辅酶

第一节　概述

维生素是促进人体生长发育和调节生理功能所必需的一类低分子有机化合物,也是动植物食品的组成成分。维生素的种类很多,化学结构各不相同,在体内的含量极微,但它在体内调节物质代谢和能量代谢中起着十分重要的作用。

一、维生素的共同特点

维生素虽然种类繁多,但有一些共同的特点:

(1)维生素是人体代谢不可缺少的成分,均为有机化合物,都是以本体(维生素本身)的形式或可被机体利用的前体(维生素原)的形式存在于天然食品中。

(2)维生素在体内不能合成或合成量不足,也不能大量储存于机体的组织中,虽然需要量很小,但必须由食物供给。

(3)在体内不能提供热能,也不能构成身体的组织,但担负着特殊的代谢功能。

(4)人体一般仅需少量维生素就能满足正常的生理需要。若供给不足就要影响相应的生理功能,严重时会产生维生素缺乏病。

由此可见,维生素在人体内起着重要的作用,是机体维持生命所必需的要素。

二、维生素的命名

在科学工作者没有完全确定各种维生素的化学结构之前,通常把维生素的命名按照它们被发现的顺序,依字母顺序排列,或根据它们所具有的营养作用的第一个词的开头字母命名。例如按照发现顺序的脂溶性维生素首先是维生素 A、维生素 D、维生素 E,水溶性维生素 B_1、维生素 B_2 和维生素 C。而维生素 K 的发现者是一位荷兰科学家,他把维生素 K 的抗出血作用按荷兰文称为"凝血因子"(koagalation factor)而命名。此外,也可以按其特有的生理和治疗作用命名,如抗脚气病维生素、抗癞皮病维生素、抗干眼病维生素等。

随着各种维生素化学结构的确定,人们经常使用其化学结构名称。虽然维生素的命名还没有取得一致,但更趋向于使用化学名称,尤其用于复合 B 族维生素。维生素的命名具体见表 8-1。

表 8 – 1　维生素命名

以字母命名	以化学结构或功能命名	英文名称
维生素 A	视黄醇,抗干眼病维生素	vitaminA,retinol
维生素 D	钙化醇,抗佝偻病维生素	vitaminD,calciferol
维生素 E	生育酚	vitaminE,tocopherol
维生素 K	叶绿醌,凝血维生素	vitaminK,phylloquinone
维生素 B_1	硫胺素,抗脚气病维生素	vitaminB$_1$,thiamin
维生素 B_2	核黄素	vitaminB$_2$,riboflavin
维生素 B_3	泛酸	vitaminB$_3$,pantothenic acid
维生素 PP	烟酸,烟酰胺,抗癞皮病维生素	niacin,nicotinic acid,niaciamide
维生素 B_6	吡哆醇(醛,胺)	pyridoxine,pyridoxal,pyridoxamine
维生素 M	叶酸	folacin,folic acid,folate
维生素 H	生物素	biotin
维生素 B_{12}	钴胺素,氰钴胺素,抗恶性贫血病维生素	cobalamin
维生素 C	抗坏血酸,抗坏血病维生素	ascorbic acid

三、维生素的分类

根据维生素在脂类溶剂或水中溶解性特征可将其分为两大类:脂溶性维生素(Fat – soluble vitamins)和水溶性维生素(Water – soluble vitamins)。前者包括维生素 A、维生素 D、维生素 E、维生素 K,后者包括 B 族维生素和维生素 C。

(一)脂溶性维生素

脂溶性维生素包括维生素 A、维生素 D、维生素 E、维生素 K。脂溶性维生素的共同特点是:①化学组成仅含有碳、氢、氧;②不溶于水而溶于脂肪及有机溶剂(如苯、乙醚及氯仿等);③在食物中它们常与脂类共存,在酸败的脂肪中容易破坏;④在体内消化、吸收、运输、排泄过程均与脂类密切相关;⑤摄入后大部分储存在脂肪组织中;⑥大剂量摄入容易引起中毒;⑦如摄入过少,可缓慢出现缺乏症状。

(二)水溶性维生素

水溶性维生素包括 B 族维生素(维生素 B_1、维生素 B_2、维生素 PP、叶酸、维生素 B_6、维生素 B_{12}、泛酸、生物素等)和维生素 C。水溶性维生素的共同特点是:①自然界中几种维生素常共同存在,其化学组成除含有碳、氢、氧外,还含氮、硫、钴等元素;②易溶于水而不溶于脂肪及有机溶剂中,对酸稳定,易被碱破坏;③与脂溶性维生素比较,水溶性维生素及其代谢产物较易自尿中排出,体内没有非功能性的单纯的储存形式;④当机体饱和后,多摄入的维生素必然从尿中排出;反之,若组织中的维生素枯竭,则给予的维生素将大量被组织利用,故从尿中排出减少;⑤绝大多数水溶性维生素以辅酶或辅基的形式参与酶的功能;⑥水溶性维生素一般无毒性,但极大量摄入时也可出现毒性;⑦如摄入过少,可较快地出现缺乏症状。

四、维生素的主要作用

(1)在生物体内作为辅酶或辅酶的前体,如 B 族维生素。

(2)抗氧化剂,如维生素 C、维生素 E 和某些类胡萝卜素。

(3)遗传的调节因子,如维生素 A、维生素 D。

(4)具有某些特殊功能,如维生素 A 与视觉有关、维生素 D 对骨骼的结构,维生素 K 对血液凝固的作用等。

五、维生素与辅酶的关系

维生素及辅酶的研究是 20 世纪前半期生物化学最显著的成就,特别是阐明了 B 族维生素在酶反应中担负辅酶的作用。在此时期从分子水平探讨人体的营养需要取得了划时代的进展,对人类的健康做出了重大贡献。各种维生素与辅酶的关系归纳总结见表 8-2。

表 8-2　维生素及辅酶类型

类型	种类	辅酶或其他功能	生化作用
水溶性维生素	硫胺素(B_1)	焦磷酸硫胺素(TPP)	α-酮酸氧化脱羧等
	核黄素(B_2)	黄素单核苷酸(FMN)	氢原子(电子)转移
		黄素腺嘌呤二核苷酸(FAD)	氢原子(电子)转移
	泛酸(B_3)	辅酶 A	酰基基团的转移
	烟酸(B_5 或 PP)	烟酰胺腺嘌呤二核苷酸(NAD)	氢原子(电子)转移
		烟酰胺腺嘌呤二核苷酸磷酸(NADP)	氢原子(电子)转移
	吡哆醛(B_6)	磷酸吡哆醛	氨基基团的转移
	生物素(B_7)	胞生物素	羧基的转移
	叶酸(B_{11})	四氢叶酸	一碳基团的转移
	维生素(B_{12})	辅酶 B_{12}	氢原子的 1,2 移位
	硫辛酸	硫辛酰赖氨酸	氢原子和酰基基团的转移
	维生素 C	-	羟化作用的辅助因子
脂溶性维生素	维生素 A	11-视黄醛	构成视觉细胞内感光物质,防止皮肤病变
	维生素 D	1,25-羟胆钙化甾醇	钙和磷酸的代谢
	维生素 E		抗氧化剂,预防不育症
	维生素 K		凝血酶原的生物合成

第二节 食品中的维生素

一、抗坏血酸

抗坏血酸(ascorbic acid,AA)又称维生素C,是一个羟基羧酸的内酯,具烯二醇结构,有较强的还原性。抗坏血酸中含有手性碳原子,所以具有多种异构体:D-抗坏血酸、D-异抗坏血酸、L-抗坏血酸和L-异抗坏血酸。另外,抗坏血酸分子的2,3-烯醇式结构使其具有酸性和还原性,在一定条件下可脱氢形成脱氢抗坏血酸。抗坏血酸和脱氢抗坏血酸的各种异构体见图8-1。

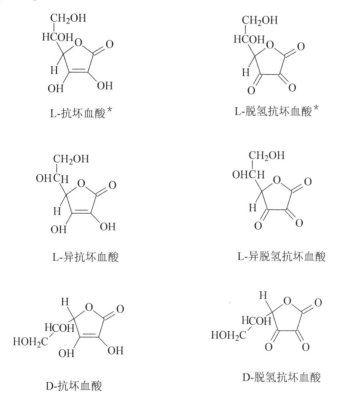

图8-1 抗坏血酸和脱氢抗坏血酸的各种异构体(﹡表明具有维生素C活性)

以上抗坏血酸中,L-抗坏血酸的活性较高,L-脱氢抗坏血酸所显示的活性几乎与L-抗坏血酸相同,因为在体内L-脱氢抗坏血酸可几乎完全地被还原为L-抗坏血酸。L-异抗坏血酸和D-抗坏血酸与L-抗坏血酸具有相似的化学性质,但二者在本质上没有维生素C活性。

抗坏血酸的维生素C活性主要表现在它能活化脯氨酸羟化酶和赖氨酸羟化酶,促进脯氨酸和赖氨酸向羟脯氨酸和羟赖氨酸转化。胶原蛋白中含有较多的羟脯氨酸,主要由脯氨酸羟化酶催化形成,所以维生素 C 可促进胶原蛋白的合成。胶原蛋白主要是存在于骨、牙齿、血管、皮肤等中,使这些组织保持完整性,并促进创伤与骨折愈合。胶原蛋白还能使人体组织富有弹性,同时又可对细胞形成保护,避免病毒入侵。在胶原蛋白的生物合成过程中,α-肽链上的脯氨酸和赖氨酸要经过羟化形成羟脯氨酸和羟赖氨酸残基后才能进一步形成胶原的正常结构。毛细血管壁膜以及连接细胞的纤维组织也是由胶原构成,也需有维生素 C 的促进作用。因此,维生素 C 对促进创伤的愈合、促进骨质钙化、保护细胞的活性并阻止有毒物质对细胞的伤害、保持细胞间质的完整、增加微血管的致密性及降低血管的脆性等方面有着重要的作用。

维生素 C 主要存在于水果和蔬菜中,动物性食品中只有牛奶和肝脏中含有少量维生素 C。维生素 C 的天然存在形式几乎都是还原态的 L-抗坏血酸。

二、B 族维生素

(一)硫胺素

硫胺素(thiamin)又称维生素 B_1,是由一个取代的嘧啶环和一个取代的噻唑环通过亚甲基连接形成。硫胺素分子中有两个碱基氮原子,一个在初级氨基基团中,另一个在具有强碱性质的四级胺中,因此,硫胺素能与酸类反应形成相应的盐。硫胺素广泛分布于植物和动物体中,在 α-酮基酸和糖类的中间代谢中起着十分重要的作用。硫胺素的主要功能形式是焦磷酸硫胺素(TPP),然而各种形式的硫胺素都具有维生素 B_1 活性(图 8-2)。

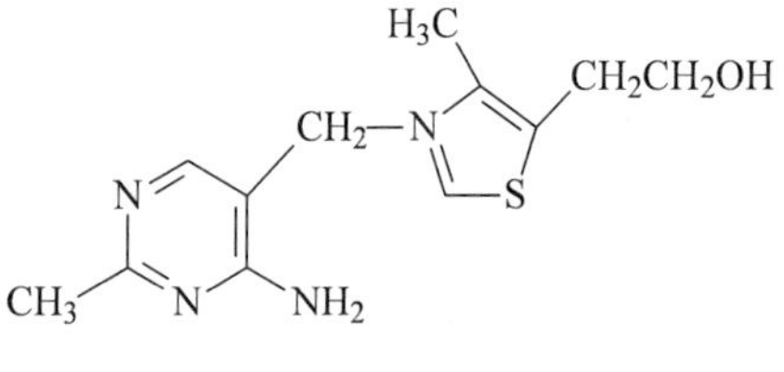

硫胺素 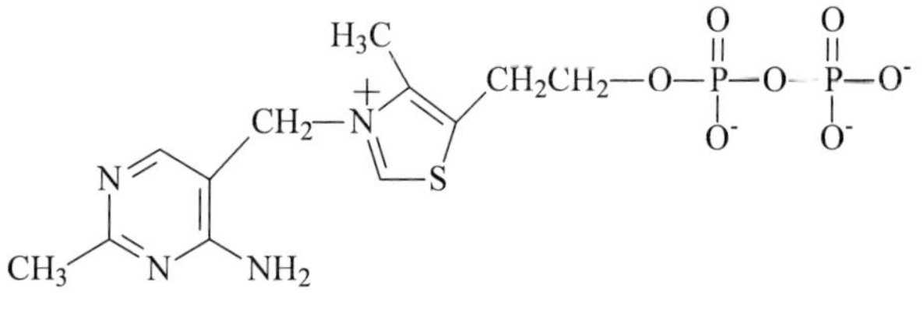　　　　　　　　　　硫胺素焦磷酸盐

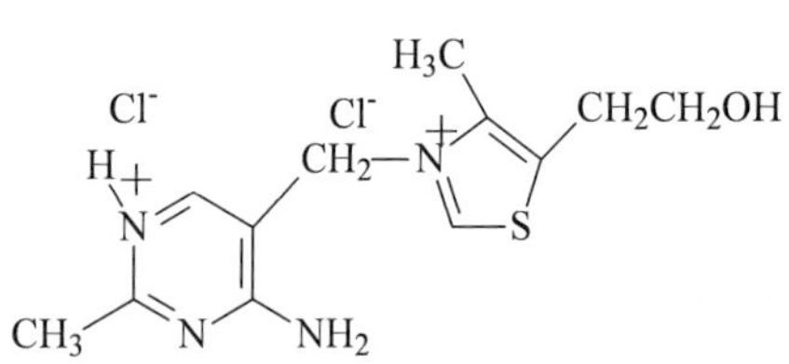

硫胺素盐酸盐 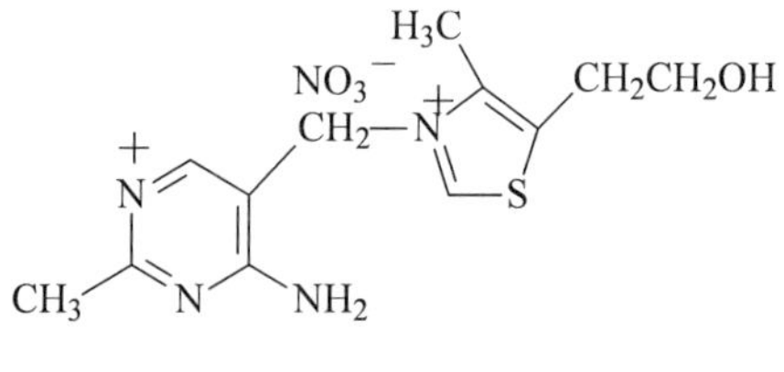　　　　　　　　硫胺素单硝酸盐

图 8-2　各种形式硫胺素

焦磷酸硫胺素是硫胺素的活性形式,是糖类代谢中氧化脱羧酶的辅酶,参与糖类代谢中 α-酮酸的氧化脱羧作用。硫胺素若缺乏时,糖类代谢至丙酮酸阶段就不能进一步氧

化,造成丙酮酸在体内堆积,降低能量供应,影响人体正常的生理功能,并对机体造成广泛损伤。因此,硫胺素是体内物质代谢和能量代谢的关键物质。而当神经组织能量不足时,出现相应的神经肌肉症状,如多发性神经炎、肌肉萎缩及水肿,甚至会影响心肌和脑组织功能。

机体中硫胺素的总储存量约 30mg,以肝脏、肾脏和心脏中含量最高。代谢产物为嘧啶和噻唑及其衍生物。硫胺素从尿中排出,不能被肾小管重吸收。

硫胺素广泛存在于天然食物中。谷物是硫胺素的主要来源,多存在于种子的外皮及胚芽中。此外,黄豆、干酵母、花生、动物内脏、蛋类、瘦猪肉、新鲜蔬菜等中也含有较多的硫胺素。有些食物如淡水鱼、贝类含有硫胺素酶,能分解破坏硫胺素,不宜生吃,应使之破坏后再食用。

(二)核黄素

核黄素(riboflavin)又称维生素 B_2,由异咯嗪加核糖醇侧链组成,并有许多同系物。在自然界中主要以磷酸酯的形式存在于黄素单核苷酸(FMN)和黄素腺嘌呤二核苷酸(FAD)两种辅酶中(图 8－3)。黄素单核苷酸和黄素腺嘌呤二核苷酸两种活性形式之间可通过食品中或胃肠道内的磷酸酶催化而相互转变。

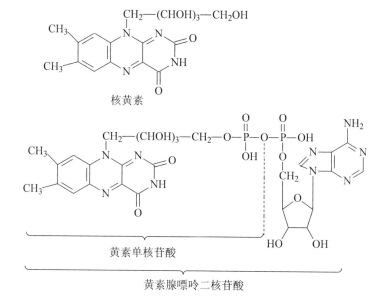

图 8－3　核黄素、黄素单核苷酸和黄素腺嘌呤二核苷酸

黄素单核苷酸和黄素腺嘌呤二核苷酸是黄素酶的辅基,这些酶为电子传递系统中的氧化酶及脱氢酶,所以,FMN 和 FAD 在电子传递过程中非常重要,在葡萄糖、脂肪酸、氨基酸和嘌呤的氧化中起重要作用。

FMN 和 FAD 是黄素蛋白的组成部分。黄素蛋白是机体中许多酶系统的重要辅基的组成成分,通过呼吸链参与体内氧化还原反应和能量代谢,是生物氧化过程中传递氢的重要物质,保证物质代谢尤其是蛋白质、脂肪、碳水化合物代谢的正常进行,并促进生长、维护皮肤和黏膜的完整性。

FMN 和 FAD 分别作为辅酶参与维生素 B_6 转变为磷酸吡哆醛、色氨酸转变为烟酸的过程,对于维持维生素 B_6 在体内的正常代谢、利用食物中的色氨酸来补充体内对烟酸的需要具有重要的作用。

由核黄素形成的 FAD 作为谷胱甘肽还原酶的辅酶,被谷胱甘肽还原酶及其辅酶利用,参与体内的抗氧化防御系统,并有利于稳定其结构,还可将氧化型谷胱甘肽转化为还原型谷胱甘肽,维持体内还原型谷胱甘肽的正常浓度。

另外,核黄素还可与细胞色素 P_{450} 结合,参与药物代谢,提高机体对环境的应激适应能力;还被认为是视黄醛色素的组成成分,并与肾上腺皮质的分泌功能有关。

核黄素在体内大多数以辅酶形式贮存于血液、组织及体液中。体内组织贮存核黄素的能力很有限,当人体摄入大量核黄素时,肝、肾中核黄素含量常明显增加,并有一定量核黄素以游离形式从尿中排泄。

肠道细菌可以合成一定量的核黄素,但数量不多,主要还须依赖于食物中的供给。核黄素广泛存在于动植物食物中。乳类、蛋类、各种肉类、动物内脏中核黄素的含量丰富,主要以 FMN 和 FAD 的形式与食物中蛋白质结合。绿色蔬菜、豆类中也有。粮谷类的核黄素主要分布在谷皮和胚芽中,碾磨加工可丢失一部分核黄素,植物性食物中核黄素的含量都不高。

(三)维生素 B_6

维生素 B_6 属水溶性维生素,实际上包括吡哆醇(PN)、吡哆醛(PL)、吡哆胺(PM)三种衍生物(图 8-4),三者均可在 5′-羟甲基位置上发生磷酸化,这三种形式在体内通过酶可互相转换,因此均具有维生素 B_6 的生物活性。

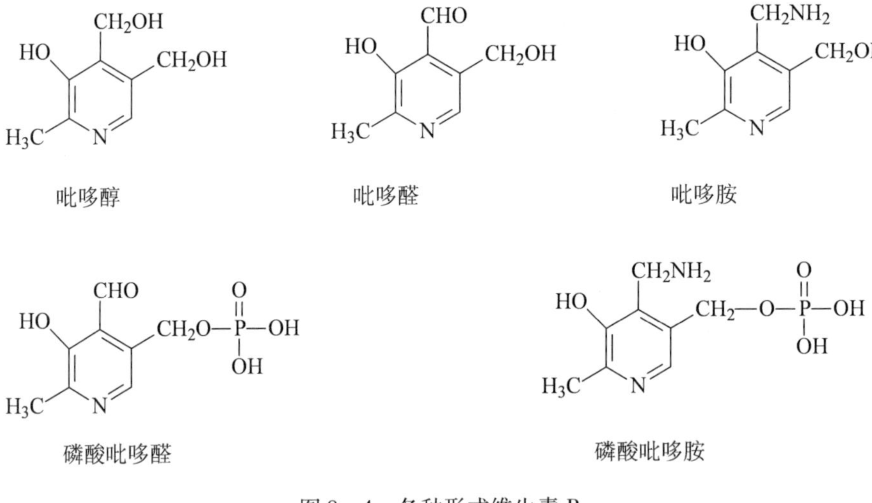

图 8-4 各种形式维生素 B_6

吡哆醛、吡哆醇和吡哆胺在理化性质上相似,它们易溶于水和乙醇,在酸性溶液中稳定,在碱性溶液中易被分解破坏,对光敏感。

维生素 B_6 的生物活性形式以 5 - 磷酸吡哆醛(PLP)为主,也有少量的磷酸吡哆胺。维生素 B_6 参与大约 100 余种酶反应,在氨基酸代谢、糖异生作用、脂肪酸代谢和神经递质合成中起重要作用,还与机体免疫功能有关,主要参与的生化反应有:

1. PLP 是催化许多氨基酸反应酶的辅助因子,这些酶在蛋白质代谢中具有重要作用。它作为 100 余种酶的辅酶参与转氨基、脱羧、侧链裂解及脱水等反应。

2. PLP 参与催化肌肉与肝脏中的糖原转化为 1 - 磷酸葡萄糖,还参与亚油酸合成花生四烯酸及胆固醇的合成与转运。

3. PLP 是丝氨酸转羟甲基酶的辅酶,该酶参与一碳单位代谢,一碳单位代谢障碍可造成巨幼红细胞贫血。

4. 在色氨酸转化成烟酸的反应中,需要 PLP 作为辅酶。

5. 维生素 B_6 还参与神经介质如 5 - 羟色胺、多巴胺、牛磺酸、去甲肾上腺素的合成。近年发现,高同型半胱氨酸血症为心血管疾病的危险因素,补充维生素 B_6 能降低血浆同型半胱氨酸水平。

维生素 B_6 广泛存在于各种动植物食品中,鸡肉、鱼肉等白色肉类含量最高,小麦、玉米、豆类、葵花子、核桃、水果、蔬菜及蛋黄、肉类、动物肝脏等含量也较多。

(四)叶酸

叶酸(Folic acid)包括一系列结构相似、生物活性相同的化合物,分子结构中含有蝶呤(Pteridine nucleus)、对氨基苯甲酸(p-Aminobenzoic acid)和谷氨酸(Glutamic acid)三部分(图 8 - 5)。

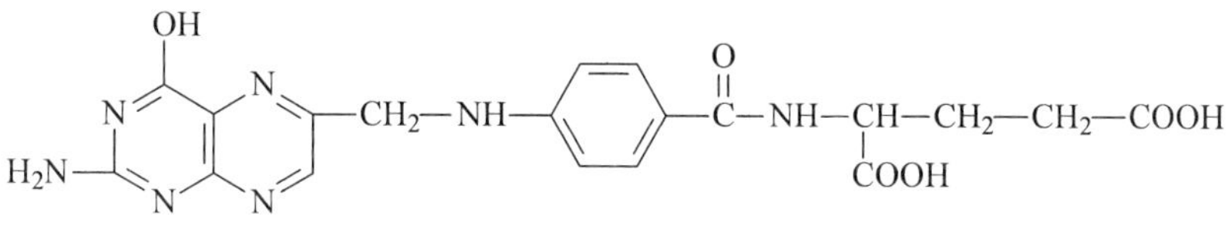

图 8 - 5　叶酸

叶酸为黄色或橙黄色结晶性粉末,无臭、无味、微溶于热水,不溶于乙醇、乙醚及其他有机溶剂。叶酸的钠盐易溶于水,但在水溶液中容易被光解破坏,产生蝶啶和氨基苯甲酰谷氨酸盐。在酸性溶液中对热不稳定,而在中性和碱性环境中却很稳定。叶酸的商品形式中含有一个谷氨酸残基称蝶酰谷氨酸,天然存在的蝶酰谷氨酸有 3 ~ 7 个谷氨酸残基。

食物中的叶酸进入人体后被还原成具有生理作用的活性形式四氢叶酸,四氢叶酸在体内许多重要的生物合成中作为一碳单位的载体发挥着重要的作用,参与的生化反应主要有:

1.参与碱基的合成

叶酸能够携带不同氧化水平的一碳单位,包括各种来源的甲基、亚甲基、甲炔基、甲酰基和亚胺甲基等,参与嘌呤和胸腺嘧啶的合成,进一步合成 DNA 和 RNA。

2.参与氨基酸代谢

叶酸在甘氨酸和丝氨酸、组氨酸和谷氨酸、同型半胱氨酸和蛋氨酸之间的相互转化过程中充当一碳单位的载体。

3.参与血红蛋白及甲基化合物的合成

叶酸参与血红蛋白及肾上腺素、胆碱、肌酸等重要物质的合成。叶酸缺乏时,影响红细胞成熟,血红蛋白合成减少,导致巨幼红细胞贫血。

绿色蔬菜和动物肝脏中富含叶酸,乳中含量较低。蔬菜中的叶酸呈结合型,而肝中的叶酸呈游离态。人体肠道中可合成部分叶酸。人体内叶酸总量约 5~6mg,其中一半左右储存在肝脏,且80%以5-甲基四氢叶酸的形式存在。叶酸的排出量很少,主要通过尿及胆汁排出。

(五)烟酸

烟酸,又称尼克酸、维生素 B_3、维生素 PP、抗癞皮病因子,是具有烟酸生物活性的吡啶-3-羧酸衍生物的总称,主要包括烟酸和烟酰胺(也叫尼克酰胺),它们具有同样的生物活性。在生物体内其活性形式是烟酰胺腺嘌呤二核苷酸(NAD)和烟酰胺腺嘌呤二核苷酸磷酸(NADP)(图8-6)。

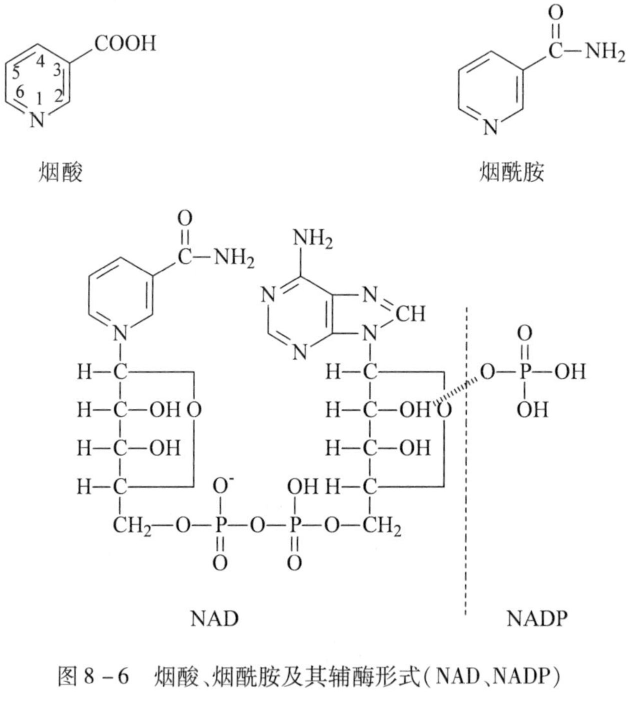

图8-6 烟酸、烟酰胺及其辅酶形式(NAD、NADP)

烟酸在体内以辅酶Ⅰ(NAD)、辅酶Ⅱ(NADP)的形式作为脱氢酶的辅酶在生物氧化中起传递氢的作用,参与葡萄糖酵解、丙酮酸盐代谢、戊糖的生物合成和脂肪、氨基酸、蛋白质及嘌呤的代谢,在碳水化合物、脂肪和蛋白质的氧化过程中起重要作用。

　　另外,烟酸是葡萄糖耐量因子(GTF)的重要成分,有增强胰岛素效能的作用;还可维持神经系统、消化系统和皮肤的正常功能,缺乏时可发生癞皮病;在扩张末梢血管和降低血清胆固醇水平方面也有一定功能。

　　烟酸广泛存在于动植物体内,酵母、肝脏、瘦肉、牛乳、花生、黄豆中含量丰富,谷物皮层和胚芽中含量也较高。

　　烟酸是最稳定的一种维生素,对光和热不敏感,在酸性或碱性条件下加热可使烟酰胺转变为烟酸,其生物活性不受影响。

（六）维生素 B_{12}

　　维生素 B_{12} 含有金属元素钴,是唯一含有金属元素的维生素,又称钴胺素、抗恶性贫血维生素,化学分子式为 $C_{63}H_{90}O_{14}N_{14}PCo$,维生素 B_{12} 和 B_{12} 辅酶结构见图 8 – 7。

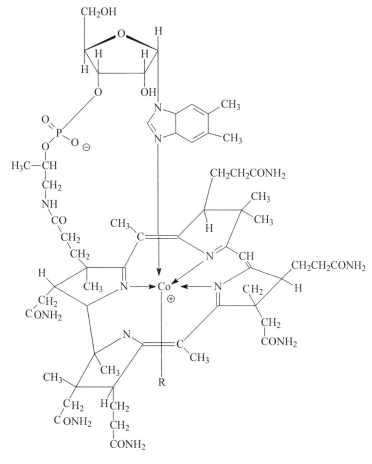

维生素 B_{12} (R=CN)　　　　B_{12} 辅酶（R=5'-脱氧腺苷）

图 8 – 7　维生素 B_{12} 和 B_{12} 辅酶

　　维生素 B_{12} 的生理功能主要有:

（1）作为蛋氨酸合成酶的辅酶参与蛋氨酸的合成;

（2）促进叶酸变为有活性的四氢叶酸；

（3）对维持神经系统的功能有重要作用。

植物性食品中维生素 B_{12} 很少，其主要来源是菌类食品、发酵食品以及动物性食品如肝脏、瘦肉、肾脏、牛奶、鱼、蛋黄等。人体肠道中的微生物也可合成一部分供人体利用。素食者由于长期不吃肉食而较常发生维生素 B_{12} 的缺乏。老年人和胃切除患者由于胃酸过少，不能分解食物中蛋白 – 维生素 B_{12} 复合体也可引起维生素 B_{12} 的吸收不良。

（七）泛酸

泛酸又称维生素 B_5、遍多酸、抗皮炎维生素，是一种二肽衍生物，广泛存在于自然界。泛酸存在两种立体异构体，但仅 R – 对映体具有生物活性，并且是天然存在的，通常称为"D（＋）– 泛酸"。泛酸在机体组织内是与巯乙胺、焦磷酸及 3′ – 磷酸腺苷结合成为辅酶 A 而起作用的（图 8 – 8）。辅酶 A 是糖、脂肪、蛋白质代谢供能所必需的辅酶。泛酸在脂肪的合成和分解中起着十分重要的作用，与皮肤、黏膜的正常功能、动物毛皮的色泽及对疾病的抵抗力有很大的关系。

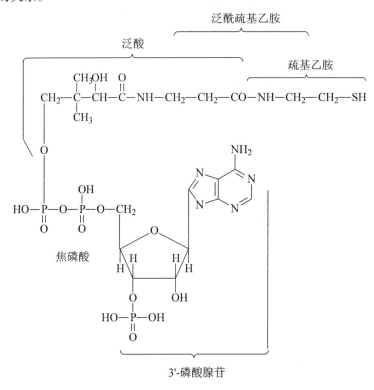

图 8 – 8　辅酶 A（CoA – SH）

人类泛酸缺乏的现象极为少见，但摄入量低时很可能使一些代谢过程减慢，引起不明显的临床症状，例如过敏、焦躁不安、精神忧郁等。

泛酸在动植性食物中分布很广。动物性食物中以动物肝脏、肾脏、肉类、鱼、龙虾、蛋中尤为丰富；植物性食物中的绿色蔬菜、小麦、胚芽米、糙米等含量也很高。

三、维生素A

维生素 A 是一类由 20 个碳构成的具有活性的不饱和碳氢化合物,主要有维生素 A_1（视黄醇）及其衍生物（醛、酸、酯）、维生素 A_2（脱氢视黄醇）,结构见图 8 - 9。

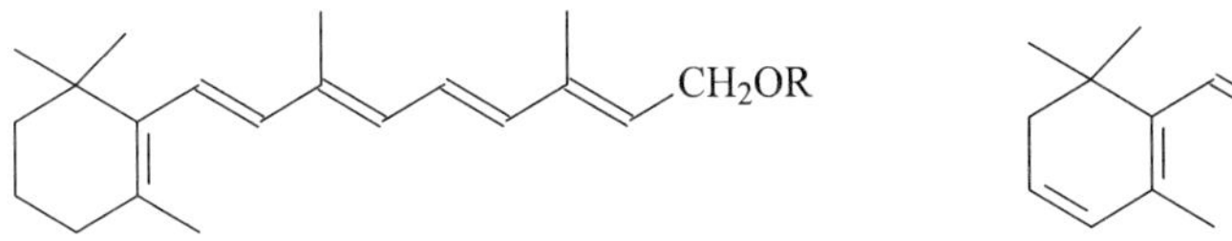

维生素A_1　　　　　　　　　　　　维生素A_2

R＝H 或 COCH$_3$、CO（CH$_2$)$_{14}$CH$_3$

图 8 - 9　维生素 A

维生素 A_1 结构中存在共轭双键（异戊二烯类）,有多种顺反立体异构体。食物中的维生素 A_1 主要是全反式结构,生物效价最高。维生素 A_2 的生物效价只有维生素 A_1 的 40%,而 1,3 - 顺异构体（新维生素 A）的生物效价是维生素 A_1 的 75%。新维生素 A 在天然维生素 A 中约占 1/3 左右,而在人工合成的维生素 A 中很少。维生素 A_1 主要存在于动物的肝脏和血液中,维生素 A_2 主要存在于淡水鱼中。蔬菜中没有维生素 A,但含有的胡萝卜素进入体内后可转化为维生素 A_1,通常称之为维生素 A 原或维生素 A 前体,其中以 β - 胡萝卜素转化效率最高,1 分子的 β - 胡萝卜素可转化为 2 分子的维生素 A。

维生素 A 为淡黄色结晶,胡萝卜素为深红色,其溶液呈黄色或橘黄色,均为脂溶性化合物。维生素 A 及其衍生物易被氧化和受紫外线破坏,油脂酸败过程中,其所含的维生素 A 会受到严重的破坏。食物中的磷脂、维生素 E、维生素 C 和其他抗氧化剂有提高维生素 A 稳定性的作用。烹调过程中胡萝卜素比较稳定,且加工、加热有助于胡萝卜素从细胞内释出,提高吸收率。

维生素 A 是复杂机体必需的一种营养素,它以不同方式几乎影响机体内的一切组织细胞。维生素 A（包括胡萝卜素）最主要的生理功能是:维持视觉,促进生长;增强生殖力和清除自由基。β - 胡萝卜素有很好的抗氧化作用,能通过提供电子抑制活性氧的生成达到清除自由基的目的,但在高氧分压时表现助氧化作用。

人体从食物中获得的维生素 A 主要有两类:一是来自动物性食物的维生素 A,多数以酯的形式存在于动物肝脏、鱼肝油、鱼卵,乳和乳制品（未脱脂）及禽蛋中;二是来自植物性食物中的胡萝卜素（主要是 β - 胡萝卜素）,有色蔬菜尤其绿色和黄色蔬菜及部分水果中含量最多,如菠菜、韭菜、油菜、豌豆苗、红心甜薯、胡萝卜、青椒、南瓜、芒果及杏等都是胡萝卜素的丰富来源。

四、维生素D

维生素 D 为一组存在于动植物组织中的固醇类化合物,其中以维生素 D_3 和维生素 D_2

最重要,其结构如图 8-10 所示。维生素 D_2 和维生素 D_3 的生理功能和作用机制是完全相同的,二者都具有维生素 D 的生理活性,常被统称为维生素 D。维生素 D 的生物活性形式为 1,25 - 二羟基胆钙化醇,具有类固醇激素的作用。

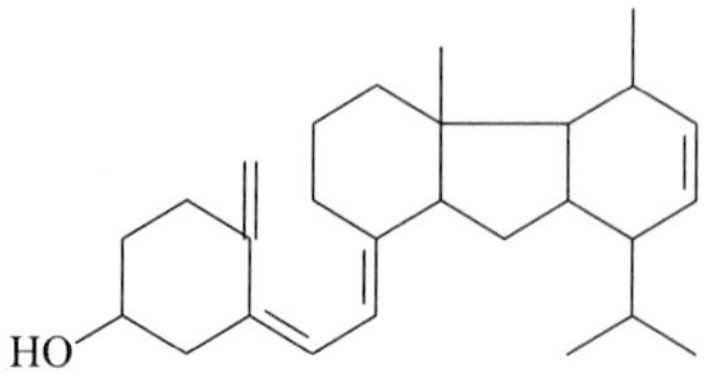

维生素D_2 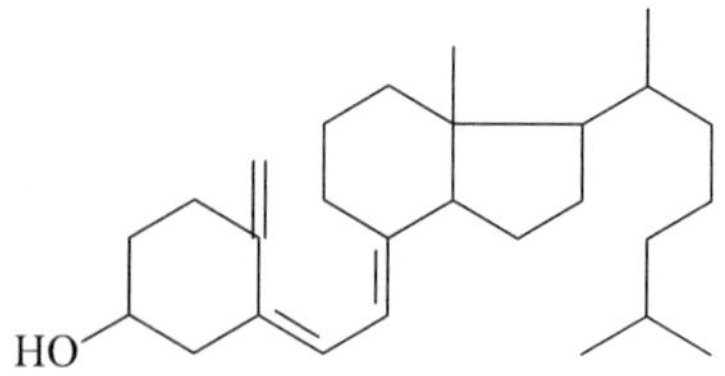   维生素D_3

图 8-10 维生素 D

维生素 D 广泛存在于动物性食品中,以鱼肝油中含量最高。维生素 D 十分稳定,消毒、煮沸及高压灭菌对其活性无影响;冷冻贮存对牛乳和黄油中维生素 D 的影响不大。维生素 D 的损失主要与光照和氧化有关。其光解机制可能是直接光化学反应或由光引发的脂肪自动氧化间接反应。维生素 D 易发生氧化主要因为分子中含有不饱和键。

维生素 D 主要与钙、磷代谢有关,生理功能包括:

(1)维持血液中钙、磷的正常浓度;

(2)促进骨骼和牙齿的钙化过程,维持骨骼和牙齿的正常生长;

(3)具有免疫调节功能,可改变机体对感染的反应。

人类从两个途径获得维生素 D,即经口从食物摄入与皮肤内 7 - 脱氢胆固醇转变形成。经口摄入的维生素 D 在小肠吸收,主要在空肠、回肠与脂肪一起被吸收,皮肤里形成的维生素 D 可直接被吸收到循环系统。两者又均被维生素 D_3 结合蛋白(DBP)转送至肝。在肝脏转变成 25 - 羟基胆钙化醇(25 - OH - D_3)。25 - 羟基胆钙化醇由肝输送至肾,转变成 1,25 - $(OH)_2$ - D_3。血钙偏低时甲状旁腺素(PTH)、降钙素、催乳激素都可使其合成增多。维生素 D 主要贮存在脂肪组织和骨骼肌中,肝、大脑、肺、脾、骨和皮肤也有少量存在。

维生素 D 分解代谢主要在肝脏,代谢物经胆汁进入小肠,大部分由粪便排出。大约占摄取量的 4% 由尿排出。

五、维生素 E

维生素 E 又名生育酚,属于脂溶性维生素,是一组具有 α - 生育酚活性的化合物。食物中存在着 α、β、γ、δ 四种不同化学结构的生育酚和 α、β、γ、δ 四种生育三烯酚,结构见图 8-11。

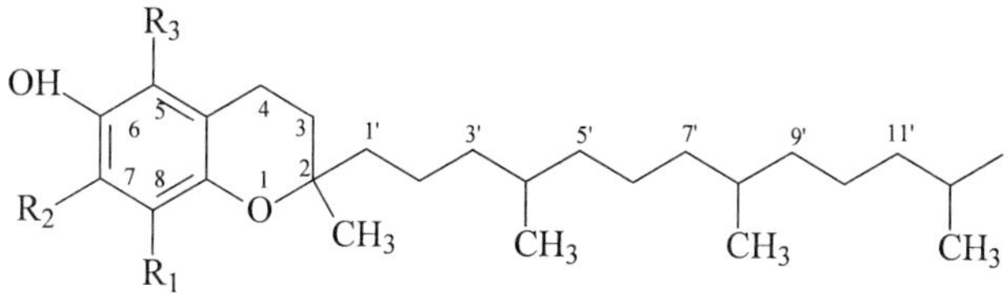

	R₁	R₂	R₃
α - 生育酚	CH₃	CH₃	CH₃
β - 生育酚	CH₃	H	CH₃
γ - 生育酚	H	CH₃	CH₃
δ - 生育酚	H	H	CH₃

图 8 - 11 生育酚

四种生育三烯酚与上图中生育酚结构上的区别在于其侧链的 3′、7′ 和 11′ 处有双键。

各种生育酚在各种食物中的含量有很大差别,生理活性也不相同,其中以 α - 生育酚的活性最强,含量最多(约90%)。故通常以 α - 生育酚作为维生素 E 的代表进行研究。

α - 生育酚有两个来源,即来自食物的天然 d - α - 生育酚和人工合成的 dl - α - 生育酚,人工合成 dl - α - 生育酚的活性相当于天然 d - α - 生育酚活性的74%。天然维生素 E 多存在于植物的叶子和其他绿色部分。各种植物油、谷物的胚芽、豆类及其他谷类等食物中含大量维生素 E。肉、乳、奶油、鱼肝油、水果及蔬菜含量甚少。此外,在人体的肠道内还可以合成,所以正常情况下,人体不会缺乏维生素 E。个别情况如一些黄疸型肝硬化患者,由于脂肪吸收障碍,引起血液中维生素 E 浓度降低,进而出现肌肉萎缩等现象,则需要设法补充。

α - 生育酚为黄色油状液体,溶于乙醇、脂肪和脂溶剂,不溶于水。对热和酸稳定,遇碱可发生氧化。维生素 E 对氧十分敏感,容易被氧化破坏,一般烹调时损失不大,但油炸时活性明显降低,在酸败的油脂中易被破坏。

生育酚在机体中的功能主要有抗氧化作用;保持红细胞的完整性;预防衰老以及与生殖机能有关。此外,维生素 E 还可抑制体内胆固醇合成限速酶,从而降低血浆中胆固醇的水平;抑制肿瘤细胞的生长和增殖,维持正常的免疫功能;并对神经系统和骨骼肌具有保护作用等。

六、维生素 K

维生素 K 是由一系列萘醌类物质组成,常见的有维生素 K₁ 即叶绿醌(Phylloquinone)、维生素 K₂ 即聚异戊烯基甲基萘醌(Menaquinone)和维生素 K₃ 即 2 - 甲基 - 1,4 - 萘醌(Menadione),图 8 - 12 是它们的结构式。K₁ 主要存在于植物中,K₂ 在小肠合成,K₃ 由人工合成。K₃ 的活性比 K₁ 和 K₂ 高。

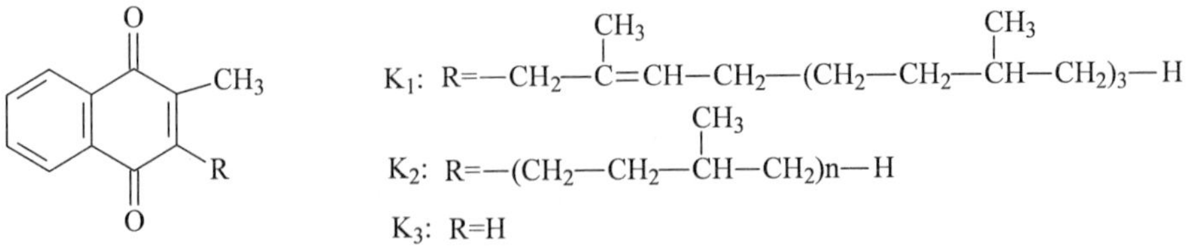

K_1: $R = -CH_2 - \overset{\underset{\displaystyle CH_3}{|}}{C} = CH - CH_2 - (CH_2 - CH_2 - \overset{\underset{\displaystyle CH_3}{|}}{CH} - CH_2)_3 - H$

K_2: $R = -(CH_2 - CH_2 - \overset{\underset{\displaystyle CH_3}{|}}{CH} - CH_2)n - H$

K_3: $R = H$

图 8 - 12　维生素 K

　　天然存在的维生素 K 是黄色油状物,人工合成的是黄色结晶。维生素 K 对热相当稳定,遇光易降解。其萘醌结构可被还原成氢醌,但仍具有生物活性。维生素 K 具有还原性,可清除自由基,保护食品中其他成分(如脂类)不被氧化,并减少肉品腌制中亚硝胺的生成。

　　维生素 K 是维生素 K 依赖凝血因子、血浆凝血抑制物谷氨酸残基 γ - 羧基化的重要辅酶。维生素 K 缺乏时,上述凝血因子的合成、激活受到显著抑制,可发生凝血障碍,引起各种出血。维生素 K 水平与骨矿物质密度值呈正相关。维生素 K 还参与细胞的氧化还原过程,并可增加肠道蠕动,促进消化腺分泌,增强胆总管括约肌的张力。

　　维生素 K 广泛分布于植物性食物和动物性食物中,绿叶蔬菜中的含量最高,其次是乳及肉类,水果及谷类含量低。

第三节　食品加工和贮藏过程中维生素的损失

一、维生素损失的途径

(一)溶解

　　水溶性维生素在原料漂洗过程中溶于水而流失,加工过程中随溢出汤汁而流失,汤汁溢出的程度与加工方法有关,维生素损失量与汤汁溢出量成正比。脂溶性维生素只能溶解于脂肪中,虽然食物原料用水冲洗过程和以水作传热介质烹制时,不会流失,但用油作传热介质时,部分脂溶性维生素会溶于油脂中而流失。

(二)氧化反应

　　维生素几乎都对氧敏感,在加工、贮藏过程中,很容易被氧化破坏,其氧化速度与加工、贮藏的温度、时间密切相关。尤其是维生素 A、维生素 C 等对氧极不稳定,随着加工、贮藏的时间增加,维生素氧化损失就越多。同时,烹调过程中维生素还与金属离子产生氧化还原反应,增加损失量,如 Fe^{2+} 的存在促进维生素 A、维生素 E 等的氧化。

(三)热分解作用

　　水溶性维生素对热的稳定性较差,而脂溶性维生素对热相对较稳定。但在有氧气存在条件下,维生素热分解反应增强。如维生素 B_1 在室温下降解速度很慢,但温度达到 45℃ 以上时,其降解速度明显加快;维生素 A 在隔绝空气时,对热较稳定,但在空气中长时间加热的破坏程度会随时间延长而增加,尤其是油炸食品,因油温较高,会加速维生素 A 的氧化分解。

(四)酸、碱作用

除类胡萝卜素(维生素 A 原)外,维生素在酸性条件下稳定,能有效减少氧化、分解;而碱性条件下几乎所有维生素均不稳定,酸性维生素发生中和反应,促进氧化还原,加快热分解反应。如碱性条件下维生素 C、维生素 B_1 损失率可达 100%;pH 在 8 以上时,维生素 B_1 可完全分解。

(五)光分解作用

脂溶性维生素和部分水溶性维生素对光不稳定,在紫外线作用下分解。维生素 D、维生素 E、维生素 B_2 在光照下快速降解。

(六)生物酶的作用

在动、植物性原料中,都存在多种酶,有些酶对维生素具有分解作用。如各种海鲜类含有能破坏维生素 B_1 的物质,猪肉、牛肉中血红素蛋白具有抗硫胺素的活性作用。果蔬中的抗坏血酸氧化酶能加速维生素 C 的氧化作用。因此,食品原料在贮藏中,由于酶和环境因素的作用,维生素含量随贮藏时间增加而逐步减少。

二、不同加工贮藏过程中维生素的损失

(一)冷冻保藏

冷冻是最常用的食品储藏方法,冷冻全过程包括预冷冻、冷冻储存、解冻 3 个阶段,维生素的损失主要包括贮存过程中的化学降解和解冻过程中水溶性维生素的流失。冷冻保藏时维生素损失主要以水溶性维生素为主,损失程度与食品品类、温度有直接关系。例如在同一条件下冷冻保藏(−18℃贮存 6 个月)不同的蔬菜,芦笋、利马豆、甘蓝、菜花、菠菜的维生素 C 损失率分别为 12%、51%、49%、50% 和 65%;冻藏温度从 −18℃上升至 −7℃,蔬菜和水果的维生素 C 降解率分别提高 6% ~20% 和 30% ~70%。

(二)辐照处理

辐照处理主要用于肉类食品的杀菌防腐和蔬菜水果的保藏。例如,采用^{60}Co − γ 射线辐照保藏洋葱、土豆、苹果、草莓,不但延长了保藏期,而且改善了商品质量。Thomas 等的研究表明,射线辐照对维生素 B_1 的影响取决于辐射温度、辐射剂量和辐射率。与传统的热灭菌方法相比,它可以减少维生素 B_1 的损失和维生素 B_6 的降解,对维生素 B_2 和烟酸的影响较小。

(三)热加工

热加工使食品维生素降低的水平取决于加工的时间和温度,高温短时间的处理方法能较大限度地保留维生素。例如:牛奶灭菌时的维生素 B_1 的损失,高温短时处理为 9.2%,常规方法则高达 21.6%。

三、食品烹饪过程中维生素的损失

食物的烹饪加工是一个复杂的物理、化学过程。维生素化学结构复杂,其化学性质活泼,稳定性差。食物烹饪加工过程中,易于造成维生素损失,其主要有以下几个方面。

(一)原料修整过程中损失

动、植物不同器官组织,其维生素的含量不同。植物一般叶片含量最高,果实和茎秆次之,根部较少,果实以表皮维生素含量最高。动物性食品,维生素主要存在于内脏器官、脂肪组织。因此,加工前对原料的清洗、修整、细分都是维生素丢失的途径。如谷物 B 族维生素主要分布在糊粉层(糊粉层中维生素 B_1 占到总量的32%、维生素 B_2 为37%、维生素 B_5 为82%),精加工和清洗使大部分维生素丢失。

(二)漂洗过程中损失

食品原料经淋洗、漂洗处理一般会导致水溶性维生素的损失严重,主要是它们溶于水而流失。水溶性维生素的损失程度与清洗时水的 pH、水温、漂洗水量、漂洗次数以及原料切口面积等因素相关。如广东菜心清洗中维生素 C 损失情况:原料修整后其含量为56.5 mg/100g,切段浸泡清洗后含量为15.9 mg/100g,损失率达到71.85%。

(三)烹饪加工方式造成损失

不论采取何种烹饪加工方式,都会引起维生素的损失。烹饪中维生素的损失量与加工方式、时间、加热温度、氧气等因素相关,对热、氧较敏感的维生素损失较大。一般讲,蒸、炒、爆、熘对维生素破坏较少;煮、炖、焖、卤造成维生素流失较多;烤、炸、煎造成维生素破坏较多,如对胡萝卜不同烹饪方式,β-胡萝卜素损失情况不同。将胡萝卜水煮后,β-胡萝卜素损失率为32.1%;汽蒸 β-胡萝卜素损失率为1.90%;微弱油炸 β-胡萝卜素损失率为8.7%。

(四)烹饪中原料的搭配不当造成损失

烹饪过程中酸性物质与碱性物质搭配或直接加碱,会造成维生素大量损失,如由西红柿、鲜鸡蛋、水豆腐制作的汤中维生素 C 损失率100%;胡萝卜、南瓜、黄瓜中含有抗坏血酸分解酶,与维生素 C 丰富的青椒等蔬菜搭配可以破坏维生素 C。

第九章 食品色素和着色剂

第一节 食品中的天然色素

一、四吡咯色素

四吡咯色素的共同特点是在基本化学单元中包括四个吡咯构成的卟啉环,吡咯环上可能有不同的取代基,四个吡咯可与金属元素以共价键和配位键结合,因而造成了这些化合物的吸收光谱不相同。四吡咯色素中最重要的有叶绿素、血红素和胆汁色素,血红素与胆汁色素来自动物组织,而叶绿素来自于植物组织。这些色素的水溶性不好,但容易溶解于有机溶剂如丙酮等。

(一)叶绿素

1.叶绿素的结构与性质

叶绿素母体的分子结构是由四个次甲基连接起四个吡咯环形成的大环共轭体系卟吩,见图9-1。

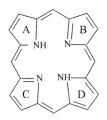

图9-1 卟吩的化学结构

卟吩呈平面型,其吡咯环上的4个氮原子分别以共价键和配价键与一个金属离子结合,叶绿素中结合的是镁离子。卟吩再接上不同的取代基,称为卟啉,叶绿素卟啉的第7位取代基为长碳链取代基,该取代基叫丙酸植醇或叶绿醇,高等植物中常见的叶绿素有叶绿素 a 和叶绿素 b,二者的大致摩尔比例为3:1,其区别是在3位上的取代基不同,R = —CH$_3$ 时为叶绿素 a(chl a),R = —CHO 时为叶绿素 b(chl b)。叶绿素的结构见图9-2。

在食品加工储藏中,叶绿素发生化学变化后会产生几种重要的衍生物,主要为脱镁叶绿素、脱植基叶绿素、焦脱镁叶绿素、脱镁脱植叶绿素和焦脱镁脱植叶绿素。众多叶绿素衍生物的区别鉴定可以借助它们的可见吸收光谱。叶绿素 a 和叶绿素 b 及衍生物在 600 ~ 700nm(红光)和 400 ~ 500nm(蓝光)有尖锐的吸收峰,如溶于乙醚中的叶绿素 a 和叶绿素 b 的最大吸收波长在红区为 660.5nm 和 642nm,在蓝区为 428.5nm 和 452.5nm。

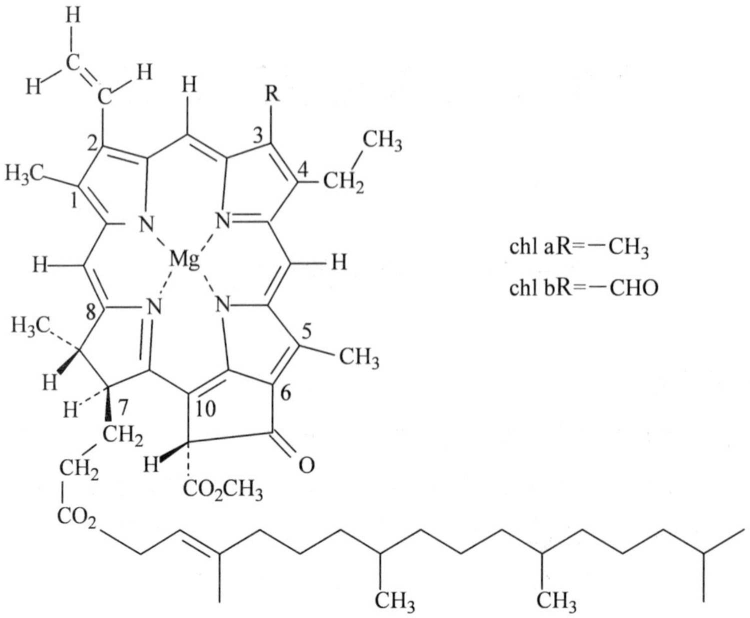

图 9-2　叶绿素的结构

2.叶绿素的变化

（1）酶促反应　叶绿素酶是唯一能使叶绿素降解的酶,它可使植醇从叶绿素及脱镁叶绿素上脱落,对于其他类型的叶绿素衍生物此酶的活性变化很大。在植物体内该酶的最适温度为 60~82.2℃。

（2）热与酸　叶绿素在加热中的变化可分为两种情况,即四吡咯中心存在镁或脱落镁。凡带镁的叶绿素衍生物都是绿色的,脱镁衍生物是橄榄褐色,后者还是螯合剂。在有足够的锌或铜存在时,可以生成绿色的叶绿素的铜或锌螯合物。铜代叶绿素的色泽最鲜亮,对光和热较稳定,是理想的食品着色剂。在 25℃保持 25h,叶绿素损失达 97%,而铜代叶绿素仅损失 44%。

植物组织的 pH 会影响叶绿素的降解,在碱性条件下（pH 9.0）,叶绿素对热非常稳定,在 pH 3.0 的酸性条件下,叶绿素不稳定。植物组织加热后,细胞被破坏,释出的有机酸会导致 pH 降低一个单位,这会影响叶绿素降解速率。叶绿素在加热时的变化按下列的动力学顺序进行:叶绿素→脱镁叶绿素→焦脱镁叶绿素。

研究发现,加入钠、镁、钙的盐酸盐后烟叶加热至 90℃时,叶绿素脱镁反应分别减少 47%、70% 和 77%,这是因为盐形成了静电屏蔽作用。绿色蔬菜在加工前先用石灰水或氢氧化镁处理提高 pH,这有利于保持蔬菜的鲜绿色。

（二）血红素

1.血红素的结构与性质

血红素是高等动物血液、肌肉中的红色色素,它是呼吸过程中 O_2、CO_2 载体血红蛋白的辅基。在血液中血红素主要以血红蛋白(Hb)的形式存在,在肌肉中主要以肌红蛋白(Mb)的形式存在。血红素是铁和带侧基的卟吩环构成的铁卟啉类化合物,可溶于水。亚铁血红素的结构见图 9 - 3。其结构特点为:①铁为 +2 价;②有一个由 4 个吡咯环连接而成的卟吩环;③存在共轭体系,使该物质呈现颜色;④有酸性。

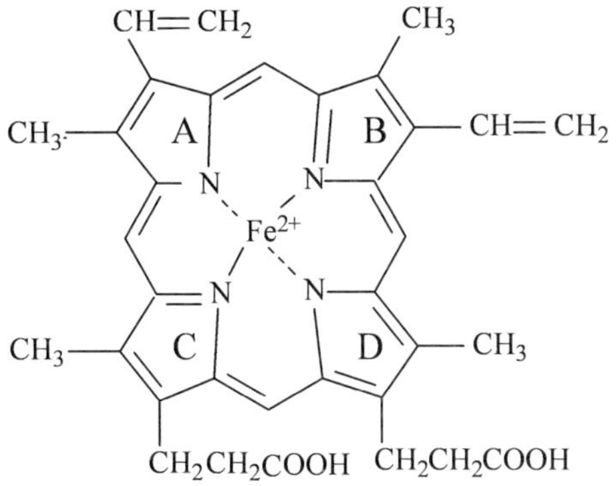

图 9 - 3　亚铁血红素的结构

血红素的 4 个氮原子在同一平面上。其中 2 个氮原子与铁原子以共价键相结合,另外 2 个氮原子以配位键(从氮原子上共享电子)与亚铁离子相结合。因亚铁离子有配位能力(即能从其他原子共享电子),配位数为 6,因此在 4 个氮原子组成的平面上,还能与球蛋白分子中组氨酸残基上的咪唑环上的氮原子相结合,在平面的下面还能与 O_2 或 H_2O 相结合。

血红蛋白是由 4 分子亚铁血红素和 1 分子由 4 条肽链组成的球蛋白结合而成,相对分子质量为 68 000,而肌红蛋白则为 1 分子亚铁血红素和 1 分子肽链组成的球蛋白所组成,相对分子质量为 17 800,约为血红蛋白的 1/4。

血红蛋白与肌红蛋白是构成动物肌肉红色的主要色素。牲畜在屠宰放血,血红蛋白排放干净之后,胴体肌肉中 90% 以上是肌红蛋白。肌肉中的肌红蛋白随年龄不同而不同,如牛犊的肌红蛋白较少,肌肉色浅,而成年牛肉中的肌红蛋白较多,肌肉色深。虾、蟹及昆虫体内的血色素是含铜的血蓝蛋白。

在肉品加工和储藏中,肌红蛋白会转化为多种衍生物,其种类主要取决于肌红蛋白的化学性质、铁的价态、肌红蛋白的配体类型和球蛋白的状态。卟啉环中的血红素铁能以 2 种形式存在,一种是二价铁离子,另外一种是三价铁离子。肌红蛋白的铁离子是 +2 价,且第 6 位缺乏配体键合;当二价铁离子与氧结合后,肌红蛋白称为氧合肌红蛋白(MbO_2)。

2.肌肉颜色的变化

动物屠宰放血后,由于血红蛋白对肌肉组织的供氧停止,新鲜肉中的肌红蛋白保持其还原状态,肌肉的颜色呈稍暗的紫红色(肌红蛋白的颜色)。当胴体被分割后,随着肌肉与空气的接触,还原态的肌红蛋白向两种不同的方向转变,一部分肌红蛋白与氧气发生氧合反应生成鲜红色的氧合肌红蛋白(MbO_2),产生人们熟悉的鲜肉色;同时,另一部分肌红蛋白与氧气发生氧化反应,生成棕褐色的高铁肌红蛋白(MetMb)。随着分割肉在空气中放置时间的延长,肉色就越来越转向褐红色,说明后一种反应逐渐占了主导。

肌红蛋白、氧合肌红蛋白和高铁肌红蛋白之间的转化是动态的,其平衡受氧气分压的强烈影响。图9-4反映了氧气分压高时有利于氧合肌红蛋白的生成,氧气分压低时有利于高铁肌红蛋白的生成。事实上,刚切开的肉表面由于与充足的氧气接触,肉色就是鲜红的,此时肉表面虽有一定量的高铁肌红蛋白生成,但数量较少。随着肉的储放,高铁肌红蛋白生成量逐渐增加,其原因主要为:一方面是由于有少量好氧微生物在肉表面生长,使氧气分压有所降低;另一方面是由于肉内固有的还原性物质(如谷胱甘肽、巯基化合物等)使高铁肌红蛋白被还原为肌红蛋白,但当这些还原物质逐渐被耗尽时,高铁肌红蛋白的生成量就会增加。

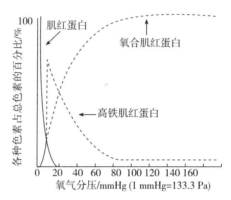

图9-4　氧气分压对肌红蛋白、氧合肌红蛋白和高铁肌红蛋白相互转化的影响

血红素中的二价铁被氧化成三价铁的反应被认为是自动氧化的结果。当球蛋白存在时,血红素的氧化速率($Fe^{2+} \rightarrow Fe^{3+}$)会降低,氧合肌红蛋白比肌红蛋白耐氧化,低 pH 和 Cu^{2+} 等金属离子存在时,此自动氧化的速度较快。

肉的色泽还会受到其他因素的影响,这在鲜肉保存、肉品加工中尤为重要。例如当有还原性巯基(—SH)存在时,肌红蛋白会形成绿色的硫肌红蛋白(SMb);当有其他还原剂如抗坏血酸时可以生成胆肌红蛋白(ChMb),并很快被氧化生成球蛋白、铁和四吡咯环,这个反应在 pH 5~7 的范围内发生。氧化剂如过氧化氢也能氧化肌红蛋白的亚铁,导致生成胆绿蛋白。在加热时肌红蛋白中的球蛋白发生变性,Fe^{2+} 变为 Fe^{3+},肉的色泽变为褐色,此时生成被称为高铁血色原(hemichrome)的色素。但是,若煮过的肉的内部还有还原剂存在时,铁可能被还原成 Fe^{2+},生成粉红色的还原性血色原(hemochrome)。脂肪发生氧化反应生成的过氧化物对肌肉色泽也有影响,其原因是血色素中的亚铁离子发生氧化转变为铁离子。

在对肉进行腌制处理时,肌红蛋白等会同亚硝酸盐的分解产物 NO 等发生反应,生成不太稳定的亚硝基肌红蛋白(NOMb),它在加热后可以形成稳定的亚硝基血色原(nitrosyl – hemochrome),这是腌肉中的主要色素。但是,过量的亚硝酸盐可以导致产生绿色的亚硝基氯高铁血红素。亚硝酸由于具有氧化性,在与肌红蛋白反应时可将二价铁氧化为三价铁并形成高铁肌红蛋白,但在还原剂的存在下可将 Fe^{3+} 还原成 Fe^{2+},因此还原剂在肉的腌制过程中有非常重要的作用。肉类腌制时所添加的还原剂包括有抗坏血酸、异抗坏血酸,它们的使用还有助于防止腌制过程中亚硝酸与胺类化合物作用,生成具有致癌作用的亚硝胺类化合物,提高腌制肉的安全性。肉与肉制品中血红素的反应见图 9 – 5。

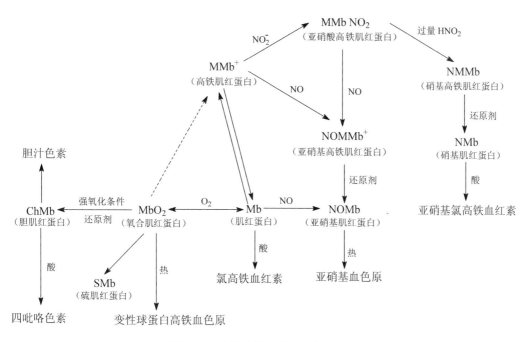

图 9 – 5 肉与肉制品中血红素的反应

影响肉类色素稳定性的因素除上述的一些条件外,光、温度、水分活度、pH、微生物的繁殖等均可以影响其稳定性。较高的温度、低的 pH 有利于高铁肌红蛋白的形成,因为在较高温度和低 pH 时,球蛋白的变性导致卟啉环失去保护,血色素更快地被氧化为高铁肌红蛋白。微生物繁殖导致蛋白质分解,产生硫化氢、过氧化氢等物质,它们可以与肌红蛋白反应,产生绿色的硫肌红蛋白、胆绿蛋白,所以严重影响肉的色泽品质,这一点是鉴别肉腐败的直观方法之一。

在实际生产当中,抗氧化剂的存在、采用真空包装或气调包装均有利于提高血红素的稳定性,延长肉类正常色泽的保留时间。

二、类胡萝卜素化合物

类胡萝卜素是自然界分布最广泛的天然色素。在陆生植物中类胡萝卜素的黄色常常被叶绿体的绿色所覆盖,在秋天当叶绿体被破坏之后类胡萝卜素的橙黄色方才显现出来。目前已知类胡萝卜素物质有 300 多种,主要存在于植物的叶、花、果、根、茎中,以黄色和红色的果蔬中较多。一些微生物也能大量合成类胡萝卜素,在动物的蛋黄、羽毛、虾壳和金鱼体内都存在。类胡萝卜素按其结构与溶解性质分为两大类:胡萝卜素类和叶黄素类。

(一)胡萝卜素类的结构与性质

1.胡萝卜素类的结构与性质

胡萝卜素类物质的结构特点是存在大量共轭双键(形成发色基团,产生颜色)。大多数天然胡萝卜素类都可以看作是番茄红素的衍生物。番茄红素的一端或两端环构化,便形成了它的同分异构体 α – 胡萝卜素、β – 胡萝卜素、γ – 胡萝卜素。几种胡萝卜素的结构见图 9 – 6。

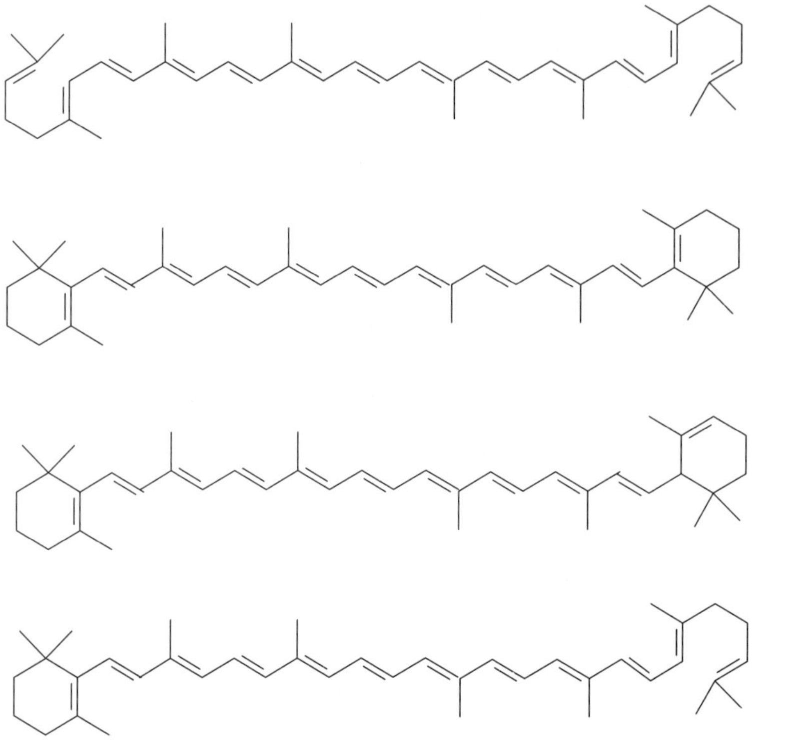

番茄红素

β-胡萝卜素

α-胡萝卜素

γ-胡萝卜素

图 9 – 6 几种胡萝卜素的结构

在端环中,双键位置在4、5 碳位间的称为 α – 紫罗酮环,在5、6 碳位的称为 β – 紫罗酮环。只有具有 β – 紫罗酮环的胡萝卜素类在体内才能转变为维生素 A。1 分子 β – 胡萝卜素在动物体内能转化为 2 分子维生素 A,因此是有效的维生素 A 原,而 1 分子的 γ – 胡萝卜素、α – 胡萝卜素只能形成 1 分子维生素 A,而番茄红素不能转化成维生素 A,没有营养作用。

类胡萝卜素类属共轭多烯烃,可溶于石油醚,微溶于甲醇、乙醇,不溶于水,属于典型的脂溶性色素。胡萝卜、甘薯、蛋黄和牛奶等物质中含有较高量的 α、β 和 γ – 胡萝卜素,而番茄红素是番茄的重要色素成分,在西瓜、南瓜、柑橘、杏和桃子等水果中也广泛存在。类胡萝卜素类在不同的食物中存在形式有差异,有的以游离态存在于脂中,如蛋黄中;有的与糖类、蛋白质、脂肪类形成结合态,如植物体内的色素。

2.胡萝卜素类的变化

在大多数的果蔬加工中,胡萝卜素类的性质相对稳定,例如,冷冻对胡萝卜素类色素的影响非常小。但在热加工条件下,由于植物组织受热时,胡萝卜素从有色体中转出而溶于脂类中,从而使其在植物组织中的存在形式和分布改变,而且在有氧、酸性和加热条件下胡萝卜素有可能降解,见图9-7。作为维生素A原而言,食品中的胡萝卜素类在加工和储藏中发生的异构化反应和降解反应中,有一部分是破坏性变化,会使维生素A原的活性降低。

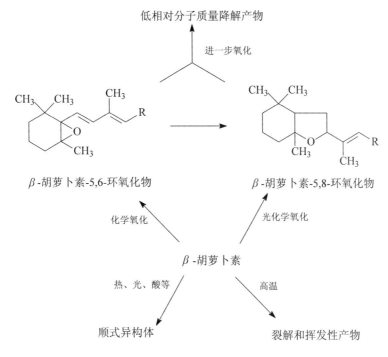

图9-7 β-胡萝卜素的降解反应

(二)叶黄素类

1.叶黄素类的结构与性质

叶黄素类物质的种类比类胡萝卜素类的种类更多,从化学结构特征上看,叶黄素类物质是共轭多烯烃的加氧衍生物,即在它们的分子中含有羟基、甲氧基、羧基、酮基或环氧基(可简单地被认为是胡萝卜素类的衍生物),并区别于胡萝卜素类色素。叶黄素类色素的色泽多呈浅黄、橙、黄等色泽,在绿叶中它们的含量水平一般比叶绿素多一倍。常见的叶黄素类化合物的结构见图9-8。

叶黄素类物质能较好地溶于甲醇、乙醇,难溶于乙醚和石油醚。易氧化,在强热的作用下分解为小分子物质;在食品加工中遇到脂氧合酶、多酚氧化酶、过氧化酶可以加速叶黄素类的氧化降解。叶黄素类物质在食物中存在广泛,如:叶黄素存在于柑橘、蛋黄、南瓜和绿色植物中;玉米黄素存在于玉米、肝脏、蛋黄、柑橘中;辣椒黄素存在于辣椒中;柑橘黄素存在于柑橘中等。它们的颜色常为黄色和橙黄色,也有少数为红色,如辣椒黄素。

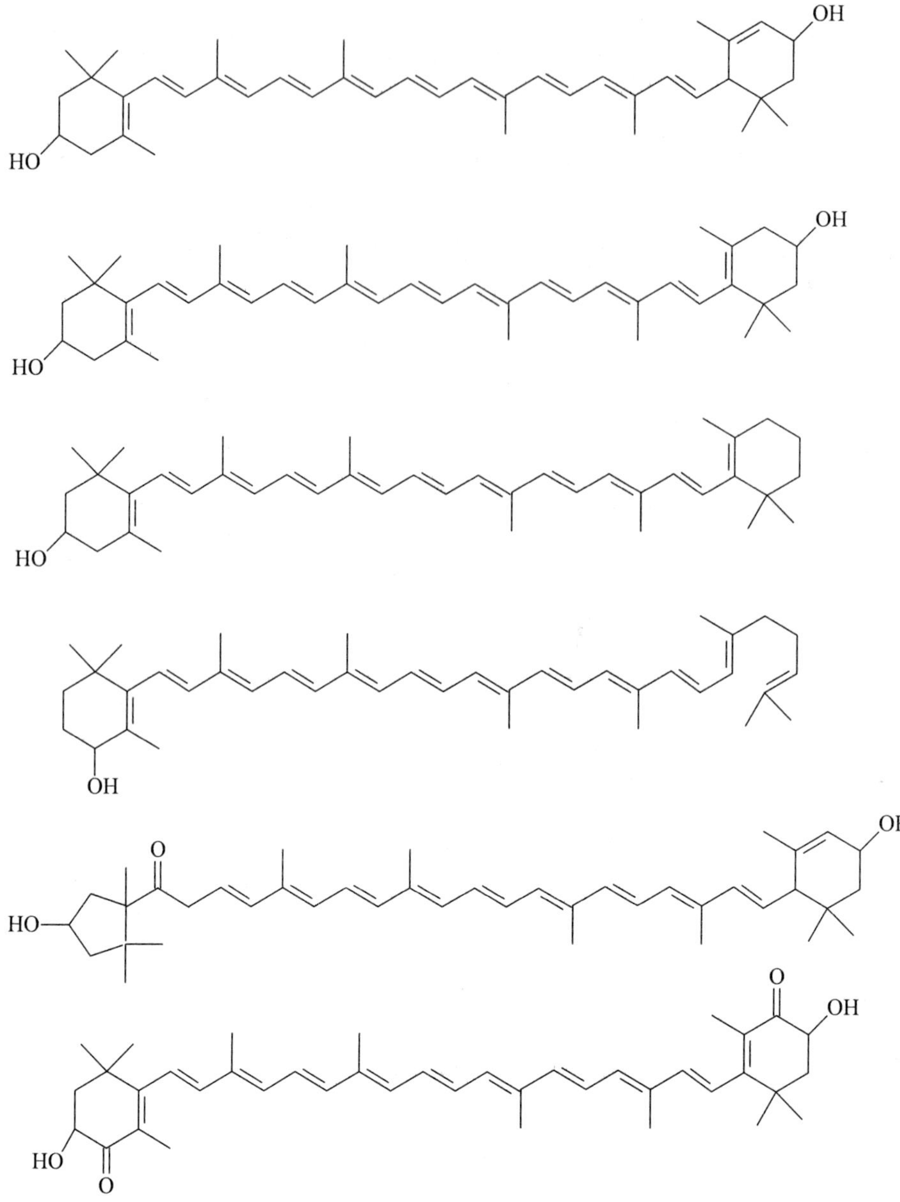

叶黄素

玉米黄素

隐黄素

番茄黄素

辣椒黄素

虾青素

图 9－8　常见的叶黄素类化合物的结构

2.叶黄素类的变化

在食品加工和储藏过程中，叶黄素类物质含有的羟基、环氧基、醛基等可能成为变化的起始部位，含氧基也可能促进或抑制分子中众多双键结构发生变化。因此，叶黄素类比胡萝卜素类的变化种类更多，变化条件也有一定差异。但是总体来讲，它们在加工和储藏中，在光照、氧化、中性或酸性条件下加热，会发生异构化和氧化分解等反应，缓慢地使食品褪色或褐变。作为维生素 A 原，上述变化有一部分是破坏性变化。

三、花青苷类和类黄酮色素

这类色素的分子结构特点是含有苯并氧杂环,氧杂环通常是吡喃环,所以可以将它们统称为苯并吡喃色素。它们是植物组织中水溶性色素的主要成分,并大量存在于自然界,具有各种不同的色泽。它们的色泽变化非常大,从无色(无色花青苷、单宁)到具有黄色、橙色、红色、紫色以及蓝色(鞣红色素)。这类色素常见有三种类型:花青苷、类黄酮和儿茶素,均属于多酚类化合物,所以也有人将它们统称为多酚类色素。

(一)花青苷类

1.花青苷类的结构与性质

花青苷类一般是水溶性的红色色素,有时也以蓝色或紫色、紫红色出现,许多植物的花、果实、叶子具有鲜艳的颜色,就是因为植物细胞的液泡中含有它们。花青苷一般是由花青素同糖基结合,以糖苷的形式存在。

花青素泛指花青苷分子中的非糖部分,是一类具有 2 - 苯基苯并吡喃基本母核结构的物质(图 9 - 9),具体的花青素按其在母核上取代基不同而有具体的名称。已知的花青素约 20 余种,但在食品中最重要的只有 6 种,分别为天竺葵、矢车菊、飞燕草、芍药、牵牛、锦葵,它们的差别仅在于母核上的取代基不同。花青素在自然状态下以糖苷形式存在,称为花青苷,成苷位置大多在 C_3 和 C_5 位上,C_7 位上亦能成苷。其糖基已发现的只有五种,分别为葡萄糖、鼠李糖、半乳糖、木糖和阿拉伯糖。花青苷中的羟基还可与一个或几个分子的有机酸,如对位香豆酸、阿魏酸、咖啡酸、丙二酸、对羟基苯甲酸等成酯结合。

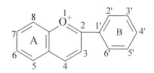

图 9 - 9　花青素的基本母核结构

各种花青素或各种花青苷的颜色出现差异主要是由其取代基的种类和数量不同而引起。花青苷分子上的取代基有羟基、甲氧基和糖基。作为助色团,取代基助色效应的强弱取决于它们的供电子能力,供电子能力越强,助色效应越强。甲氧基的供电子能力比羟基强,与糖基的供电子能力相近,但是糖基由于分子比较大,可能表现出空间阻碍效应。见图 9 - 10,随着甲氧基数目的增加,光吸收波长向红光方向移动(红移);随着羟基数目的增加,光吸收波长向蓝光方向移动(蓝移);由于红移和蓝移导致花青苷的颜色加深。

2.花青苷的变化

花青素和花青苷的化学稳定性不高,在食品加工和贮藏中经常因化学作用而变色。影响变色反应的因素包括 pH、温度、光照、氧、氧化剂、金属离子、酶等。

(1)pH 的影响　在花青苷分子中,其吡喃环上的氧原子是四价的,具有碱的性质,而其

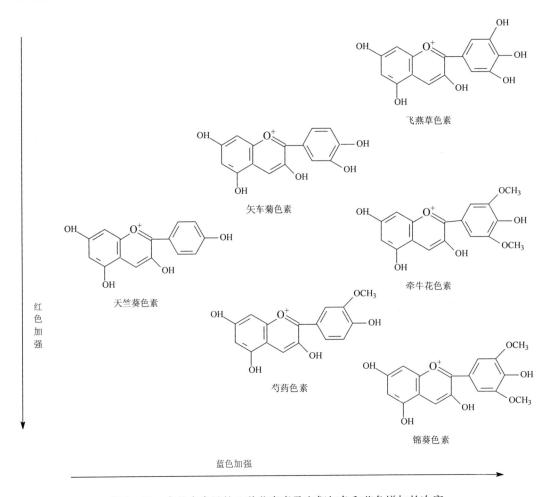

图 9 – 10　食品中常见的 6 种花青素及它们红色和蓝色增加的次序

酚羟基则具有酸的性质。这使花青苷在不同 pH 下出现 4 种结构形式,即蓝色醌式结构、红色花锌样结构、无色拟碱式结构和无色查尔酮式结构,花青苷的颜色随之发生相应改变。以矢车菊色素为例,在酸性 pH 中呈红色,在 pH8 ~ 10 时呈蓝色,而 pH > 11 时吡喃环开裂,形成无色的查尔酮。

(2)温度和光照的影响　高温和光照会影响花青苷的稳定性,加速花青苷的降解变色。一般来说,含羟基多的花青苷的热稳定性不如含甲氧基或含糖苷基多的花青苷。光照下,酰化和甲基化的二糖苷比非酰化的二糖苷稳定,二糖苷又比单糖苷稳定。

(3)抗坏血酸的影响　果汁中抗坏血酸和花青苷的量会同步减少,且促进或抑制抗坏血酸和花青苷氧化降解的条件相同。这是因为抗坏血酸在被氧化时可产生 H_2O_2,H_2O_2 对 2 – 苯基苯并吡喃阳离子的 2 位碳进行亲核进攻,裂开吡喃环而产生无色的醌和香豆素衍生物,这些产物还可进一步降解或聚合,最终在果汁中产生褐色沉淀。

(4)二氧化硫的影响　水果在加工时常添加亚硫酸盐或二氧化硫,使其中的花青素褪色成微黄色或无色。其原因不是由于氧化还原作用或使 pH 发生变化,而是能在 2,4 的位置上发生加成反应,生成无色的化合物。

(5)金属元素的影响　花青苷可与 Ca、Mg、Mn、Fe、Al 等金属元素形成螯合物,产物通常为暗灰色、紫色、蓝色等深色色素,使食品失去吸引力。因此,含花青苷的果蔬加工时不能接触金属制品,并且最好用涂料罐或玻璃罐包装。

(6)糖及糖的降解产物的影响　高浓度糖存在下,水分活度降低,花青苷生成拟碱式结构的速度减慢,故花青苷的颜色较稳定。在果汁等食品中,糖的浓度较低,花青苷的降解加速,生成褐色物质。果糖、阿拉伯糖、乳糖和山梨糖的这种作用比葡萄糖、蔗糖和麦芽糖更强。这种反应的机理尚未充分阐明。

(7)酶促变化　花青苷的降解与酶有关。糖苷水解酶能将花青苷水解为稳定性差的花青素,加速花青苷的降解。多酚氧化酶催化小分子酚类氧化,产生的中间产物邻醌能使花青苷转化为氧化的花青苷及降解产物。

(二)类黄酮色素

1.类黄酮色素的结构与性质

类黄酮化合物是一种多种多样、存在广泛、无色或黄色的水溶性色素,其结构上也具有苯并吡喃结构(查尔酮等则不符合此结构特点),但与花青苷不同的是苯并吡喃酮的结构(图 9 – 11)。

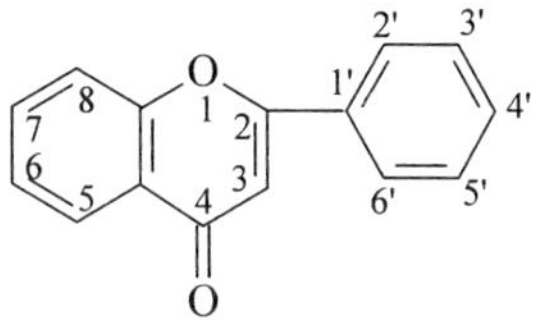

图 9 – 11　2 – 苯基苯并吡喃酮的结构

类黄酮一般同一些糖类如葡萄糖、鼠李糖、木糖、半乳糖、阿拉伯糖、芹菜糖和葡萄糖醛酸等结合成糖苷,糖基的结合位置常在 C_7 位上结合,也有 C_5 位和 $C_{3'}$、$C_{4'}$、$C_{5'}$ 位上的结合。主要类黄酮化合物的类型及母体结构与代表物见表 9 – 1。

表 9 – 1　类黄酮化合物的类型及母体结构与代表物

类黄酮化合物	母体结构	代表物质
黄酮醇	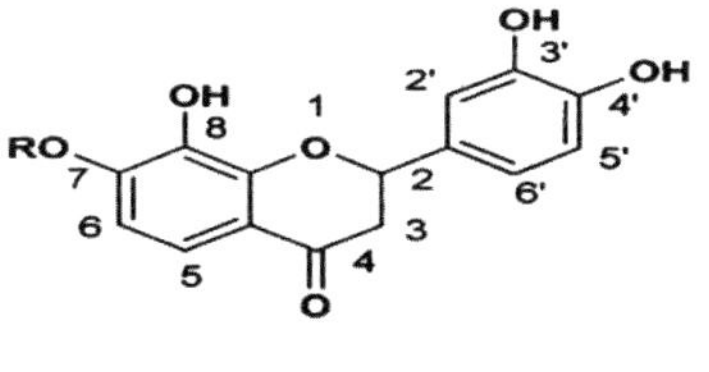	槲皮素
黄酮	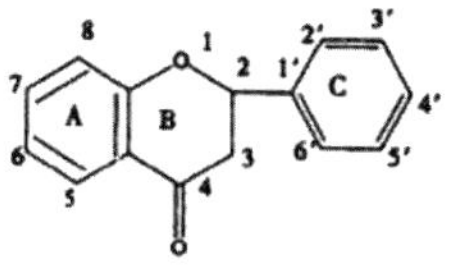	木犀草素、芹菜素

类黄酮化合物	母体结构	代表物质
黄烷醇 （黄烷衍生物）		儿茶素
异黄酮		大豆异黄酮
花色素		花青素
黄烷酮		橙皮苷、柚皮苷
黄烷酮醇		甘草异黄烷酮醇 A
双苯吡酮		5 - 吡唑酮、3 - 吡唑酮、4 - 吡唑酮
查尔酮		甘草查尔酮 A
橙酮		6,4′ - 三羟基 - 3′,5′ - 二甲氧基橙酮

通常游离的类黄酮化合物难溶于水,易溶于有机溶剂和稀碱液;天然类黄酮多以糖苷的形式存在,类黄酮苷易溶于水、甲醇和乙醇溶液中,难溶于有机溶剂中。已知的类黄酮(包括苷)达 1670 多种,其中有色物约 400 多种,多呈淡黄色,少数为橙黄色。类黄酮化合物的颜色及吸收光谱与分子内的不饱和性和为数不等的羟基助色团密切相关,因此也造成了天然的黄酮类化合物具有丰富的色泽。

2.类黄酮色素的变化

类黄酮也像花青苷那样可与多种金属离子形成螯合物,这些螯合物比类黄酮的呈色效应强。例如,类黄酮与 Al^{3+} 螯合后会增强黄色,圣草素与 Al^{3+} 螯合后的最大吸收光波长为 390nm,此时的黄色很诱人;类黄酮与铁离子螯合后可呈蓝色、黑色、紫色、棕色等不同颜色。芦笋中的芦丁(芸香苷)遇到铁离子后产生一种难看的深色,使芦笋中产生深色斑点。相反,芸香苷与锡离子螯合时则产生理想的黄色。

在食品加工中,有时会因水硬度较高或因使用碳酸钠和碳酸氢钠而使 pH 上升,在这种条件下烹调,原本无色的黄烷酮或黄烷酮醇可转变为有色的查耳酮类。例如,马铃薯、小麦粉、芦笋、荸荠、黄皮洋葱、花菜和甘蓝在碱性水中加工(煮)时都会出现由白色变黄色的现象。该变化为可逆变化,可用有机酸加以控制和逆转。

类黄酮的乙醇溶液,在镁粉和浓盐酸还原作用下,迅速出现红色或紫红色。如黄酮变成橙红色,黄酮醇变红色,黄烷酮和黄烷酮醇多变为紫红色。这是因为类黄酮还原后形成了各种花青素的缘故。

类黄酮也属于多酚类物质,酶促褐变的中间产物如邻醌或其他氧化剂可氧化类黄酮而产生褐色沉淀物质。成熟橄榄的黑色就是圣草素-7-葡萄糖苷(又叫毛地黄酮-7-葡萄糖苷)在产品发酵和后期储藏中受氧化而形成的;这也是果汁久置褐变产生沉淀的原因之一。

四、其他天然色素

(一)甜菜红

甜菜红又名甜菜根红,是由红甜菜所得的有色化合物的总称。红甜菜是甜菜的一种变种,为食用甜菜,我国俗称紫菜头。甜菜红系由红色的甜菜花青素和黄色的甜菜黄素所组成。甜菜花青素中主要的甜菜苷(图 9-12)占红色素的 75% ~95%,其余尚有甜菜苷配基、前甜菜苷和它们的 C_{15} 异构体。甜菜黄素中主要的黄色素是甜菜黄素 I 和甜菜黄素 II。

甜菜红水溶液呈红至紫红色,色泽鲜艳,色调受 pH 影响,但在 pH 3.5~7.0 比较稳定。光照、加热、氧能促进甜菜红的降解,如次氯酸钠可使其褪色,光照会加速甜菜红素的氧化反应,此外金属离子等对其稳定性也有一定影响。在低含水量条件下,无氧时甜菜红的稳定性增加,抗坏血酸可增加甜菜红的稳定性。

(二)红曲色素

红曲色素又名红曲红,是由红曲霉菌深层培养或从红曲米中提取制得。红曲色素有多

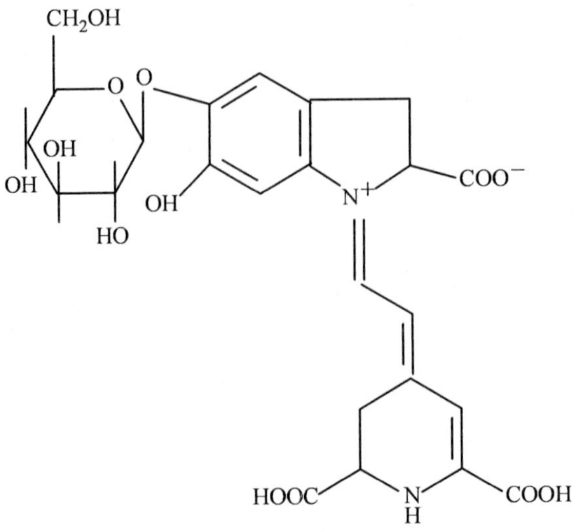

图 9 - 12　甜菜苷的结构

种色素成分,一般粗制品含有 18 种成分,其主要着色成分为潘红(红色色素)、梦那红(黄色色素)、梦那玉红(红色色素)、安卡黄素、潘红胺(紫红色色素)、梦那玉红胺(紫色色素),结构见图 9 - 13。

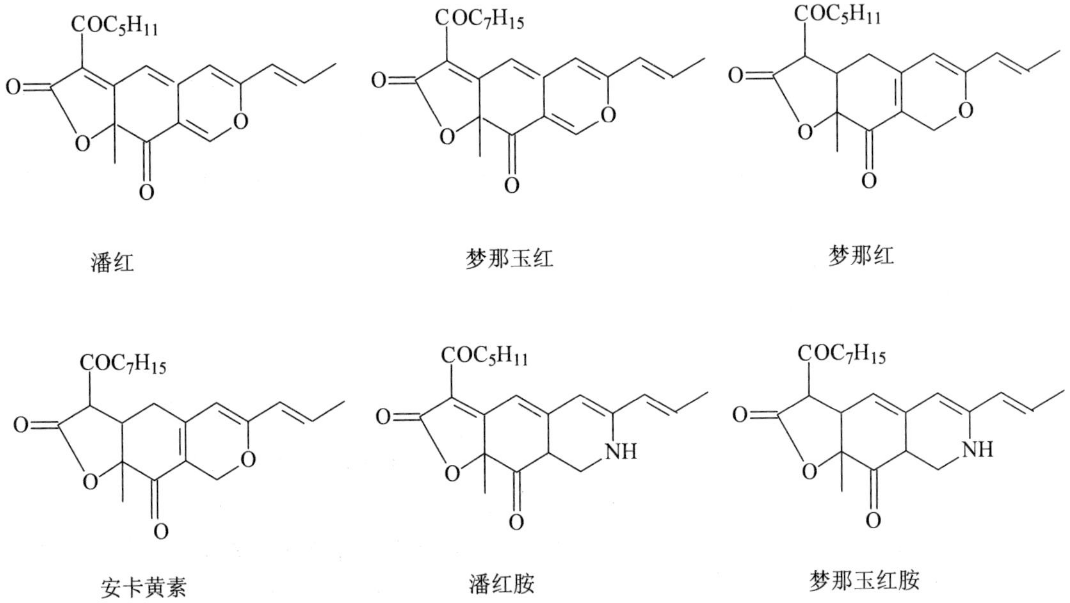

潘红　　　　　　　　梦那玉红　　　　　　　梦那红

安卡黄素　　　　　　潘红胺　　　　　　　梦那玉红胺

图 9 - 13　红曲色素主要着色成分结构

红曲色素易溶于中性及偏碱性水溶液,在 pH 4.0 以下介质中,溶解度降低,极易溶于乙醇、丙二醇、丙三醇及它们的水溶液,不溶于油脂及非极性溶剂。对环境 pH 稳定,几乎不受金属离子及氧化剂、还原剂的影响,耐热性及耐酸性强。对蛋白质着色性能极好,一旦染着,虽经水洗,亦不掉色。

红曲色素安全性高,工艺性能好,广泛用于肉、豆、面、糖、果酱果汁等食品着色。

（三）姜黄素

姜黄素是从植物姜黄根茎中提取的黄色色素,主要由姜黄色素、脱甲氧基姜黄色素、双脱甲氧基姜黄色素三个组分组成,其核心结构见图9－14。

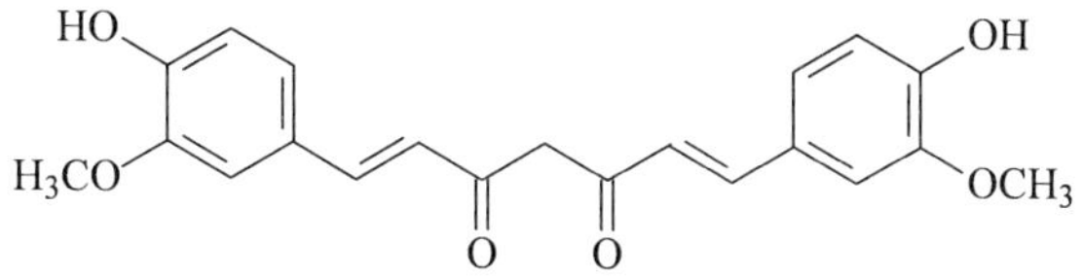

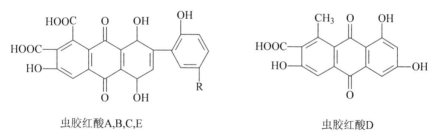

图9－14　姜黄素的结构

姜黄素为橙黄色结晶性粉末,具有姜黄特有的香辛气味,易溶于乙酸乙酯、乙酸和碱性溶液,不溶于冷水和乙醚。中性或酸性条件下呈黄色,碱性条件下呈红褐色。对光十分敏感,对热较稳定,与金属离子,尤其是铁离子可以结合成螯合物,导致变色。易受氧化而变色,但耐还原性好。

（四）虫胶色素

虫胶色素是紫胶虫在蝶形花科黄檀属、梧桐科芒木属等寄生植物上分泌的紫胶原胶中的一种色素成分。虫胶色素有溶于水和不溶于水两大类,均属于蒽醌衍生物。溶于水的虫胶色素称为虫胶红酸,包括 A、B、C、D、E 五种组分,结构见图9－15。

虫胶红酸A,B,C,E　　　　　　　　　　　　虫胶红酸D

A：R=－CH₂CH₂NHCOCH₃
B：R=－CH₃CH₂OH
C：R=－CH₂CH（NH₂）COOH
E：R=－CH₂CH₂NH₂

图9－15　虫胶红酸的结构

虫胶红酸为鲜红色粉末,微溶于水,易溶于碱性溶液。溶液的颜色随 pH 而变化,pH 小于 4 为黄色,pH 4.5～5.5 为橙红色,pH 大于 5.5 为紫红色。虫胶红酸易与碱金属以外的金属离子生成沉淀,在酸性时对光、热稳定,在强碱性溶液（pH＞12）中易褪色。常用于饮料、糖果、罐头着色。

（五）焦糖色素

焦糖色素,又名酱色、焦糖色,是糖类物质在高温下脱水、分解和聚合而成,为许多不同化合物的复杂混合物,其中某些为胶质聚集体。在生产过程中,按其是否加入酸、碱、盐等的不同,可分成普通焦糖、苛性亚硫酸盐焦糖、氨法焦糖、亚硫酸铵焦糖四类。我国允许使用的是普通焦糖、氨法焦糖、亚硫酸铵焦糖。

焦糖色素为深褐色的黑色液体或固体,有特殊的甜香气和愉快的焦苦味。易溶于水,不溶于通常的有机溶剂及油脂。水溶液呈红棕色,透明,无混浊或沉淀,对光和热稳定。以砂糖为原料制得的酱色,对酸、盐的稳定性好,红色色度高,着色力低,可用于罐头、糖果、饮料、酱油、醋等食品的着色。

第二节　合成色素

人工合成食用色素一般色泽鲜艳、着色力强、坚牢度大、性质稳定、价格低廉,曾获得广泛的应用。现全世界允许使用的人工合成食用色素仅约 37 种,其中美国 7 种,日本 10 种,德国 10 种,英国 18 种,我国允许用于食品的合成色素及其铝色淀共 20 多种。各国允许使用的品种有所不同,但经过多年的淘汰,目前允许使用的人工合成色素还是比较安全的。

一、苋菜红

苋菜红,又名酸性红、杨梅红等,结构见图 9-16。

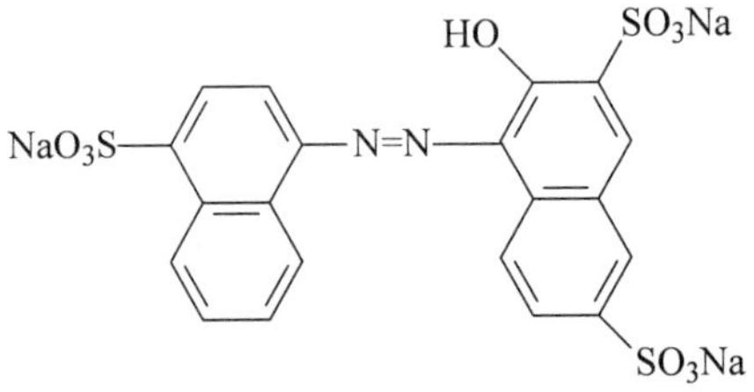

图 9-16　苋菜红的结构

苋菜红为紫红色均匀粉末,耐光、耐热性强,易溶于水,0.01% 的水溶液呈玫瑰红色,可溶于甘油及丙二醇,不溶于油脂等其他有机溶剂。耐酸性良好,对柠檬酸、酒石酸等稳定,遇碱变为暗红色,与铜、铁等金属接触易褪色,易被细菌分解,耐氧化,还原性差。苋菜红对氧化-还原作用敏感,故不适合在发酵食品中使用。

二、胭脂红

胭脂红,又名食用红色 7 号、丽春红 4R 等,结构见图 9-17。

胭脂红为红色至深红色均匀颗粒或粉末,耐光性、耐酸性较好,耐热性强、耐还原性差;耐细菌性较差。溶于水,水溶液呈红色;溶于甘油,微溶于酒精,不溶于油脂。对柠檬酸、酒石酸稳定;遇碱变为褐色。

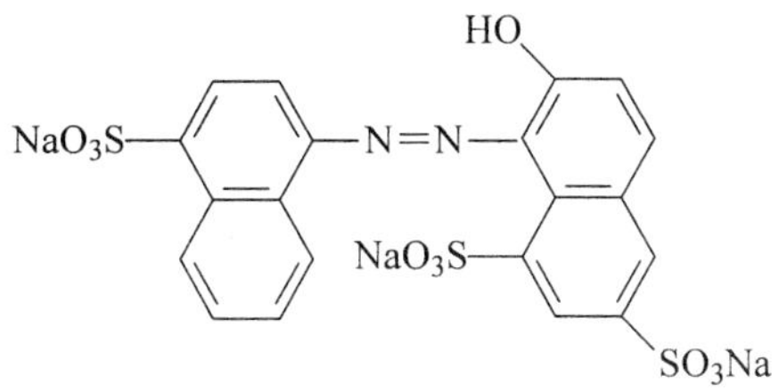

图 9 - 17　胭脂红的结构

三、柠檬黄

柠檬黄,又名食用黄色 4 号、酒石黄等,结构见图 9 - 18。

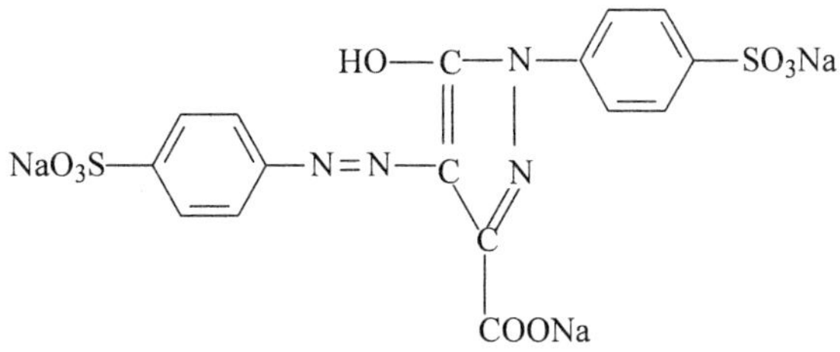

图 9 - 18　柠檬黄的结构

　　柠檬黄为橙黄至橙色均匀颗粒或粉末,易溶于水,0.1% 水溶液呈黄色;溶于甘油、丙二醇,微溶于酒精,不溶于脂肪。耐光性、耐热性、耐酸性和耐盐性强,耐氧化性较弱,遇碱微变红,还原时褪色。柠檬黄在酒石酸、柠檬酸中稳定,是着色剂中最稳定的一种,可与其他色素复配使用,匹配性好。它是食用黄色素中使用最多的,应用广泛,占全部食用色素使用量的 1/4 以上。易着色,坚牢度高。

四、靛蓝

靛蓝,又名食用蓝色 1 号、食品蓝等,结构见图 9 - 19。

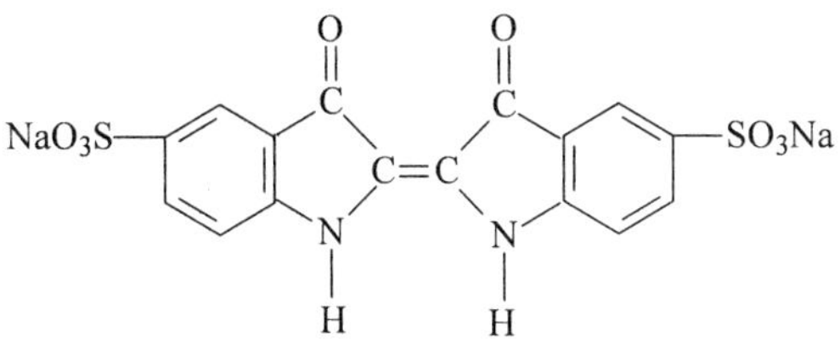

图 9 - 19　靛蓝的结构

　　靛蓝为蓝色到暗青色颗粒或粉末,其水溶液呈深蓝色。它在水中的溶解度低于其他食用合成色素,溶于甘油、丙二醇,不溶于乙醇和油脂;耐热性、耐光性、耐碱性、耐氧化性、耐盐性和耐细菌性均较差,还原时褪色;易着色,有独特的色调,使用广泛。

第十章　食品风味物质

每一种食品都有其特有的风味。1986 年,Hall 将风味一词的含义概括为:"摄入口内的食物使人的感觉器官,包括味觉、嗅觉、痛觉及触觉等在大脑中留下的综合印象。"

风味包括了 3 个要素:第一是味觉,即食物对舌及咽部的味蕾产生的刺激,味觉包括甜、咸、酸、辣和苦;第二要素是嗅觉,食物中各种微量挥发性成分对鼻腔的嗅细胞产生的刺激作用,若令人感到高兴和快乐称之为芳香;第三是涩、辛辣、热和清凉等感觉。由此可见,风味与食物特征性质等客观因素有关,也与消费者个人的生理、心理、嗜好等主观因素有关,这些感觉之间的关系见图 10 - 1。

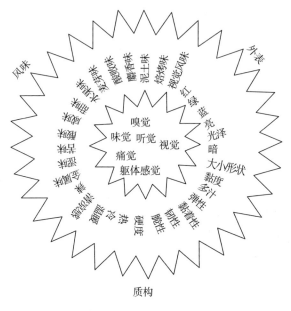

图 10 - 1　食品感官特性示意图

食品的品质与风味有着密切的联系,如食品品质中的质构表达着口腔对食品的触觉感觉,即咀嚼感、软硬、粗细等,有人称之为物理的味觉,是食品品质品评的重要方面。目前,食品对质构的要求越来越讲究,特别是对质构中黏稠度、醇厚感、颗粒度越来越敏感。

第一节　味感现象

一、味感的概念及分类

味感是指食物在人的口腔内对味觉器官化学感受系统刺激所产生的一种感觉。由于味感是一种感觉现象,所以对味感的理解和定义往往会带有强烈的个人、地区或民族特殊性,不同地区或不同民族的人群往往具有趋同的食品味感喜好性,所以,不同地区和不同国家对食品味感的分类不一致,我国分为酸、甜、苦、辣、咸、鲜、涩味。但从味感的生理角度来分类,只有4种基本味感:酸(sour)、甜(sweet)、苦(bitter)、咸(salt),它们是食物直接刺激味觉器官化学感受系统产生的。

二、味感的生物学基础

口腔内的味觉感受器是味蕾(taste bud),其次是自由神经末梢。味蕾是一种微结构(图10-2),具有味孔,并与味觉神经相通。正常成人口腔中约有9000个味蕾,儿童可能超过10000个。随着人类年龄的增长,味蕾逐渐减少,所以味觉能力减退。味蕾主要在舌头表面的乳头中,另有一部分分布在上颚、咽喉、会厌等部位,所以舌头是最重要的味觉感觉组织。味蕾接触到食物以后,受到刺激的神经冲动传导到中枢神经(大脑)就产生了味感反映。舌头各部位对不同味感的感受能力不同,四种基本味感的感受区见图10-3。

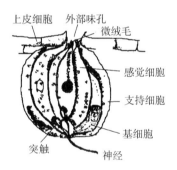

图10-2　味蕾的结构

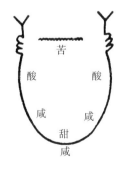

图10-3　舌头各部味感区域示意图

味感有快慢和是否敏感之分。实验证明,咸味的感觉最快,甜味和酸味次之,苦味最慢,人们对于苦味的敏感性比甜味的敏感性大。在味感的标准中,有一个以数量衡量敏感性的标准:阈值,它表示感到某种物质味道的最低浓度,阈值越低,其感受性越高。表

10 - 1 中列出了几种物质的阈值。另外,对呈味物质的感受和反映,不仅因动物种类而不同,人与人之间也存在差异。由于种族、习惯等原因,一般西欧人比东方人味盲多一些。所以由人来比较味的敏感性是不够全面和准确的,这也是引起各文献中阈值差异的原因之一。

表 10 - 1　各种物质的呈味阈值

名称	味感	阈值/mol·L^{-1}	名称	味感	阈值/mol·L^{-1}
蔗糖	甜	0.03	味精	鲜	0.0016
食盐	咸	0.01	硫酸奎宁	苦	0.00008
柠檬酸	酸	0.003			

三、影响味感的主要因素

(一)呈味物质的结构

呈味物质的结构是影响味感的内因。一般说来,糖类如葡萄糖、蔗糖等多呈甜味;羧酸如醋酸、柠檬酸等多呈酸味;盐类如氯化钠、氯化钾等多呈咸味;生物碱、重金属盐则多呈苦味。但它们都有许多例外,如糖精、乙酸铅等非糖有机盐也有甜味,草酸并无酸味而有涩味,碘化钾呈苦味而不显咸味等。总之,物质结构与其味感间的关系非常复杂,有时分子结构上的微小改变也会使其味感发生极大的变化。

(二)温度

相同数量的同一物质往往因温度不同其阈值也有差别。实验表明,味觉一般在30℃上下比较敏锐,而在低于10℃或高于50℃时各种味觉大多变得迟钝。不同的味感受到温度影响的程度也不相同,其中对糖精甜度的影响最大,对盐酸酸味影响最小。

(三)浓度和溶解度

味感物质在适当浓度时通常会使人有愉快感,而不适当的浓度则会使人产生不愉快的感觉。呈味物质只有溶解后才能刺激味蕾。因此,其溶解度大小及溶解速度的快慢,也会使味感产生的时间有快有慢,维持时间有长有短。例如蔗糖易溶解,故产生甜味快,消失也快;糖精较难溶,则味觉产生较慢,维持时间较长。

(四)各物质间的相互作用

1.味的对比现象

把两种或两种以上的呈味物质,以适当的浓度调和,使其中一种呈味物质的滋味更为突出的现象,称为味的对比现象。据实验,在15%的砂糖溶液中加0.017%的食盐,结果感到其甜比不加食盐时要强;味精的鲜味有食盐存在时,其鲜味增加。

2.味的消杀现象

在酸、甜、苦、咸各呈味物质之间,其中两种或两种以上以适当浓度混合时,会使其中任何一种味觉都减弱,这种现象称为味的消杀现象。

3.味的适应现象

当连续品尝某些味时,味觉的强度或新鲜感都会越来越弱,这种现象称为味觉的适应现象。当连续喝糖水时,要想保持同样对糖的甜味感觉,需要连续加糖。但这种继续加大浓度的办法,不适用于苦、咸、酸,因为具有这三种味感的物质在浓度增加时,都会使人产生不愉快感。

4.味的变调现象

在尝过食盐或苦味东西以后,即刻饮用无味的清水,会感到有些甜味,这种现象,称为味的变调现象。当吃过甜食后,再吃酸的东西,会感到酸得更厉害。口腔内放入糖,有浓厚的甜味感觉,接着喝酒,口腔内只有苦味的感觉。

5.味的相乘现象

将两种或两种以上同味的(但化学结构不同)呈味物质以适当浓度混合后,会使味道有加强的作用,这种现象称为味的相乘现象。如味精与核苷酸共存时,会使鲜味增加。

第二节　呈现各种味感的物质

一、酸味和酸味物质

(一)酸味理论

酸味(sour taste)是对人类具有较强刺激性的一种味感,可以给人一种爽快感并促进食欲。酸味是由酸类物质离解出来的质子(H^+)同味觉感受器结合所引起的刺激,其典型代表物是柠檬酸,通常以它的酸度为100,其他常用的酸味剂的相对酸度见表10 - 2。

表10 - 2　常用酸味剂的相对酸度(柠檬酸 = 100)

酸味剂	酸　度	酸味剂	酸　度
维生素 C	50	富马酸	180 ~ 260
乳酸	110 ~ 120	乙酸	100 ~ 120
葡萄糖酸	50	苹果酸	100 ~ 110
酒石酸	120 ~ 130	磷酸	200 ~ 230

不同的酸味物质具有不同的味感,酸味与食品中同时存在的其他物质、环境条件有关。一般来讲酸的浓度越大,其离解出的 H^+ 越多,酸度越大;但是,不同的酸味物质相比时,由于阴离子部分和味蕾也有相互作用,所以酸度的大小不能只从酸的离解常数来判断,另外,阴离子还决定了酸的风味特征。目前还没有任何一种酸味物质可以代替另一种酸味物质并获得同样的酸味效果,如柠檬酸、维生素 C 和葡萄糖酸的酸味爽快,葡萄糖酸具有柔和的

口感,乳酸具有刺激性的臭味,磷酸则有涩辣味(适用于可乐之中)。

H^+同味觉感受器上的磷脂头部发生作用,从而引起酸味感。由于有机酸阴离子在受体表面有较强的吸附作用,降低膜表面的电荷密度,降低了对H^+的静电斥力,所以有机酸的相对酸度较大。二元酸的相对酸度随链长度的增加而增加,就是因为它吸附到膜表面的能力增加。长链脂肪酸由于溶解度的原因,实际所产生的酸味不如小分子有机酸。阴离子结构部分增加了亲水基团,减少阴离子与膜之间的作用,酸味物质的相对酸度降低,例如富马酸与苹果酸。

(二)酸味物质

1.食醋

食醋是我国常用的调味酸,是用含淀粉或糖的原料发酵制成,含有3%~5%的醋酸和其他的有机酸、氨基酸、糖、酚类、酯类等。食醋的酸味比较温和,在烹调中除了用做调味酸之外,还有去腥臭的作用。

2.醋酸

又名乙酸,无色有刺激性的液体,普通醋酸含量为29%~31%,含量98%以上的能冻结成冰状固体,称为冰醋酸,沸点118.2℃,熔点16.7℃,它可与水、乙醇、甘油、醚任意混合,能腐蚀皮肤,有杀菌能力。醋酸可用于调配合成醋,用于食品的防腐和调味。

3.柠檬酸

又名枸橼酸,即2-羟基-丙烷-1,2,3三羧酸,因它多存在于柠檬、枸橼、柑橘等果实中而得名,是食品工业中使用最广的酸味物质。

4.乳酸

又名α-羟基丙酸,吸湿性很强,一般为无色或淡黄色的透明糖浆状液,低温也不凝结,其酸味较醋酸温和,能溶于水、乙醇、丙酮、乙醚中。乳酸具有较强的杀菌作用,能防止杂菌生长,抑制异常发酵的作用。高浓度乳酸可缩合成酯并呈平衡状态,应按规格标准用水稀释成乳酸使用。

5.苹果酸

又名羟基琥珀酸、羟基丁二酸,广泛存在于一切果实中,在未成熟的苹果和浆果中含量最多。苹果酸为白色结晶颗粒或结晶性粉末,无臭或稍有特异臭,有特殊的刺激性酸味,易溶于水,而微溶于乙醇和醚,吸湿性强,保存时应注意。苹果酸酸味较柠檬酸强约20%,呈味缓慢,保留时间较长;爽口但微有苦涩感,与柠檬酸合用可增强酸味。

6.酒石酸

又名2,3-二羟基丁二酸,存在于各种水果的果汁中,尤其以葡萄中含量最多,在自然界中以钙盐或钾盐存在,为无色透明结晶或白色结晶状粉末,熔点168~170℃;结晶含1分子结晶水,无臭,在空气中稳定。酒石酸溶于水,难溶于醚,而不溶于氯仿及苯;酸味强度约为柠檬酸的1.2~1.3倍,口感稍涩,多与其他酸合用。葡萄酒的涩味与含酒石酸有关。

7.磷酸

属强无机酸,为无色透明糖浆状液体,其酸味强度是柠檬酸的 2.3～2.5 倍,酸味爽快温和,但略带涩味。可用于清凉饮料,但用量过多时会影响人体对钙的吸收。磷酸的安全性高。

8.琥珀酸及延胡索酸

在未成熟的水果中,存在较多的琥珀酸及延胡索酸也可用作酸味剂,但不普遍。延胡索酸的酸味为柠檬酸的 1.5 倍。它们有特殊的酸味,一般不单独使用,多与柠檬酸、酒石酸等混用而生成水果似的酸味。

9.葡萄糖酸

无色至淡黄色的浆状液体,其酸味爽快,易溶于水,微溶于乙醇,因不易结晶,故其产品多为 50% 的液体。葡萄糖酸可直接用于清凉饮料、合成酒、合成醋的酸味调料及营养品的加味料,尤其在营养品中代替乳酸或柠檬酸。葡萄糖酸在 40℃减压浓缩生成葡萄酸内酯,将其内酯的水溶液加热,又能形成葡萄糖酸与内酯的平衡混合物。利用这一特性将葡萄糖内酯加于豆浆中,混合均合后再加热,即生成葡萄糖酸,从而使大豆蛋白质凝固,这样可生产细腻软嫩的袋装豆腐。它还可作为饼干等的膨胀剂,它的膨胀作用须在烘烤时才表现出来。

二、甜味和甜味物质

(一)甜味理论

甜味(sweet taste)是最受人类欢迎的滋味,食品的甜味不但可以满足人们的爱好,同时也能改进食品的可口性和某些食用性质,并且可供给人体热能。

具有甜味的物质分天然甜味剂和合成甜味剂两大类,其中前者较多,主要是几种单糖和低聚糖、糖醇等,俗称为糖,以蔗糖为典型代表物。合成甜味剂较少,只有几种人工合成甜味剂允许在食品加工中使用。最早使用的是天然甜味剂,对它们的研究也进行得较早。Shallenberger 和 Acree 等人认为,有甜味的化合物都具有一个电负性原子 A(通常是 N、O)并以共价键连接氢,即存在一个—OH,—NH_2 或═NH 基团,它们为质子供给基;同时具有甜味的化合物还具有另外一个电负性原子 B(通常是 N、O),它与 AH 基团的距离大约在 0.25～0.4nm,为质子接受基;而在人体的味蕾内,也存在着类似的 AH－B 结构单元。当甜味化合物的 AH－B 结构单元通过氢键与味蕾中的 AH－B 单元结合时,便对味觉神经产生刺激,从而产生了甜味。氯仿、糖精、葡萄糖等结构不同的化合物的 AH－B 结构,可以用图 10－4 所示来形象地表示。

但是,这个理论不能解释一些化合物的结构稍有差别时,为什么甜度有很大差异的现象。为此,1977 年有人提出新的假设:甜味物质与味蕾受体作用,还有第三个疏水性质的结合部位,它和质子供给基、质子接受基的距离分别为 0.35nm 和 0.55nm。这个疏水基团(X)的不同结构产生了甜度的差别。

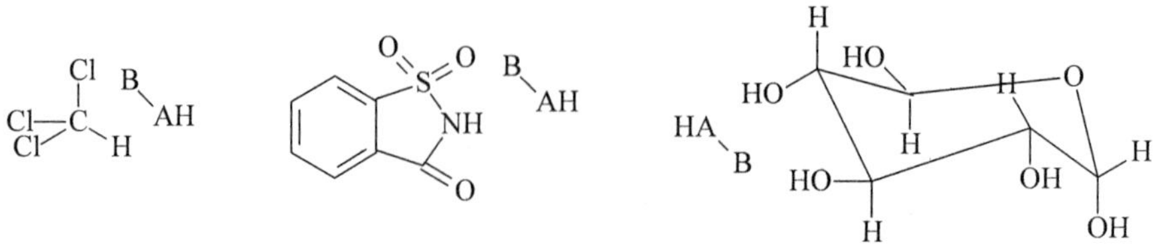

氯仿　　　　　糖精　　　　　　　　葡萄糖

图 10 - 4　几种化合物的 AH - B 关系图

(二)甜味物质的甜度及影响因素

甜味的强弱称作甜度。现在甜度只能靠人的感官品尝进行评定,这样得到的甜度称为相对甜度。一般是以蔗糖溶液为甜度的参比标准。将一定质量分数的蔗糖溶液的甜度定为 1(或 100),其他甜味物质的甜度与它比较,得出相对甜度。评定甜度的方法有极限法和相对法。前者是品尝出各种物质的阈值浓度,与蔗糖的阈值浓度相比较,得出相对甜度;后者是选择蔗糖的适当浓度(10%),品尝出其他甜味物质在该相同的甜味下的浓度,根据浓度大小求出相对甜度。常见的甜味物质的相对甜度见表 10 - 3。

表 10 - 3　一些甜味物质的相对甜度

甜味剂	相对甜度	甜味剂	相对甜度
蔗糖	1	甘露醇	0.7
乳糖	0.27	甘油	0.8
麦芽糖	0.5	甘草酸苷	50
葡萄糖	0.5 ~ 0.7	天冬氨酰苯丙氨酸甲酯	100 ~ 200
果糖	1.1 ~ 1.5	糖精	500 ~ 700
半乳糖	0.6	新橙皮苷二氢查耳酮	1000 ~ 1500

影响甜味物质甜度的因素主要有以下几种:

1.糖的结构对甜度的影响

(1)聚合度的影响　单糖和低聚糖都具有甜味,其甜度顺序是:葡萄糖 > 麦芽糖 > 麦芽三糖,而淀粉和纤维素虽然基本构成单位都是葡萄糖,但无甜味。

(2)糖异构体的影响　异构体之间的甜度不同,如 α - D - 葡萄糖 > β - D - 葡萄糖。

(3)糖环大小的影响　如结晶的 β - D - 吡喃果糖(五元环)的甜度是蔗糖的 2 倍,溶于水后,向 β - D - 呋喃(六元环)果糖转化,甜度降低。

(4)糖苷键的影响　如麦芽糖是由两个葡萄糖通过 α - 1,4 糖苷键形成的,有甜味;同样由两个葡萄糖组成而以 β - 1,6 糖苷键形成的龙胆二糖,不但无甜味,而且还有苦味。

2.温度对甜度的影响

温度对甜味剂甜度的影响表现在两方面:一是对味觉器官的影响,二是对化合物结构的影响。在较低温度范围内,温度对蔗糖和葡萄糖的影响很小,但果糖的甜度受温度的影响却十分显著,这是因为在果糖的平衡体系中,随着温度升高,甜度大的 $\beta - D -$ 吡喃果糖的百分含量下降,而不甜的 $\beta - D -$ 呋喃果糖含量升高。

3.结晶颗粒对甜度的影响

商品蔗糖有大小不同的结晶颗粒,可分成细砂糖、粗砂糖,还有绵白糖。一般认为绵白糖的甜度比白砂糖甜,细砂糖又比粗砂糖甜,实际上这些糖成分相同,甜度都一样。感觉甜度上的差异是因为蔗糖的结晶颗粒大小对溶解速度的影响造成的。糖与唾液接触,晶体越小,表面积越大,与舌的接触面积越大,溶解速度越快,能很快达到甜度高峰,所以绵白糖给人的感觉甜度大。因为只有溶解状态的糖才能刺激味蕾,因此,糖溶液的质量分数越高,甜度越大。

4.质量分数对甜度的影响

糖类的甜度一般随着糖质量分数的增加各种糖的甜度都增加。在相等的甜度下,几种糖的质量分数从小到大的顺序是:果糖、蔗糖、葡萄糖、乳糖、麦芽糖。

将各种糖类混合使用时,均能相互提高糖之间的甜度,表现有相乘现象,如将26.7%的蔗糖溶液和13.3%的42DE淀粉糖浆组成的混合糖溶液,尽管糖浆的甜度远低于相同质量分数的蔗糖溶液,但混合糖溶液的甜度与40%的蔗糖溶液相当。同时,在天然果品或加工食品中,与其共存的成分也影响它的甜度,但无一定规律。

(三)甜味物质

1.糖醇

糖醇是世界上广泛使用的甜味剂之一,它可由相应的糖加氢还原制得。这类甜味剂口感好,化学性质稳定,对微生物的稳定性好,不易引起龋齿,可调理肠胃。现在所有发达国家都使用它,往往是多种糖醇混用,代替部分或全部蔗糖。糖醇产品形态有三种:糖浆、结晶、溶液。糖醇类甜味剂有一个共同的特点,即摄入过多时有引起腹泻的作用,在适度摄入的情况下有通便作用。

(1)山梨糖醇　又名山梨醇,为白色吸湿性粉末或晶状粉末、片状或颗粒,无臭。易溶于水(1g溶于约0.45mL水中),微溶于乙醇和乙酸。耐酸、耐热性能好,与氨基酸、蛋白质等不发生美拉德反应。山梨醇有清凉的甜味,甜度约为蔗糖的一半,热值与蔗糖相近。食用后在血液内不转化为葡萄糖,也不受胰岛素影响,适宜做糖尿病、肝病、胆囊炎患者的甜味剂。它还有保湿性,可维持一定的水分,防止食品干燥。

(2)麦芽糖醇　又名氢化麦芽糖,白色结晶性粉末或无色透明的中性黏稠液体,易溶于水,不溶于甲醇和乙醇。吸湿性很强,一般商品化的是麦芽糖醇糖浆。麦芽糖醇的甜度约为蔗糖的85%～95%,具有耐热性、耐酸性、保湿性和非发酵性等特点,基本上不参与美拉德反应。在体内不被消化吸收,热值仅为蔗糖的5%,不使血糖升高,不增加胆固醇,为保健食品的理想甜味剂。用于儿童食品,可防龋齿。

(3)木糖醇　为白色结晶或结晶性粉末,极易溶于水,微溶于乙醇和甲醇。木糖醇甜度与蔗糖相当,溶于水时可吸收大量热量,是所有糖醇甜味剂中吸热值最大的一种,故以固体形式食用时,会在口中产生愉快的清凉感。木糖醇不致龋且有防龋齿的作用。木糖醇代谢不受胰岛素调节,在人体内代谢完全,可作为糖尿病人的热能源。木糖醇的许多性质与山梨醇相同,在应用方面与山梨醇相似。

2.非糖天然甜味剂

非糖天然甜味剂是从一些植物的果实、叶、根等提取的物质,是当前食品科学研究中正在极力开发的甜味剂。它们的甜味一般为蔗糖的几十倍,是低热量甜味剂,甜味物质多为萜类。

(1)甘草苷　甘草是多年生豆科植物,产于欧、亚各地。甘草中的甜味成分是由甘草酸与两个葡萄糖醛酸脱水而成的甘草苷(图 10 - 5),甜度为蔗糖的 100 ~ 500 倍。甘草苷的甜味特点是缓慢而存留时间长,很少单独使用。它具有很强的增香效果,对乳制品、蛋制品、巧克力及饮料类的增香效果很好。因它可缓和盐的咸性,在我国民间习惯用于酱、酱制品和腌制食品中。

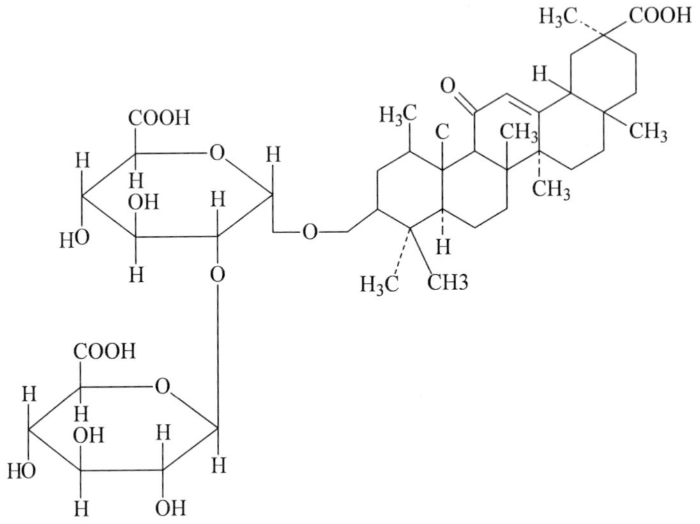

图 10 - 5　甘草苷的结构

(2)甜菊糖　甜菊糖是从多年生草本植物甜叶菊的叶中提取的,以相同的双萜配基构成的 8 种配糖体的混合物,主要组分甜菊糖苷(图 10 - 6)。甜菊糖的甜味纯正,残留时间长,后味可口,有轻快凉爽感,对其他甜味剂有改善和增强作用,具有非发酵性,仅有少数几种酶能使其水解,不使食物着色。由于食用后不被人体吸收,不能产生能量,故是糖尿病、肥胖患者的天然甜味剂,并具有降低血压、促进代谢、防止胃酸过多等功能作用。

3.天然物的衍生物甜味剂

这一类甜味剂是由一些天然物经过合成制成的高甜度的安全甜味剂,主要有二肽衍生物、二氢查耳酮衍生物等。

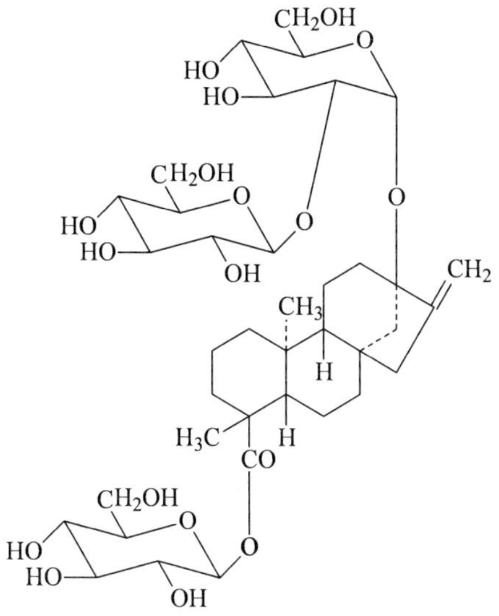

图 10-6　甜菊糖苷的结构

（1）二肽衍生物　这类甜味剂甜度是蔗糖的几十倍至数百倍,分子大则甜味弱,而且甜味的强弱与酯基相对分子质量有关,酯基相对分子质量小的甜味强。食用后在体内分解为相应的氨基酸,是一种营养型的非糖甜味剂,且无致龋性。热稳定性差,不宜直接用于烘烤与高温烹制的食品,使用时有一定的 pH 范围,否则它们的甜味下降或消失。最具有代表性的是天冬酰苯丙氨酸甲酯。

天冬酰苯丙氨酸甲酯又名阿斯巴甜、甜味素,市场上所售的蛋白糖的主要成分也是该物质。白色结晶粉末,无臭,可溶于水,易水解。有强甜味,其稀溶液的甜度为蔗糖的 150～200 倍,甜味近似蔗糖,有凉爽感。耐受高温,结构发生破坏会使甜度下降,甚至甜味完全消失。阿斯巴甜不产生热量,故适合作糖尿病、肥胖症等病人的甜味剂。

（2）二氢查耳酮衍生物　二氢查耳酮种类众多,各种柑橘中所含的柚苷、橙皮苷等黄酮类糖苷在碱性条件下还原可得二氢查耳酮衍生物(DHC),其结构通式见图 10-7。

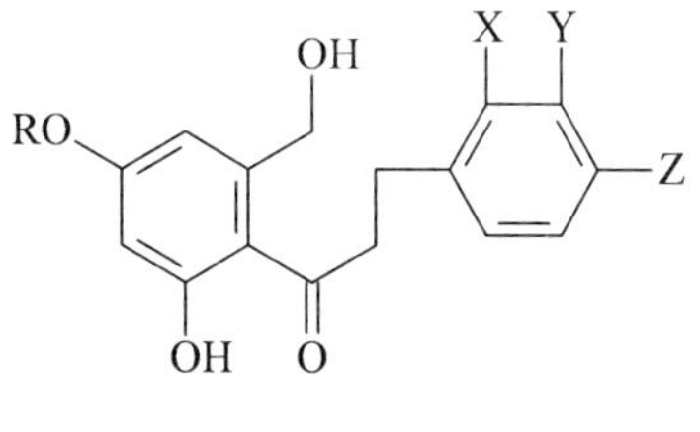

图 10-7　二氢查耳酮衍生物的结构

柚皮苷二氢查耳酮为白色针状晶体粉末,无吸湿性,微溶于水;新橙皮苷二氢查耳酮为白色针状晶体粉末,微溶于水,对热稳定性差,溶于稀碱,不溶于乙醚和无机酸。二氢查耳酮具有很强的甜味,甜度最高为蔗糖的 20 倍,且回味时无苦味,为理想的甜味剂,可直接用于食品,特别适用于低 pH 的和低温加热食品,也可用于制药。

（3）三氯蔗糖 又名三氯半乳蔗糖、蔗糖素,为白色至近白色结晶性粉末,实际无臭。不吸湿,稳定性高。极易溶于水、乙醇和甲醇,微溶于乙醚。甜味与蔗糖相似,甜度为蔗糖的 600 倍（400～800 倍）。在人体内吸收率很低,对代谢无不良影响,大部分能排出体外。无热值,不致龋,不与食品中其他成分相互作用。

4.合成甜味剂

（1）糖精及糖精钠 糖精,又名邻磺酰苯甲酰,是世界各国广泛使用的一种人工合成甜味剂,由于其在水中的溶解度低,实际使用的是其钠盐（糖精钠）。

已经研究或合成出的糖精衍生物很多（图 10-8）,但不是所有的都具有甜味。在苯环上引入吸电子基团后衍生物为苦味,而将—NH 结构上的 H 由烷基取代,则衍生物无味,由此显示出—NH 结构对甜味的重要性。

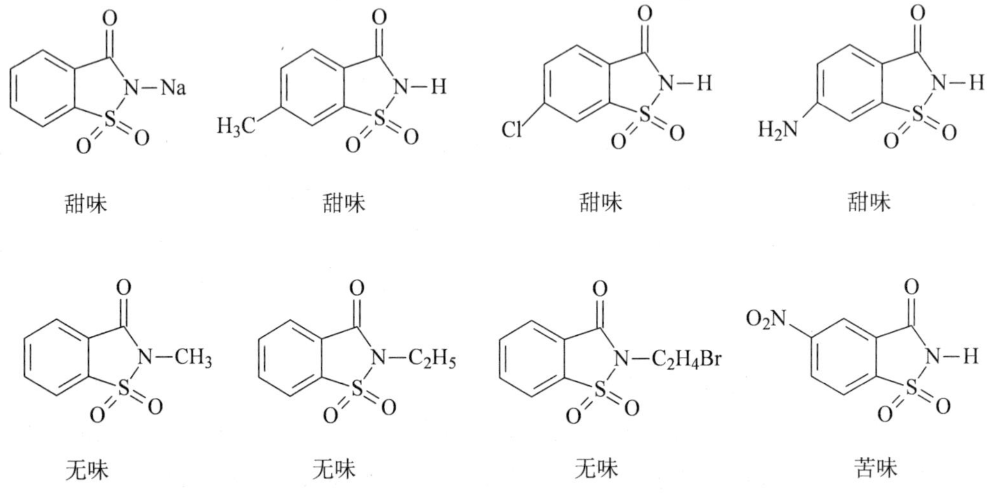

图 10-8 糖精各类衍生物的结构

糖精钠为无色至白色的结晶或结晶性粉末,无臭,微有芳香气。味浓甜带苦,在空气中缓慢风化,失去约一半结晶水而成为白色粉末。甜度为蔗糖的 200～500 倍,一般为 300 倍。易溶于水,微溶于乙醇。糖精钠在水中离解出来的阴离子有极强的甜味,但分子状态却无甜味而反有苦味,故高浓度的水溶液亦有苦味。使用时浓度应低于 0.02%。在酸性介质中加热,甜味消失并可形成邻氨基磺酰苯甲酸而呈苦味。

糖精钠与酸味并用,有爽快的甜味,适用于清凉饮料。糖精钠经煮沸会缓慢分解,如以适当比例与其他甜味料并用更可接近蔗糖甜味。糖精钠不参与体内代谢,不产生热量,适合用作糖尿病患者、心脏病患者、肥胖者等的甜味剂,以及用于低热量食品生产。在食品生产中不会引起食品染色和发酵,但不得用于婴幼儿食品。

（2）环己基氨基磺酸钠 又名甜蜜素,为白色结晶或结晶性粉末,无臭。易溶于水,水溶液呈中性,几乎不溶于乙醇等有机溶剂,对热、酸、碱稳定。甜度为蔗糖的 30～50 倍,为无营养甜味剂,其浓度大于 0.4% 时带苦味。甜蜜素有一定的后苦味,与糖精以 9:1 或10:1的比例混合使用,可使味口感提高。与天冬酰苯丙氨酸甲酯混合使用,也有增强甜度、改善味质的效果。甜蜜素不参与体内代谢,摄入后由尿(40%)和粪便(60%)排出,无营养作用,可供糖尿病人食用。

(3)乙酰磺胺酸钾　又名安赛蜜、双氧嗯噻嗪钾或 A－K 糖,为白色结晶状粉末,易溶于水,难溶于乙醇等有机溶剂,对热、酸均很稳定。甜度约为蔗糖的 200 倍,味质较好,没有不愉快的后味。安赛蜜不参与任何代谢作用。在动物或人体内很快被吸收,但很快会通过尿排出体外,不提供热量,可供糖尿病人食用。

三、苦味和苦味物质

苦味(bitter taste)是食品中很普遍的味感,许多无机物和有机物都具有苦味。单纯的苦味并不令人愉快,但当它与甜、酸或其他味感调配得当时,能形成一种特殊的风味。例如,苦瓜、白果、茶和咖啡等都具有一定的苦味,但均被视为美味食品。苦味物质大多具有药理作用,可调节生理机能,如一些消化活动障碍、味觉出现减弱或衰退的人,常需要强烈刺激感受器来恢复正常,由于苦味阈值最小,也最易达到这方面的目的。

(一)苦味理论

因为苦味与甜味的感觉都由类似的分子所激发,所以某些分子既可产生甜味也可产生苦味。甜味分子一定含有两个极性基团,还含有一个辅助性的非极性基团,苦味分子仅需一个极性基团和一个疏水基团。大多数苦味物质也具有与甜味分子中同样的 AH－B 基团及疏水基团。在特定受体部位中,AH－B 单元的取向决定分子的甜味与苦味,而这些特定的受体部位则位于受体腔的平坦底部。当呈味分子与苦味受体部位相契合时则产生苦味感,当能与甜味部位相匹配则产生甜味感。若呈味分子的空间结构能适用上述两种受体,就能产生苦—甜感。

食物中的天然苦味物质中,植物来源的有两大类,即生物碱及一些糖苷;动物来源的主要是胆汁;另外,一些氨基酸和多肽亦有苦味。

(二)苦味物质

1.生物碱类

生物碱有 59 类约 6000 种,几乎全部具有苦味。士的宁(番木鳖碱)是目前已知的最苦的物质。奎宁常被选为苦味的基准物。许多情况下,生物碱的碱性越强则越苦。黄连是一种季铵盐,咖啡因是茶、咖啡和可可的重要苦味物质,对构成这些饮料的特殊口感有突出的贡献。茶叶中咖啡因的含量可达 1%～5%,很多生物碱都具有一定的生理功能,可治疗疾病。部分生物碱类苦味物质的结构如图 10－9。

2.糖苷类

可按配基将简单的糖苷分为含氰苷(如苦杏仁苷、木薯毒苷等),含芥子油苷(如黑芥子苷、白芥子苷等),含脂肪醇苷(如松柏苦苷、山慈姑苷等)和含酚苷(如熊来苷、杨皮苷、

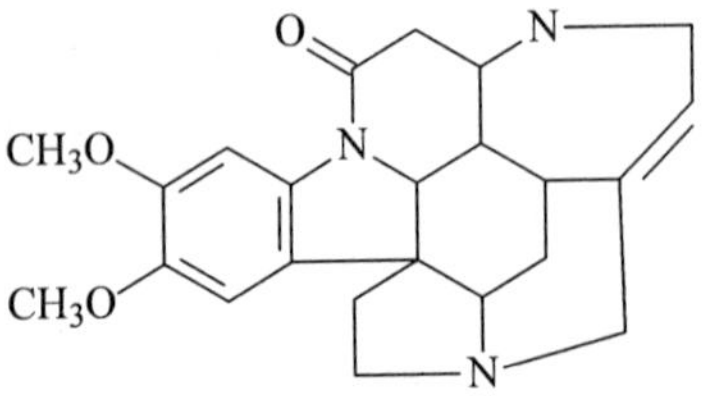

番木鳖碱

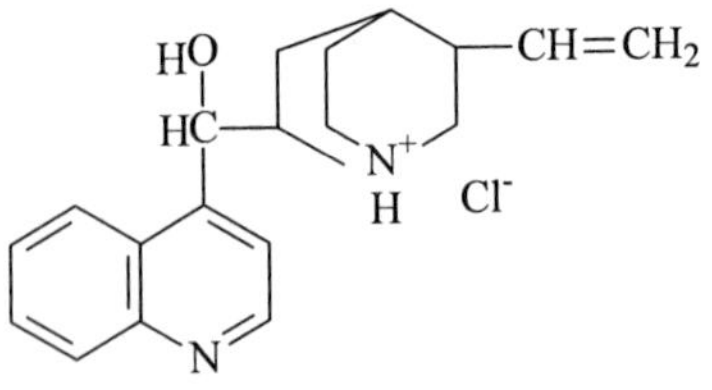

奎宁

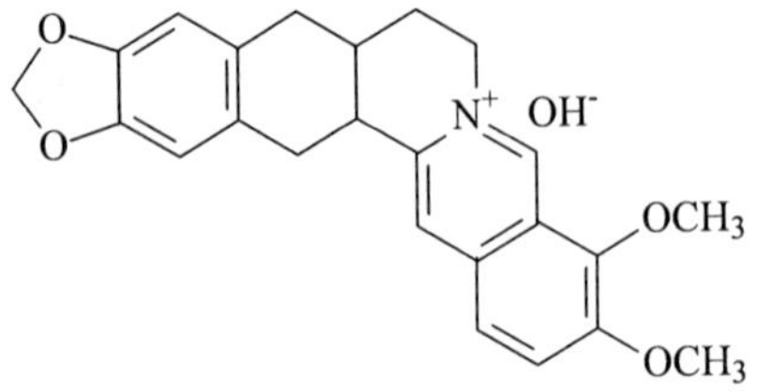

黄连素

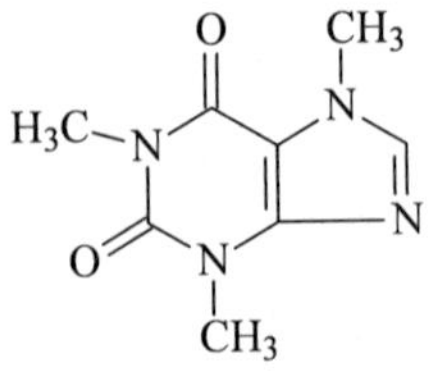

咖啡因

图 10－9　部分生物碱类苦味物质的结构

水杨苷、白杨苷)；其中许多存在于中草药中，一般有苦味，可治病。部分糖苷类苦味物质的结构如图 10－10。

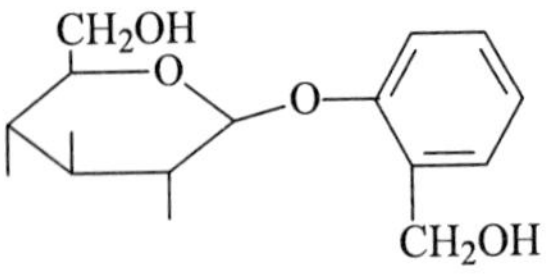

水杨苷

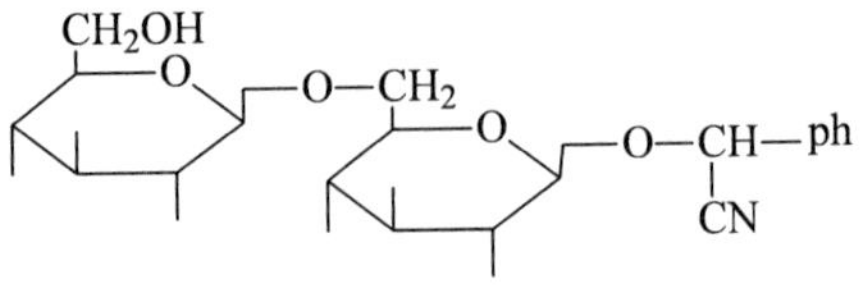

苦杏仁苷

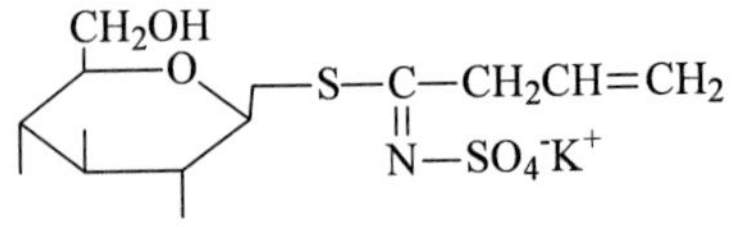

黑芥子苷

图 10－10　部分糖苷类苦味物质的结构

柑橘类水果含有很多黄烷酮糖苷类化合物。葡萄柚和苦橙中的主要黄烷酮苷是柚皮苷，柚皮苷使果皮带有浓重的苦味(图 10－11)。柚皮苷酶切断柚皮苷中鼠李糖和葡萄糖之间的 1，2 键，可脱除柚皮苷的苦味。在工业上制备柑橘果胶时可以提取柚皮苷酶，并用固定化酶技术脱除葡萄柚果汁中的过量柚皮苷。

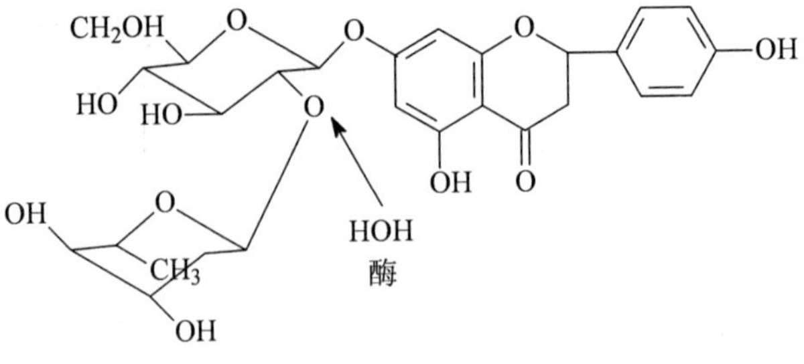

图 10－11　柚皮苷结构及生成无苦味衍生物的酶水解位置

3.氨基酸与多肽类

氨基酸是多官能团分子,能与多种味受体作用,味感丰富。一般情况下,除了小环亚氨基酸外,D-型氨基酸大多以甜味为主。在L-型氨基酸中,当R基很小(碳数≤3)并带中性亲水基团(如OH、$CONH_2$、COOR′时),一般以甜味感为主;当R基较大(碳数>3)并带碱基(如NH_2),通常以苦味为主。当氨基酸的R基不大不小时,呈甜兼苦味,若R基属疏水性不强的基团时,苦味不强但也不甜,若R基属酸性基团(如COOH、SO_3H)时,则以酸味为主,根据R基的结构特点和其味感将氨基酸分成五类,见表10-4。

表10-4　根据R基的结构特点和味感对氨基酸进行分类

类别	氨基酸	结构特点	味感
Ⅰ	Glu、Asp、Gln、Asn	酸性侧链	酸鲜
Ⅱ	Thr、Ser、Ala、Cly、Met(Cys)	短小侧链	甜鲜
Ⅲ	Pro	毗咯环链长	甜略苦
Ⅳ	Val、Leu、Ile、Phe、Tyr、Trp	大侧链	苦
Ⅴ	His、Lys、Arg	碱性侧链	苦略甜

水解蛋白质和发酵成熟的干酪常有明显的和令人厌恶的苦味。肽的苦味取决于它的相对分子质量和所含有的疏水基团的性质,蛋白质的平均疏水性常被用来预测它经水解所生成的肽的苦味;蛋白质的平均疏水性与构成蛋白质的氨基酸侧链的疏水性有关疏水性氨基酸比例越高,则肽的苦味越强。

4.萜类

植物中含有丰富的萜类化合物,单萜有36种,倍半萜有48种,加上其他萜,总数不下万种。萜类化合物一般含有内酯、内缩醛、内氢键和糖苷羟基等能形成螯合物的结构而具有苦味。常见的葎草酮和蛇麻酮都是啤酒花的苦味成分(图10-12)。柑橘子中的柠檬苦素是葡萄柚的苦味成分。

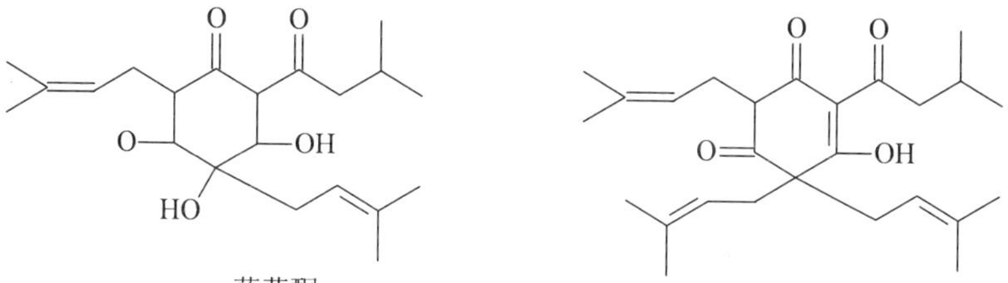

葎草酮　　　　　　蛇麻酮

图10-12　葎草酮和蛇麻酮的结构

柠檬苦素是一个多环构成的内酯化合物,在完整的水果中是不存在的。在榨取果汁过程中,在酸性条件下,其前体物质通过成环反应转化为柠檬苦素,对感官质量造成严重影响。通过酶的作用将其前体物质转化为不能再形成环的化合物,从而达到不可逆的脱苦目的。柠檬苦素的化学结构及酶法脱苦如图10-13所示。此外,还可以利用吸附的方式进行脱苦。

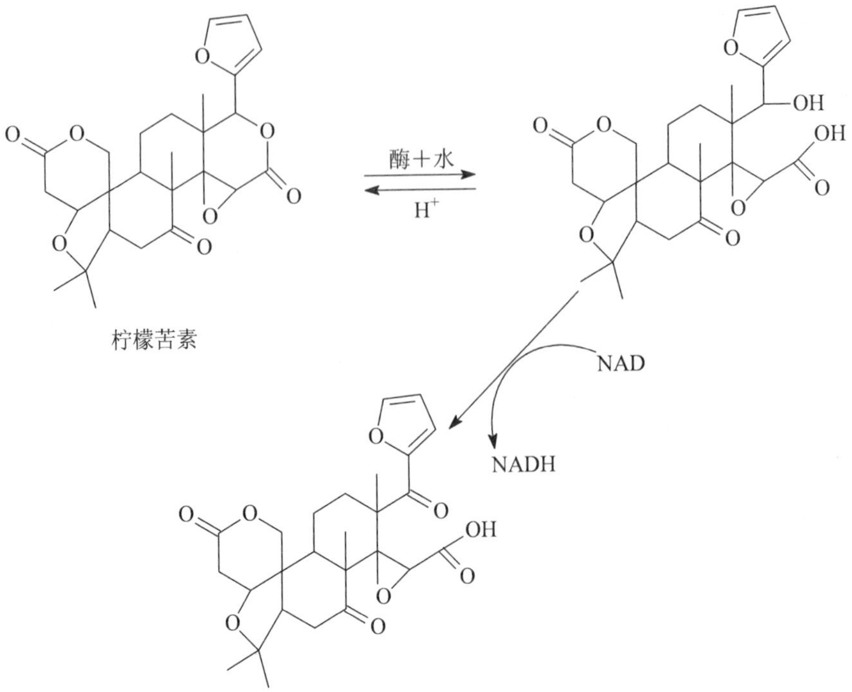

图 10 – 13　柠檬苦素的结构及酶法脱苦

四、咸味和咸味物质

(一)咸味理论

咸味是中性盐所具有的味,是由离解后的盐离子所决定的。阳离子是定味基,易被味感受器的蛋白质的羧基或磷酸吸附而呈咸味;阴离子是助味基,影响咸味的强弱和副味。盐类中只有氯化钠才产生纯粹的咸味,其他盐类多带有苦味、涩味或其他味道。盐的阳离子和阴离子的相对原子质量越大,越有增大苦味的倾向。

(二)咸味物质

作为咸味剂,氯化钠,俗称食盐,在体内主要是调节渗透压和维持电解质平衡。人体摄入食盐过少会引起乏力乃至虚脱,但长期过量会引起高血压。现在食盐代用品发展得很快,方向是营养、保健,产品向精细化、多品种、多档次发展。

1.低钠型盐

这类盐以钾、钙、镁元素来调低食盐中钠的含量。这类盐保持了原来盐的咸度,色味纯正,是高钠盐的良好代换品。目前,在美国、德国、芬兰、日本等国的市场上出现了不少含50% ~100%氯化钾的咸味剂。

2.强化型盐

这类盐主要成分是氯化钠,其中添加了人体不可缺少的营养成分和微量元素,如碘、铁、锌制剂、核黄素等。这类咸味剂随餐进食,用量较均匀,具有食用方便、价廉、有效的特点，并有一些效果良好的产品。

3.风味型盐

这类盐的主要成分是氯化钠，其中添加各种调味品，使咸味剂的用途更加丰富，主要品种有五香盐、虾盐、花椒盐、胡椒盐、辣味盐等。

到目前为止，可以作为氯化钠替代品的咸味物质有苹果酸钠、葡萄糖酸钠，可以作为糖尿病病人食盐的替代品。

五、其他味感和味感物质

（一）辣味和辣味物质

辣的感觉是物质刺激触觉神经引起的痛觉，嗅觉神经和其他感觉神经可同时感觉到这种刺激和痛感，包括舌、口、鼻，同时皮肤也可感觉，属于机械刺激现象。适当的辣味有增进食欲、促进消化液分泌的作用，因此辣味在调味中有广泛应用。

花椒、胡椒、辣椒和生姜是辣味物质的典型代表。常见辣味物质可分为三大类。

第一大类是无芳香的辣味物，为食品原料所固有，性质稳定。这些物质主要是辣椒、花椒和胡椒的辣味成分（图 10－14）。

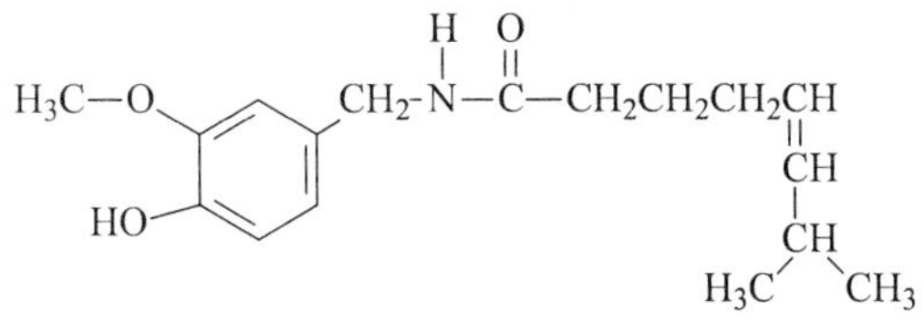

辣椒素

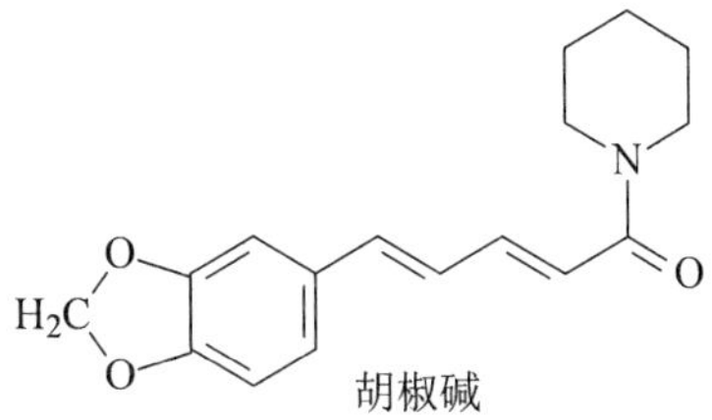

胡椒碱

图 10－14　辣椒素和胡椒碱的结构

第二大类是芳香性的辣味物，如生姜、丁香、其他香辛料的辣味成分。它们是芳香族化合物，多为邻甲基酚或邻甲氧基酚类（图 10－15）。

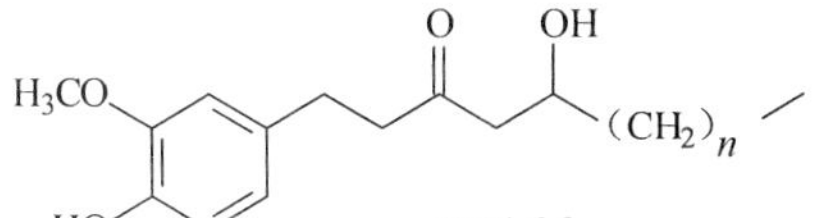

$n=4,6,8$

姜醇

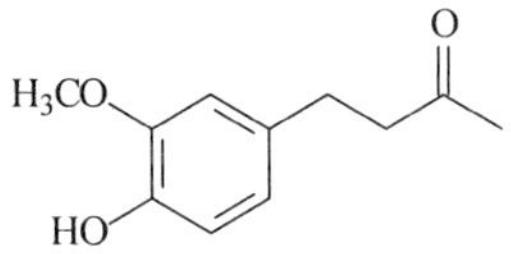

姜酮

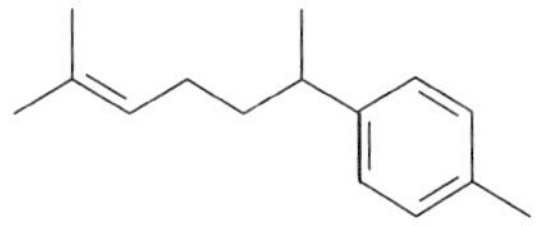

姜烯

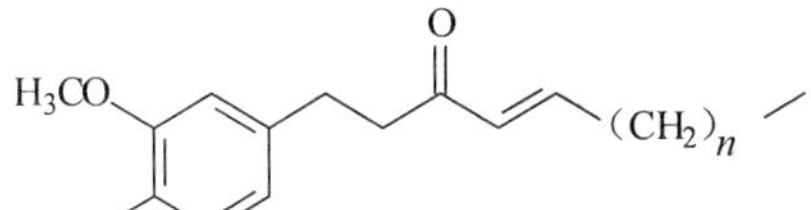

$n=4,6,8$

姜烯酚

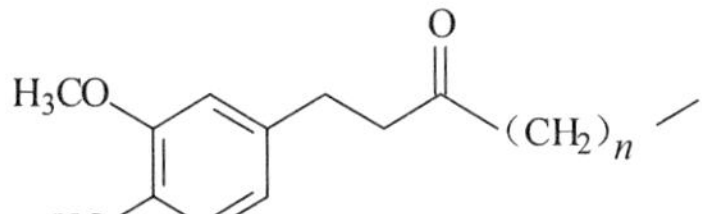

$n=6,8,10$

摩洛哥豆蔻液

图 10－15　生姜中辣味成分的结构

第三类辣味物同时具有刺鼻和催泪的风味,在原料中只存在其前体物,当组织破碎后,受酶的作用才产生这类风味物,如洋葱、葱、蒜、芥末等中的辣味成分,它们属于异硫氰酸酯类或二硫化合物。蒜的辛辣味成分是硫醚类化合物,主要成分是二烯丙基二硫化物、丙基烯丙基二硫化物、二丙基二硫化物等,来源于蒜氨酸(图10-16)的分解。当蒜的组织细胞破坏以后,其中的蒜酶将蒜氨酸分解产生具强烈刺激嗅味的油状物蒜素,蒜素还原生成二烯丙基二硫化物。

$$2CH_2=CH-CH_2-\overset{\overset{\displaystyle O}{||}}{S}-CH_2-\overset{\overset{\displaystyle NH_2}{|}}{CH}-COOH \qquad CH_2=CH-CH_2-\overset{\overset{\displaystyle O}{||}}{S}-S-CH_2-CH=CH_2$$

蒜氨酸   蒜素

图10-16 蒜氨酸与蒜素的结构

(二)鲜味和鲜味物质

鲜味是食品中一种能引起强烈食欲的滋味。鲜味成分有氨基酸、核苷酸、肽、有机酸等物质。氨基酸类主要是L-谷氨酸单钠盐,核苷酸类主要有5′-肌苷酸二钠和5′-鸟苷酸二钠。另外,琥珀酸二钠盐也具有鲜味。此外,近年来人们利用天然鲜味提取物如肉类提取物、酵母提取物、水解动物蛋白及水解植物蛋白等和谷氨酸钠、5′-肌苷酸二钠和5′-鸟苷酸二钠等以不同的组合配比,制成天然复合鲜味物质,可使味道更鲜美、自然。

1.谷氨酸及其钠盐

谷氨酸具有酸味和鲜味,中和成一钠盐后,酸味消失而鲜味增加。谷氨酸的一钠盐有鲜味,二钠盐呈碱性无鲜味。市售的谷氨酸钠即指一钠盐,又名味精或味素,简称MSG。

谷氨酸钠具有极强的肉类鲜味,特别是在微酸性溶液中味道更鲜,用水稀释至3000倍,仍能感觉出其鲜味。谷氨酸钠的呈味能力与其离解度有关,当pH为3.2(等电点)时,呈味能力最低;pH值大于6且小于7时由于它几乎全部电离,鲜味最高;pH值大于7时,由于形成二钠盐,因而鲜味消失。谷氨酸钠与5′-肌苷酸二钠或5′-鸟苷酸二钠合用,可显著增强其呈味作用,可以此生产"强力味精"等。谷氨酸钠与5′-肌苷酸二钠比例为1:1时,其鲜味是谷氨酸钠的16倍。

2.5′-鸟苷酸二钠与5′-肌苷酸二钠

5′-鸟苷酸二钠为无色或白色结晶或白色粉末,含7分子结晶水,有特殊的类似香菇的鲜味,鲜味强度为肌苷酸钠的2.3倍。与谷氨酸钠合用有很强的协同作用。

5′-肌苷酸二钠为无色至白色结晶,或白色结晶性粉末,含7.5分子结晶水,有特殊的鲜味,鲜味强度低于5′-鸟苷酸二钠,但两者合用有显著的协同作用。5′-肌苷酸二钠与5′-鸟苷酸二钠以1:1配比,构成的混合物简称I+G,是动植物鲜味融合一体的一种较为完全的鲜味剂。在食品加工中多应用于配制强力味精、特鲜酱油和汤料等。

肌苷酸和鸟苷酸是构成核酸的成分,所组成的核蛋白是生命和遗传现象的物质基础,故它对人体是安全而有益的。

3.琥珀酸及其钠盐

琥珀酸二钠也有鲜味,是各种贝类鲜味的主要成分。用微生物发酵的食品如酿造酱油、酱、黄酒等的鲜味都与琥珀酸二钠有关。琥珀酸用于酒精清凉饮料、糖果等的调味,其钠盐可用于酿造品及肉类食品的加工。如与其他鲜味料合用,有助鲜的效果。

(三)涩味和涩味物质

当口腔黏膜蛋白质凝固时,会引起收敛的感觉,此时感觉到的滋味就是涩味。涩味物质不作用于味蕾而是刺激触觉的神经末梢而产生涩味。

引起食品涩味的物质主要是多酚类化合物,其中单宁(图10-17)最具代表性,其次是铁等金属离子、明矾、草酸、香豆素、奎宁酸、醛类等。

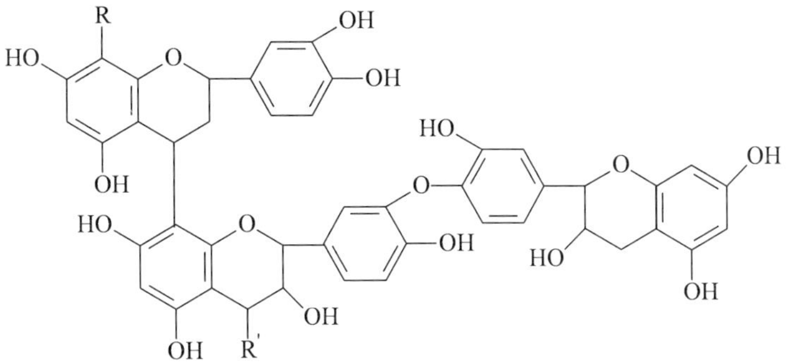

图 10-17　一种原花色素单宁的结构

柿子的涩味是由于柿子中有单宁的缘故。温水浸泡、酒浸泡、干燥、二氧化碳和乙烯等气体处理,可将可溶性单宁变成不溶物而脱去涩味。未成熟的香蕉和橄榄果实也有很强的涩味,这是因为在青香蕉中有无色花青素,在橄榄果实中有橄榄苦苷,经脱涩之后才能食用。茶叶中也含有单宁和多酚类物质,因为加工方法不同,各种茶叶的涩味强弱程度也不一样。一般绿茶中多酚类物质含量高,而红茶经发酵后,多酚类的氧化使其含量降低,涩味也就比绿茶弱。

第三节　嗅感和嗅感物质

一、嗅感的概念及生理基础

嗅感是挥发性物质气体刺激鼻腔内嗅觉细胞所产生的刺激感,令人喜爱的称为香气,令人生厌的称为臭气。嗅感是比味感复杂得多并且也敏感得多的感觉现象。

动物的鼻腔中有嗅觉感受器,直接接受刺激的是嗅觉小胞(图10-18)中的嗅细胞。嗅细胞的表面被水样的分泌液所润湿。嗅细胞表面为负电性,水样分泌液的分子依极性按一定方向排列,当挥发性物质分子吸附到嗅细胞表面后就使表面的部分电荷发生改变,产生电流,使神经末梢接受刺激而兴奋,传递到大脑的嗅区。由此可知,提供或接受电子能力较强的挥发性物质有较强的嗅感。

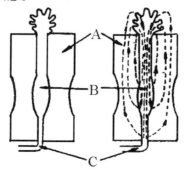

静止状态　　　活动状态

A—支持细胞　B—嗅细胞　C—嗅觉纤维

图 10 - 18　嗅觉小胞示意图

一般情况下,无机挥发性物质中含有 SO_2、NO_2、NH_3 等成分的物质大多有强烈的嗅味;有机物中含有羟基、羧基、酮基和醛基的挥发性物质也都有嗅味;其他还有氯仿等挥发性取代烃等等。

目前,尚未有权威性的气味分类方法。阿莫(Amoore)等分析了 600 种物质的气味和它们的化学结构,提出至少存在 7 种基本气味,即麝香气味、樟脑气味、醚气味、花香气味、薄荷气味、刺激气味和腐烂气味,其他众多的气味则可由这些基本气味的组合形成。但也有人在结构 - 气味关系研究中经常把气味划分为龙涎香气味、苦杏仁气味、麝香气味和檀香气味。Boelens 对 300 中香味物质研究发现气味物质可以归属为 14 类基本气味,而 Abe 将 1573 种气味物质利用聚类分析归属为 19 类。

二、食品中嗅感物质的形成

食品中嗅感物质的种类繁多,形成途径非常复杂,其形成的基本途径大体上可分为两大类:一类是在酶的直接或间接催化作用下进行生物合成,许多食物在生长、成熟和贮存过程中产生的嗅感物质大多是通过这条途径形成的。另一条基本途径是非酶促化学反应,食品在加工过程中经过各种物理、化学因素的作用生成嗅感物质。

(一)酶促化学反应

1.以氨基酸为前体的生物合成

在各种水果和许多蔬菜的嗅感物质中都发现含有低碳数的醇、醛、酯等化合物。这些嗅感物质的前体有很大一部分是氨基酸。其合成过程的一般途径见图 10 - 19。

例如,苹果和香蕉的特征性嗅感成分异酸异戊酯是以支链氨基酸 L - 亮氨酸为前体进行生物合成产生的。很多水果的嗅感成分中包含有酚、醚类化合物,这些嗅感物质的前体

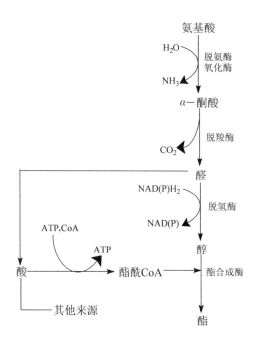

图10-19　以氨基酸为前体生成酯的一般途径

是芳香族氨基酸,如苯丙氨酸、酪氨酸等。烟熏食品的香气,在一定程度上也是以芳香族氨基酸为前体合成的。葱、蒜、韭菜的主要特征性嗅感成分是硫化物,这些硫化物是以半胱氨酸为前体合成的。

2.以脂肪酸为前体的生物合成

许多水果和蔬菜的嗅感物质中含有 C_6 和 C_9 醇、醛或者由 C_6、C_9 脂肪酸形成的酯,如苹果、香蕉、葡萄、菠萝、桃子中的己醛,香瓜、西瓜的特征性嗅感物质2-反-壬烯醛和3-顺-壬烯

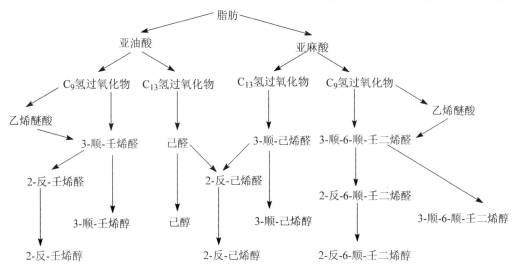

图10-20　以脂肪酸为前体生物合成嗅感物质的途径

醇,番茄的特征性嗅感物质3-顺-己烯醛和2-反-己烯醇以及黄瓜的特征性嗅感物质2-反-6-顺-壬二烯醛。这些嗅感物质是以脂肪酸(亚油酸和亚麻酸)为前体,在脂肪氧合酶、裂解酶、异构酶、氧化酶等的作用下合成的,其具体合成途径见图10-20。

脂肪酸经过β氧化也能产生一系列嗅感物质。如梨的特征性嗅感物质2-反-4-顺-癸二烯酸乙酯是通过这种途径形成的(图10-21)。

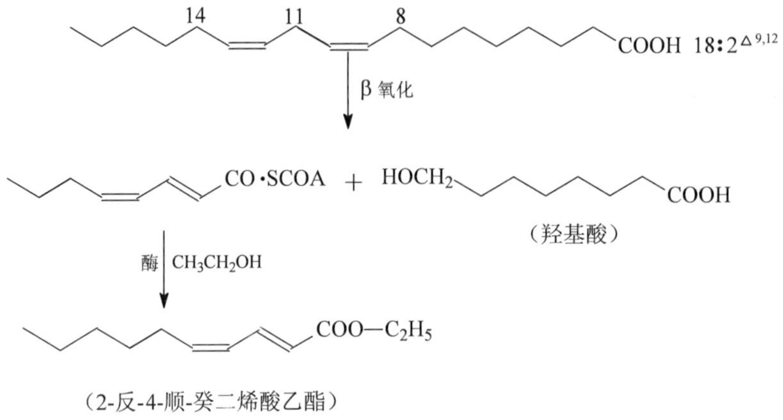

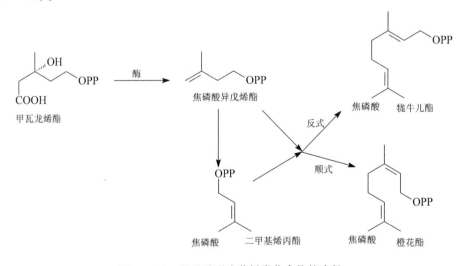

图10-21 脂肪酸β氧化产生嗅感物质的途径

3.以羟基酸为前体的生物合成

柑橘类水果及其他一些水果都含有萜烯类化合物,它们是这些水果的重要嗅感物质。这些萜烯类化合物是生物体内通过异戊二烯途径合成的,其前体被认为是甲瓦龙酸(一种 C_5 的羟基酸)。产物包括柠檬的特征性嗅感物质柠檬醛、橙花醛;酸橙的特征性嗅感物质芋烯;甜橙的特征性嗅感物质 β - 甜橙醛以及柚子的特征性嗅感物质诺卡酮等(图10-22)。

图10-22 羟基酸形成萜烯类化合物的途径

4.以单糖、糖苷为前体的生物合成

在水果中存在大量的各种单糖,它们不但是水果的味感成分,而且也是许多嗅感成分如醇、醛、酸、酯类的前体物质。单糖经无氧代谢生成丙酮酸后,再在脱氢酶催化下氧化脱羧生成活性乙酰辅酶 A。之后分两条途径合成酯:一是醇在酯酰酶催化下生成乙酸某酯;另一种是在还原酶催化下先生成乙醇,再合成某酸乙酯。

5.以色素为前体的生物合成

某些蔬菜的嗅感物质以色素为前体进行生物合成,如番茄中的嗅感物质就是番茄红素在酶的催化下裂解生成的(图 10 – 23)。

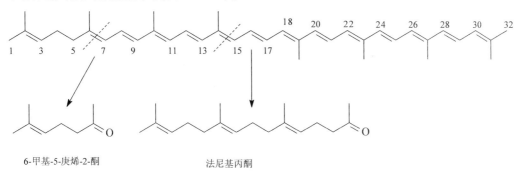

6-甲基-5-庚烯-2-酮   法尼基丙酮

图 10 – 23　番茄红素降解形成嗅感物质的途径

(二)非酶促化学反应

食品中嗅感物质形成的另一基本途径是非酶促化学反应。在食物原料的生长、成熟和食物的加工、贮存过程中,这类反应与酶促反应往往彼此交织、相互影响。

食品在热处理过程中嗅感成分的变化十分复杂。除了食品内原来的嗅感物质因受热挥发而有所损失外,食品中的其他组分也会在热的作用下发生降解或相互作用生成大量的新嗅感物质。新嗅感物质的形成既与食品的原料组分等内在因素有关,也与热处理的方法、时间等外在因素有关。

1.基本组分的相互作用

基本组分是指食品中的糖类、蛋白质和脂类三大营养物质。它们在食品内不但能分别水解成单糖、氨基酸和脂肪酸,而且在一定条件下也能相互转化。食品基本组分在热处理过程中最主要是糖类与氨基酸之间发生的羰氨反应。

2.基本组分的热降解

(1)糖的热降解　糖在没有胺类存在的情况下受热也会发生一系列的降解反应,根据受热温度、时间等条件不同而生成各种嗅感物质。

单糖和双糖一般经过熔融状态才进行热分解,这时发生了一系列的异构化以及分子内、分子间的脱水反应,生成以呋喃类化合物为主的嗅感成分,并有少量的内酯类、环二酮类等物质的形成。如果继续受热,则单糖的碳链发生裂解,形成丙酮醛、甘油醛、乙二醛等低分子嗅感物质。若糖再在更高的温度下受热或受热时间过长时,产物最后便聚合成焦

糖素。

淀粉、纤维素等多糖在高温下一般不经过熔融状态即进行热分解。在400℃以下时主要生成呋喃类、糠醛类化合物,同时还会生成麦芽酚、环甘素以及有机酸等低分子物质;若高温加热到800℃以上,则还会进一步生成多环芳烃和稠环芳烃类化合物,其中不少物质具有一定的致癌性。

(2)氨基酸的热降解　一般的氨基酸在较高温度下加热时,都会发生脱羧反应或脱氨、脱羰反应。但这些反应生成的胺类产物往往具有不快的嗅感。若继续加热,这时生成的胺类产物可以进一步相互作用,生成具有良好香气的嗅感物质。

含硫氨基酸在热处理过程中对食品风味影响较大。它们单独存在时的热分解产物除了有硫化氢、氨、乙醛、半胱胺等物质之外,同时还会生成噻唑类、噻吩类及许多含硫化合物,这些产物大多数都是挥发性的强烈的嗅感物质,不少是熟肉香气的重要组分。

杂环氨基酸的热分解产物对食品的嗅感也有较大的影响。有人认为,脯氨酸和羟脯氨酸在受热时会与食品组分生成的丙酮醛进一步作用,生成具有面包、饼干、烘玉米和谷物似的香气成分吡咯和吡啶类化合物。

(3)脂肪的热氧化降解　脂肪在无氧条件下即使加热到220℃,也没有明显的降解现象。但食品的加工和贮存通常都是在有氧的条件下进行,脂肪易被氧化,受热会加速氧化反应的发生。脂肪酸的氧化降解产物中许多挥发性物质都是食品风味的重要成分。

3.非基本组分的热降解

(1)硫胺素的热降解　纯净的硫胺素并无嗅感。很多商品制剂具有与硫胺素本身有联系的特征气味,显然是由硫胺素降解产生的挥发性物质所形成的。硫胺素在加热时,降解反应生成中间体,进一步的反应生成了许多含硫化合物、呋喃和噻吩,一些生成物被证实具有肉香味。此外,通过模拟试验,将胱氨酸、维生素 B_1、谷氨酸和抗坏血酸的水溶液在高温下加热,成功鉴别出70多种含硫化合物,混合物具有肉香特征,其中的一些含硫化合物肯定存在于熟牛肉中,所以硫胺素是肉类加工中重要的香味物质来源。

(2)抗坏血酸的热降解　抗坏血酸在热、氧或光照条件下均易降解生成糠醛及低分子醛类化合物。生成的糠醛化合物是烘烤后的茶叶、花生香气以及熟牛肉香气的重要组分之一。生成的低分子醛类本身既是嗅感物质,也很易再与其他化合物反应生成新的嗅感成分。

(3)类胡萝卜素的热降解　类胡萝卜素在贮藏加工过程中易受热或被氧化而降解。加工后茶叶中 β – 紫罗酮衍生物较多的主要原因就是类胡萝卜素在茶叶加工过程中的热降解。

4.γ射线和光照形成嗅感物质

除热作用外,一些食品经γ射线或光照作用时也能发生非酶促化学反应而形成嗅感物质。

(1)γ射线的作用　食品经射线特别是由 ^{60}Co 产生的γ射线照射后,可以提高其贮藏性能。但当射线剂量较高时,常常会产生"照射臭"的异味,甚至有的食品在低照射量时也有异味。照射臭的产生受到剂量、温度、食品组成、物态、含水量、pH、氧气等许多因素的影响。

（2）可见光的作用　可见光的能量比γ射线低,在一般情况下不足以引起食物基本成分的化学变化。但当在光照的同时又有氧气存在时,有可能发生光氧化反应。尤其当食品内含有易被光分解的物质——光敏物质时,可见光照射就更容易发生光氧化作用,生成一些嗅感物质。

第四节　食品的香气

一、植物性食品的香气

（一）水果的香气成分

水果中的香气成分比较简单,但具有浓郁的天然芳香气味。其香气成分以有机酸酯类、醛类、萜类为主,其次是醇类、酮类及挥发酸等。水果香气成分产生于植物体内代谢过程中,因而其随着果实的成熟而增加。人工催熟的果实则不及自然成熟水果的香气浓郁。

水果中的呈香物质因水果种类、品种、成熟度等因素不同而异。苹果的主香成分为乙酸异戊酯,其他成分有挥发性酸、乙醇、乙醛、天竺葵醇等;香蕉的主香物为乙酸戊酯、异戊酸异戊酯,辅助香分有己醇、己烯醛;柑橘类的主香分为苧烯、辛醛、癸醛、沉香醇等。

（二）蔬菜的香气成分

蔬菜类的香气不如水果类的香气浓郁,但有些蔬菜具有特殊的香辣气味,如蒜、葱等。各种蔬菜的香气成分主要是一些含硫化合物。当组织细胞受损时,风味酶释出,与细胞质中的香味前体底物结合,催化产生挥发性香气物质。风味酶常为多酶复合体或多酶体系,具有作物种类和品种差异,如用洋葱中的风味酶处理干制的甘蓝,得到的是洋葱气味而不是甘蓝气味;若用芥菜风味酶处理干制甘蓝,则可产生芥菜气味。蔬菜中常见的风味物质见表10-5。

表10-5　蔬菜的风味物质

蔬菜类	化学成分	气味
萝卜	甲基硫醇、异硫氰酸丙烯酯	刺激气味
蒜	二丙烯基二硫化物、甲基丙烯基二硫化物、丙烯硫醚	辣辛气味
葱类	丙烯硫醚、丙烯基二硫化物、甲基硫醇、二丙烷基二硫化物、二丙基二硫化物	香辛气味
芥类	硫氰酸酯、异硫氰酯、二甲基硫醚	刺激气味
叶菜类	叶醇	青草气
黄瓜	黄瓜醇、黄瓜醛	青香气

(三)蕈类的香气成分

蕈类即大型真菌,种类很多。白色双孢蘑菇简称蘑菇,是消费量最大的一种,其挥发性成分已被鉴定的有20多种,有强烈蘑菇香气的主体成分是3-辛烯-1-醇和3-辛烯-1-酮。另外一种著名的蕈类是香菇,子实体内有一种特殊的香气物质,经火烤或晒干后能发出异香,即香菇精。

(四)茶的香气成分

茶主要可分为非发酵茶(绿茶)、发酵茶(红茶)和半发酵茶(乌龙茶)。茶的香型和特征香气与茶树品种、采摘季节、叶龄、加工方法、加工温度、炒制时间、发酵过程等多种因素有关。鉴定出的香气成分已达500余种,主要有萜类化合物、脂肪族化合物、芳香族化合物、多酚类化合物等。

茶香中的萜类化合物包括萜烯醇、萜烯醛、萜烯酮及萜的氧化物,其中包含有β-月桂烯、β-罗勒烯、柠檬烯、芳樟醇、橙花醇、香叶醇、橙花叔醇、香芳醇、橙花醛、香叶醛、藏红花醛、α及β-紫罗兰酮及其氧化物。这些化合物是茶叶清香、花香的成分。

茶香中还存在一些脂肪族和芳香族化合物,如顺-2-己烯醇和反-3-己烯醇具有清香,红茶中发现的反-2-戊烯醇有柠檬似的清香,苯甲醇、苯乙醇有木香。茉莉酮酸甲酯给茶叶带来清淡持久的药花香,小分子酯类使茶增添水果香和花香。在茶中发现的γ和δ内酯也有10种以上,这些化合物使茶的香气更加丰润饱满、圆和。

茶叶中一类非常重要的物质是多酚类化合物(占干重的15%以上)。在红茶加工中多酚类化合物被多酚氧化酶氧化成邻醌结构,经进一步的化学反应生成茶黄素、茶红素等茶色素,与焙制干燥时美拉德反应生成的非酶促褐变产物共同决定了茶汤的汤色品质。

(五)咖啡的香气成分

研究确认的咖啡挥发性成分已有600种,绝大多数是含氧、含氮或含硫的杂环化合物,如呋喃、噻吩、吡嗪、噻唑、吡咯和吡啶等,还有部分萜烯、羰基与酚基化合物。生咖啡豆的组成成分并不复杂,除碳水化合物、糖、蛋白质等常见成分外还有生物碱、丹宁和绿原酸等。生咖啡豆无香味,几乎所有的香气都与咖啡的焙烤加工有关。咖啡焙烤温度为180~260℃,咖啡在焙烤前后不少成分的含量都有明显变化,它们可能是咖啡风味的重要前体。

二、动物性食品的香气

(一)肉类的香气成分

生肉的风味是清淡的,但加工后熟肉的香气十分诱人,称为肉香。肉香的主要风味物为内酯、呋喃类、含氮化合物和含硫化合物,另外也有羰基化合物、脂肪酸、脂肪醇、芳香族化合物等。

牛肉的香气已鉴定出有700多种。猪肉与羊肉的风味物质种类少于牛肉,已分别鉴定出了300多种挥发物。因为猪肉中脂肪含量及不饱和度相对更高,所以猪肉的香气物中γ-内酯和δ-内酯、不饱和羰化物和呋喃类化合物比牛肉的含量高,并且还含有由孕烯醇酮转化而来的猪肉特征风味物质:5α雄甾 - 16 - 烯 - 3 - 酮和5α雄甾 - 16 - 烯 - 3 - 醇。羊肉中脂肪、游离脂肪酸的不饱和度都很低,并含有一些特殊的支链脂肪酸(如4 - 甲基辛酸4 - 甲基壬酸和4 - 甲基癸酸),使羊肉有膻气。鸡肉香气与中等碳链长度的不饱和羰化物,如2 - 反 - 4 - 顺 - 癸二烯醛和2 - 反 - 5顺 - 十一碳二烯醛等相关。肉香气中的主要化合物见表10 - 6。

表10 - 6　肉香气中的主要化合物

类别	主要化合物
内酯	γ - 丁酸内酯、γ - 戊酸内酯、γ - 己酸内酯、γ - 庚酸内酯
呋喃类	2 - 戊基呋喃、5 - 硫甲基糠醛、4 - 羟基 - 2,5 - 二甲基 - 2 - 二氢呋喃、4 - 5 - 甲基 - 2 - 二氢呋喃
吡嗪	2 - 甲基吡嗪、2,5 - 二甲基吡嗪、2,3,5 - 三甲基吡嗪、2,3,5,6 - 四甲基吡嗪、2,5 - 二甲基 - 3 - 乙基吡嗪
含硫化合物	甲硫醚、乙甲硫醚、甲基硫化氢、二甲基硫、2 - 甲基噻吩、四氢噻吩 - 3 - 酮、2 - 甲基噻唑、苯并噻唑

(二)乳品的香气成分

新鲜优质的牛乳有一种鲜美可口的香味,其组成成分很复杂,主要是低级脂肪酸、羰基化合物(如2 - 己酮、2 - 戊酮、丁酮、丙酮、乙酯、甲醛等)以及极微量的挥发性成分(如乙醚、乙醇、氯仿、乙腈、氯化乙烯等)和微量的甲硫醚。甲硫醚是构成牛乳风味的主体,含量很少。牛乳中的脂肪吸收外界异味的能力较强,特别是在35℃,其吸收能力最强。因此刚挤出的牛乳应防止与有异臭气味的物料接触。牛乳有时有一种酸败味,主要是因为牛乳中有一种脂酶,能使乳脂水解生成低级脂肪酸(如丁酸)。

牛乳及乳制品长时间暴露在空气中因乳脂中不饱和脂肪酸自动氧化产生α、β - 不饱和醛,(如$RCH = CHCHO$)和含两个双键的不饱和醛而出现氧化臭味。牛乳在日光下也会产生日光臭,这是因为蛋氨酸会降解为β - 甲巯基丙醛。奶酪的加工过程中常使用混合菌发酵。一方面促进了凝乳,另一方面在后熟期促进了香气成分的产生。因此奶酪中的风味物质在乳制品中最丰富,包括游离脂肪酸、β - 酮酸、甲基酮、丁二酮、醇类、酯类、内酯类和硫化物等。

新鲜黄油的香气物质主要由挥发性脂肪酸、异戊醛、3 - 羟基丁酮等组成。发酵乳品是通过特定微生物的作用来生产的,如酸奶利用了嗜热乳链球菌和保加利亚乳杆菌发酵产生了乳酸、乙酸、异戊醛等重要风味成分,同时乙醇与脂肪酸形成的酯给酸奶带来了一些水果风味。在酸奶的后熟过程中酶促作用产生的丁二酮是酸奶重要的特征风味物质。

(三)鱼类的香气成分

1.鱼香成分

目前关于鱼类香气成分的研究较少,已经鉴定出的成分有以三甲胺为代表的挥发性碱性物质、脂肪酸、羰基化合物、二甲硫为代表的含硫化合物以及其他物质。

2.腥臭成分

鱼类具有代表性的气味即为鱼的腥臭味,它随着鲜度的降低而增强。鱼类腥臭的主要成分为三甲胺。新鲜的鱼中很少含有三甲胺,死亡后则大量产生。三甲胺是由氧化三甲胺经酶促还原而产生的,是海产鱼臭的主要成分。除三甲胺外,赖氨酸在鱼死后可被逐步酶促分解生成各种臭气成分,中间产物之一的 δ - 氨基戊醛是河鱼臭气的主要成分。由鱼油氧化分解产生的甲酸、丙烯酸、丙酸、丁烯 - 2 - 酸、丁酸、戊酸等物质也是构成鱼臭气的一部分。鱼体表面黏液中含有蛋白质、卵磷脂、氨基酸等,可被细菌分解而产生氨、甲胺、甲硫醇、硫化氢、吲哚、粪臭素、六氢吡啶等腥臭物质。这些腥臭物质都是碱性物质,若添加醋酸等酸性物质使溶液呈酸性,鱼腥气便可减弱。

三、发酵食品的香气

发酵食品的香气成分主要是由微生物作用于蛋白质、糖、脂肪及其他物质而产生的,其成分主要是醇、醛、酮、酸、酯等。由于微生物代谢产物繁多,各种成分比例各异,所以发酵食品的风味各异。

(一)酒类

在各种白酒中已鉴定出了 300 多种挥发性成分,包括醇、酯、酸、羰基化合物、缩醛、含氮化合物、含硫化合物、酚、醚等。其中醇、酯、酸和羰基化合物成分多样,含量也最多。醇是酒的主要香气物质,除乙醇之外还有正丙醇、异丁醇、异戊醇等,统称为杂醇油或高级醇。酒中杂醇油含量高则使酒产生异杂味,含量低则酒的香气不够。杂醇油主要来源为发酵原料中蛋白质分解产生的氨基酸,经转氨作用生成相应的 α - 酮酸,α - 酮酸脱羧后生成相应的醛,醛经还原生成醇。乙酸乙酯、乳酸乙酯、乙酸戊酯是主要的酯,乙酸、乳酸和己酸是主要的酸,乙醛、糠醛、丁二酮是主要的羰基化合物。

啤酒中鉴定出了 300 种以上的挥发性成分,但总体含量较低,对香气贡献大的是醇、酯、羰基化合物、酸和硫化物,双乙酰是啤酒特有的香气成分之一。

发酵葡萄酒中香气成分更多(350 种以上),除了醇、酯、羰基化合物外,萜类和芳香族类物质含量也较多。

一般酿造酒的香气来源主要有:①原料中原有的物质在发酵时转入酒中;②原料中挥发性化合物经发酵作用变成另一挥发性化合物;③原料中所含的糖类、氨基酸类及其他原来无香味的物质,经微生物的发酵代谢而产生香味物质;④贮藏后熟阶段残存酶的作用以及长期而缓慢的化学变化而产生许多重要的风味成分。由于酿造的方法和酿酒菌种及其条件不同,其香气物质的含量比例也不相同,因而酒类具有不同的香型。白酒有酱香型、浓香型、清香型、米香型和其他香型之分。

(二)酱类

酱制品是以大豆、小麦为原料,由霉菌、酵母菌和细菌综合发酵生成的调味品,其中的香味成分十分复杂,主要是醇类、醛类、酚类、酯类和有机酸等。其中醇类的主要成分为乙醇、正丁醇、异戊醇、β - 苯乙醇(酪醇)等;羰基化合物中构成酱油芳香成分的主要有乙醛、丙酮、丁醛、异戊醛、糠醛、不饱和酮醛等;缩醛类有 α - 羟基异己醛、二乙缩醛和异戊醛二乙缩醛;酚类以4－乙基愈创木酚、4－乙基苯酚、对羟基苯乙醇为代表;酯类中的主要成分是乙酸戊酯、乙酸丁酯及酪醇乙酸酯;酸类主要有乙酸、丙酸、异戊酸、己酸等。酱油中还有由含硫氨基酸转化而得的硫醇、甲基硫等香味物质,其中甲基硫是构成酱油特征香气的主要成分。

四、烘烤食品的香气

许多食物在焙烤时都发出诱人的香气,这些香气成分是加热过程中糖类热解、羰氨反应、油脂分解和含硫化合物(硫胺素、含硫氨基酸)分解的产物,它们综合而成各类食品特有的焙烤香气。

糖类是形成香气的重要前体物质。当温度在300℃以上时,糖类可热解形成多种香气物质,其中最重要的有呋喃衍生物、酮类、醛类和丁二酮等。

羰氨反应不仅生成棕黑色的色素,同时产生多种香气物质。食品焙烤时的香气大部分是由吡嗪类化合物产生的。羰氨反应的产物随温度及反应物不同而异,如亮氨酸、缬氨酸、赖氨酸、脯氨酸与葡萄糖一起适度加热时都可产生诱人的气味,而胱氨酸及色氨酸则产生臭气。

面包等面制品的香气物质,除了在发酵过程中形成的醇、酯外,在焙烤过程中还产生许多羰基化合物,已鉴定出的就达70多种。在发酵面团中加入亮氨酸、缬氨酸和赖氨酸有增强面包香气的效果。二羟丙酮和脯氨酸在一起加热可产生饼干香气。

花生及芝麻经焙炒后都有很强的特有香气。在花生加热形成的香气成分中,除了羰基化合物以外,还发现有5种吡嗪化合物和甲基吡咯。芝麻香气的主要特征性成分是含硫化合物。

第十一章 物质代谢与食品原料保鲜

第一节 生物氧化

一、生物氧化的概念和特点

生物的一切活动皆需要能量,能量来自糖类、脂类、蛋白质等在体内的氧化。糖类、脂类、蛋白质等有机物质在活细胞内氧化分解,产生二氧化碳和水并放出能量的过程称为生物氧化(biological oxidation)。生物氧化包含了细胞呼吸作用中的一系列氧化还原反应,所以又称为细胞氧化或细胞呼吸。生物氧化与体外化学氧化本质相同,即一种物质丢失电子为氧化,得到电子为还原,同一种有机物质在体内氧化和体外燃烧所释放的能量也完全相等。但体外燃烧通常是在高温、高压下进行,能量以骤发的形式释放出来,并伴有光和热的产生,而生物氧化是在活细胞内的水溶液中(pH接近中性、体温条件下)进行的,一系列酶、辅酶和中间传递体参与其中,进行的途径步骤较多,有条不紊,逐步释放能量,形成一些高能化合物(如ATP),能量需要时再转换为机体所需,这样不会因氧化过程中能量骤然释放而伤害机体,同时释放的能量又可得到有效的利用。

在真核细胞内,生物氧化多在线粒体内进行。在不含线粒体的原核生物(如细菌细胞)内,生物氧化则在细胞膜上进行。

二、生物氧化的方式

生物体内有机物质氧化的终产物和体外氧化一样,都是二氧化碳和水,但生物氧化中二氧化碳和水的生成方式与体外不同。

1.二氧化碳的生成

生物氧化作用中所产生的二氧化碳并不是代谢物中的碳原子与氧直接结合产生的,而是有机酸在酶催化下发生脱羧反应(decarboxylation)后产生的。根据产生二氧化碳的羧基在有机酸分子中的位置,把脱羧作用分为 α - 脱羧和 β - 脱羧两种类型;脱羧过程有的伴有氧化过程,称为氧化脱羧,有的没有氧化作用,称为直接脱羧或单纯脱羧。

(1) α - 直接脱羧。如丙酮酸脱羧反应(图11 - 1)。

(2) β - 直接脱羧。如草酰乙酸脱羧反应(图11 - 2)。

(3) α - 氧化脱羧。如丙酮酸氧化脱羧反应(图11 - 3)。

(4) β - 氧化脱羧。如苹果酸氧化脱羧反应(图11 - 4)。

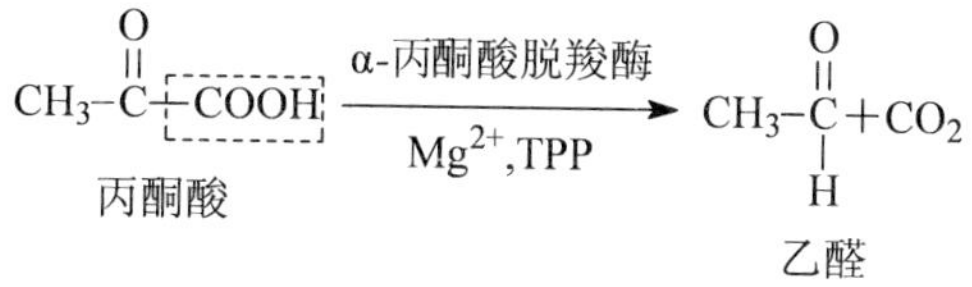

$$CH_3-C\!\stackrel{O}{\underset{}{||}}\!\overline{+COOH} \xrightarrow[\text{Mg}^{2+}, \text{TPP}]{\alpha\text{-丙酮酸脱羧酶}} CH_3-C\!\stackrel{O}{\underset{H}{||}}\!+CO_2$$

丙酮酸 　　　　　　　　　　　　　　　　 乙醛

图 11 - 1　丙酮酸脱羧反应

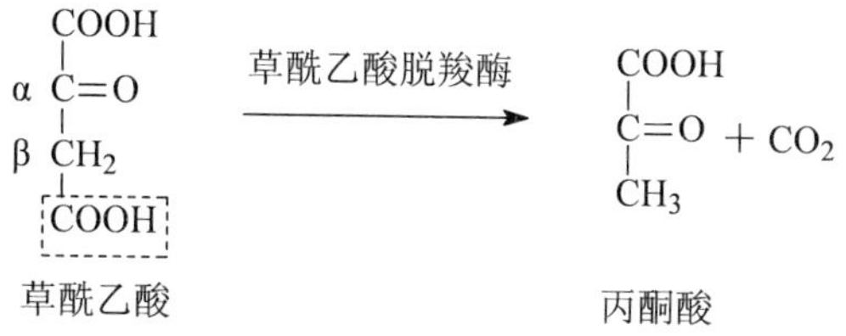

$$\begin{array}{c}\text{COOH}\\ \alpha\ \text{C=O}\\ \beta\ \text{CH}_2\\ \overline{\text{COOH}}\end{array} \xrightarrow{\text{草酰乙酸脱羧酶}} \begin{array}{c}\text{COOH}\\ \text{C=O}\\ \text{CH}_3\end{array} + CO_2$$

草酰乙酸　　　　　　　　　　　　　　丙酮酸

图 11 - 2　草酰乙酸脱羧反应

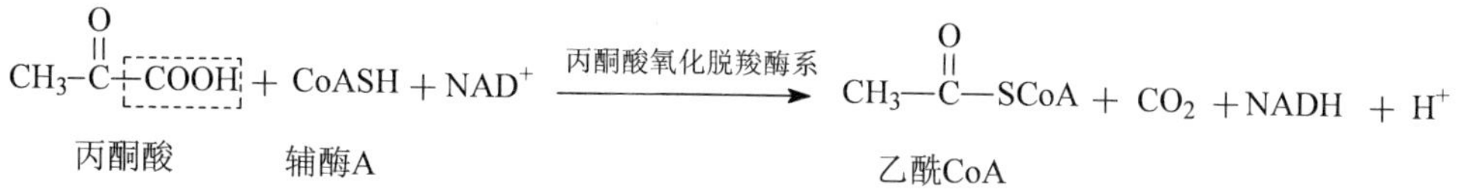

$$CH_3-C\!\stackrel{O}{\underset{}{||}}\!\overline{+COOH} + \text{CoASH} + \text{NAD}^+ \xrightarrow{\text{丙酮酸氧化脱羧酶系}} CH_3-C\!\stackrel{O}{\underset{}{||}}\!-\text{SCoA} + CO_2 + \text{NADH} + H^+$$

丙酮酸　　　辅酶A　　　　　　　　　　　　　　　　　乙酰CoA

图 11 - 3　丙酮酸氧化脱羧反应

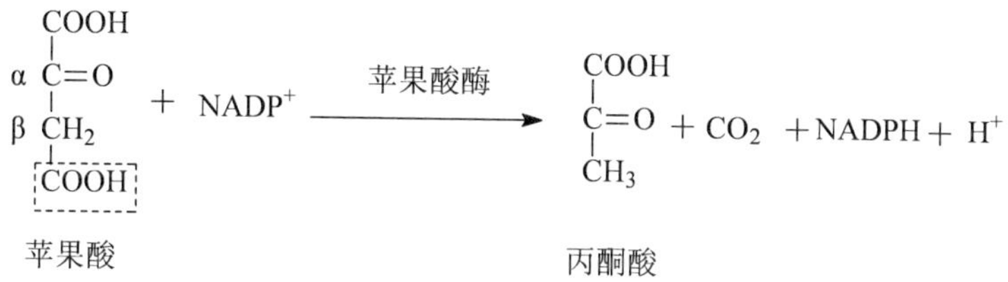

$$\begin{array}{c}\text{COOH}\\ \alpha\ \text{C=O}\\ \beta\ \text{CH}_2\\ \overline{\text{COOH}}\end{array} + \text{NADP}^+ \xrightarrow{\text{苹果酸酶}} \begin{array}{c}\text{COOH}\\ \text{C=O}\\ \text{CH}_3\end{array} + CO_2 + \text{NADPH} + H^+$$

苹果酸　　　　　　　　　　　　　　　丙酮酸

图 11 - 4　苹果酸氧化脱羧反应

2.水的生成

生物氧化中所生成的水是代谢物脱下的氢,经特殊传递体最后传给氧形成的。脱氢是氧化的一种主要方式,如醇氧化为醛(图 11 - 5)。

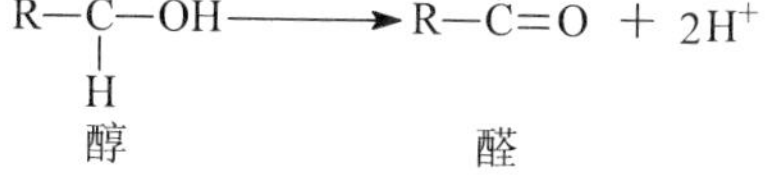

$$R-\overset{H}{\underset{H}{\overset{|}{C}}}-OH \longrightarrow R-\overset{H}{\underset{}{\overset{|}{C}}}=O + 2H^+$$

醇　　　　　　　　醛

图 11 - 5　醇脱氢氧化为醛

糖、脂、氨基酸等代谢物所含的氢,在一般情况下是不活泼的,必须先通过相应的脱氢酶使之激活才能脱落。由于体内并不存在游离的氢原子,故脱氢反应脱下的氢由相应的氢载体(NAD$^+$、NADP$^+$、FAD、FMN 等)所接受。进入体内的氧也必须经过氧化酶激活后才能变成活性很高的氧化剂,而且激活的氧在多数情况下并不能直接氧化氢载体上的氢,需要中间传递体将氢和电子传递给氧才能生成水。生物体内主要是以脱氢酶、传递体和氧化酶组成生物氧化体系促进水的生成,见图 11 - 6。

图 11 - 6　生物氧化体系

三、呼吸链

(一)线粒体

真核细胞的线粒体内膜是能量转换的重要部位,电子传递链和氧化磷酸化有关的组分都存在于此。原核细胞没有线粒体结构,它的部分质膜起着这种作用。

线粒体在结构上的突出特征是有两层膜,外膜平滑,通透性高,仅有少量酶结合于其上。内膜形成了许多向内褶叠的嵴,嵴的形成有利于增加内膜的面积。内膜约含80%的蛋白质,包括电子传递链和氧化磷酸化的有关组分,是线粒体功能的主要担负者。线粒体的内腔充满半流动的基质(matrix),其中包含大量的酶类以及线粒体 DNA 和核糖体。线粒体基质内酶类包括三羧酸循环酶类、脂肪酸 β - 氧化酶类和氨基酸分解代谢酶类等。线粒体内膜的内表面有一层排列规则的球形颗粒,通过一个细柄与构成嵴的内膜相连接,此结构即是 ATP 合酶(偶联因子 F_1 - F_0)。

(二)呼吸链的概念

呼吸链(respiratory chain)又称电子传递链(electron transfer chain, ETC),是指代谢物上脱下的氢(质子和电子)经一系列递氢体或电子传递体按对电子亲和力逐渐升高的顺序依次传递,最后传给分子氧从而生成水的全部体系。原核细胞的呼吸链存在于质膜上,真核细胞的呼吸链存在于线粒体内膜上。

在线粒体内典型的呼吸链有两条,即 NADH 呼吸链和 $FADH_2$ 呼吸链(图 11 - 7),是根据底物上脱下氢的初始受体不同而区分的。糖类、脂类、蛋白质三大类物质分解代谢中的脱氢反应大多数以 NAD 为氢载体,通过 NADH 呼吸链来完成氢的氧化,少数脱氢酶以 FAD 为氢载体,通过 $FADH_2$ 呼吸链使氢氧化。

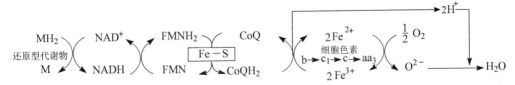

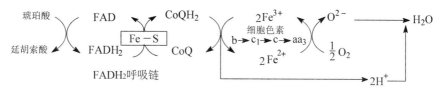

图 11-7　NADH 呼吸链和 $FADH_2$ 呼吸链

(三)呼吸链的组成

电子传递链的组分包括:①黄素蛋白;②铁硫蛋白;③细胞色素;④泛醌。它们都是疏水性分子。除泛醌外,其他组分都是蛋白质,通过其辅基的可逆氧化还原反应传递电子。

1.黄素蛋白

与电子传递链有关的黄素蛋白(flavoprotein)有两种,分别以 FMN 和 FAD 为辅基。氧化型黄素辅基从 NADH 接受 2 个电子和 1 个质子,或从底物(如琥珀酸)接受 2 个电子和 2 个质子而还原:

$$NADH + H^+ + FMN \Longleftrightarrow NAD^+ + FMNH_2$$

$$琥珀酸 + FAD \Longleftrightarrow 延胡索酸 + FADH_2$$

2.铁硫蛋白

铁硫蛋白(iron-sulfur protein)是含铁硫络合物的蛋白质,又称非血红素铁蛋白,其络合物中的铁和硫原子一般以等摩[尔]存在,构成络合形式的铁硫中心 Fe_2S_2 或 Fe_4S_4。铁硫中心(Fe_2S_2)在氧化态时两个铁均为 Fe^{3+},而在还原态时其中的一个变为 Fe^{2+}(图 11-8)。

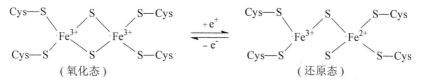

图 11-8　铁硫蛋白的氧化还原反应

3.细胞色素

细胞色素(cytochrome)是一类以铁卟啉为辅基的色素蛋白,通过辅基中铁离子化合价的可逆变化进行电子传递。高等动物线粒体电子传递链中至少有 5 种细胞色素:b、c_1、c、a 和 a_3,其中细胞色素 c 为线粒体内膜外侧的外周蛋白,其余的均为内膜的整合蛋白。细胞色素 b、c_1 和 c 的辅基都是血红素,细胞色素 a 和 a_3 则以血红素 A 为辅基,二者的区别在于卟啉环上第 2 和 8 位的侧链基团不同。细胞色素 aa_3 还含有两个必需的铜离子。

4.泛醌

泛醌(ubiquinone)又称辅酶 Q(CoQ),是电子传递链中唯一的非蛋白质组分,结构见图 11-9。

泛醌含有很长的脂肪族侧链,易结合到膜上或与膜脂混溶。泛醌的功能基团是苯醌,通过醌/酚结构互变进行电子传递(图 11-10)。

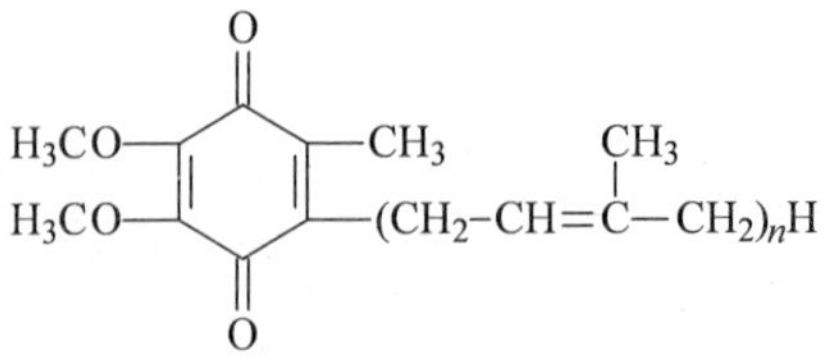

动物线粒体中$n=10$，细菌中$n=6$

图 11-9　泛醌的结构

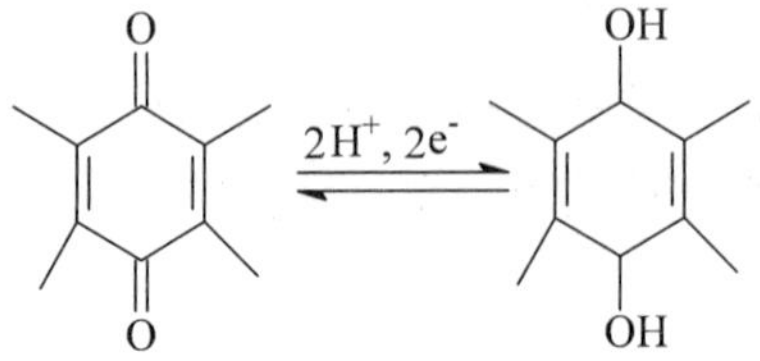

图 11-10　醌/酚结构互变

上述电子传递链组分除泛醌和细胞色素 c 外，其余组分实际上形成了嵌入内膜的结构化超分子复合物。

(1)复合物Ⅰ(NADH 脱氢酶)：包括以 FMN 为辅基的黄素蛋白和多种铁硫蛋白，催化电子从 NADH 转移到泛醌。

(2)复合物Ⅱ(琥珀酸脱氢酶)：包括以 FAD 为辅基的黄素蛋白、铁硫蛋白和细胞色素 b_{560}，催化电子从琥珀酸传递到泛醌。

(3)复合物Ⅲ(细胞色素 b、c_1 和 c 的复合体)：包括细胞色素 b、c_1、c 和铁硫蛋白，催化电子从还原型泛醌转移到细胞色素 c。

(4)复合物Ⅳ(细胞色素氧化酶)：包括细胞色素 aa_3 和含铜蛋白，催化电子从还原型细胞色素 c 传递给分子氧。

(四)电子传递链的排列顺序

呼吸链中的电子传递有着严格的方向和顺序，即电子从电负性较大(或氧化还原电位较低)的传递体依次通过电正性较大(或氧化还原电位较高)的传递体逐步流向氧分子。这些组分均不可缺少，其顺序也不可颠倒。NADH 和 $FADH_2$ 呼吸链的排列顺序及氢和电子的传递情况见图 11-11。

(五)电子传递抑制剂

能够阻断呼吸链中某部位电子传递的物质称为电子传递抑制剂。

常见的抑制剂有以下几种：①鱼藤酮(rotenone)、安密妥(amytal)、杀粉蝶菌素(piericidine)，它们的作用是阻断电子由 NADH 向 CoQ 的传递。鱼藤酮是一种极毒的植物物质，常用作重要的杀虫剂；②抗霉素 A(antimycin A)，抑制电子从细胞色素 b 到 c_1 的传递作用；③氰化物(cyanide)、叠氮化物(azide)、一氧化碳(carbon monoxide)，它们都有阻断电子从细胞色素氧化酶(a、a_3)到分子氧之间的传递作用。氰化物和叠氮化物能与血红素 a_3 的高铁形式(ferric form)结合形成复合物，而一氧化碳则是抑制血红素 a_3 的亚铁形式(ferrous form)。

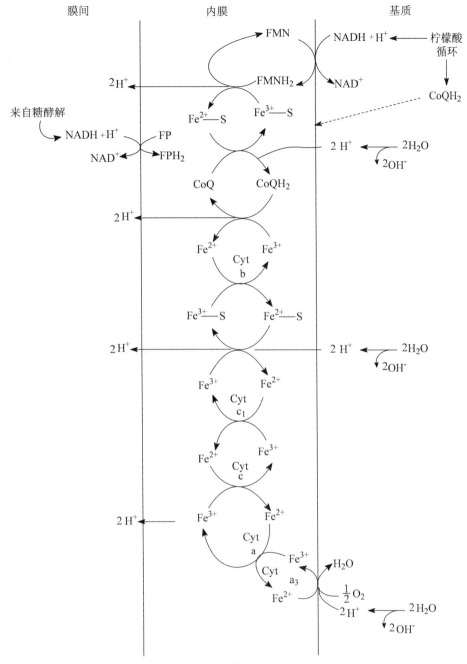

图 11-11 电子传递体在呼吸链中的排列顺序

上述的各种抑制剂对电子传递的抑制部位见图 11-12：

图 11-12 电子传递链抑制部位

四、氧化磷酸化

(一)氧化磷酸化的概念

氧化磷酸化作用指的是与生物氧化作用相伴而发生的磷酸化作用,是将生物氧化过程中释放的自由能用于 ADP 和无机磷酸生成高能 ATP 的作用。氧化磷酸化(oxidative phosphorylation)是需氧细胞生命活动的主要能量来源,是生物产生 ATP 的主要途径。生物体内通过生物氧化合成 ATP 的方式有两种,即底物水平磷酸化和电子传递磷酸化,通常说的氧化磷酸化即指后者。

1.底物水平磷酸化

在底物氧化过程中,形成了某些高能中间代谢物,再通过酶促磷酸基团转移反应,直接偶联 ATP 的形成,称为底物水平磷酸化(substrate - level phospharylation):

$$X \sim P + ADP \rightarrow XH + ATP$$

式中 X~P 代表在底物氧化过程中形成的高能中间代谢物,例如糖酵解中生成的1,3 – 二磷酸甘油酸和磷酸烯醇式丙酮酸以及三羧酸循环中的琥珀酰 CoA 等。

2.氧化磷酸化

电子从 NADH 或 $FADH_2$ 经电子传递链传递给分子氧并形成水,同时偶联 ADP 磷酸化生成 ATP 的过程,称为电子传递的磷酸化或氧化磷酸化(oxidative phosphorylation),是需氧生物合成 ATP 的主要途径。

在由 NADH 到分子氧的电子传递链中,电子传递过程中自由能有较大变化的部位即是氧化 – 还原电位有较大变化的部位。呼吸链中在 3 个部位有较大的自由能变化,这 3 个部位每一步释放的自由能都足以保证由 ADP 和无机酸形成 ATP。这 3 个部位分别是:NADH 和 CoQ 之间的部位;细胞色素 b 和细胞色素 c 之间的部位;细胞色素 a 和氧之间的部位。

电子传递过程是产能的过程,而生成 ATP 的过程是贮能的过程,因此可以说电子传递过程与生成 ATP 的过程是相偶联的。试验研究表明一对电子通过 NADH 呼吸链到分子氧的传递,可形成 2.5 个 ATP;一对电子通过 $FADH_2$ 呼吸链,则可形成 1.5 个 ATP。

(二)氧化磷酸化作用机理

氧化与磷酸化作用如何偶联目前主要有 3 种假说:化学偶联假说、构象偶联假说和化学渗透假说。化学偶联假说认为电子传递和 ATP 生成的偶联是通过在电子传递中形成一个高能共价中间物,它随后裂解将其能量供给 ATP 的合成;构象偶联假说认为在电子传递过程中引起线粒体内膜上的某些膜蛋白或 ATP 酶构象改变,当此构象再复原时,释放能量促使 ADP 和 Pi 合成 ATP。化学渗透假说(chemiosmotic hypothesis)是由英国生物化学家 Peter. Mitchell 1961 年首先提出,后经大量的研究、充实,目前得到了多数人的赞同,但仍有一些问题尚待解决,图 11 – 13 是该假说的示意图。化学渗透假说的要点如下:

(1)呼吸链中递氢体和递电子体交替排列,有序地定位于完整的线粒体内膜上,使氧化还原反应定向进行。

（2）电子传递链有着 H^+ 泵的作用，能定向地将 H^+ 从基质泵到内膜外。一对电子经 NADH 呼吸链传递给 O_2 时，在内膜中往返 3 次，每次泵出 2 个 H^+（图 11-13），如经 $FADH_2$ 呼吸链则往返两次。

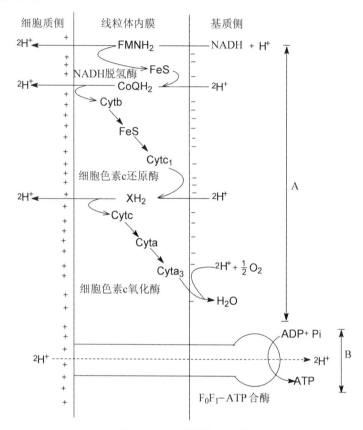

图 11-13　化学渗透假说

（3）完整的线粒体内膜有选择透过性，不能让泵出的 H^+ 返回基质，致使膜外侧［H^+］高于膜内侧而形成跨膜 pH 梯度（ΔpH），同时也产生跨膜电位梯度（$\Delta\Psi$），这两种梯度是电子传递所产生的电化学势能（图 11-13 中的 A）。

（4）内膜上嵌有 F_0F_1-ATP 合酶（synthase）。它有特殊的质子通道，当膜外侧的 H^+ 经此通道流回线粒体基质时，电化学势能释放，ΔpH 和 $\Delta\Psi$ 被解除；此时 F_0F_1-ATP 合酶则利用电化学势能释放的自由能驱动 ADP 和 Pi 合成 ATP（图 11-13 中的 B）。

①伴随电子传递的质子定向运送，XH_2 为细胞色素 c 还原酶复合体中的一个假设中间体。

②逆向的质子回流驱动 F_0F_1-ATP 合酶合成 ATP。

F_0F_1-ATP 合酶由 F_0 和 F_1 两部分组成，定向地嵌在内膜上，F_1 伸向基质，F_0 埋入膜内（图 11-14）。研究发现，所有需氧生物线粒体内膜的 F_1 都是由 5 种不同的多肽链组成的寡聚体。虽然与膜分离的可溶性 F_1 具有水解 ATP 的活性，但它的生物学功能是催化 ATP

合成,因此称它为 ATP 合酶(synthase)。F_0 是由 4 条多肽链组成的内在蛋白,分子内具有特殊的质子通道,F_0 和 F_1 结合在一起,共同组成 F_0F_1 – ATP 酶复合体。当 H^+ 从膜外侧经质子通道流回膜内基质时,驱动了 ATP 合酶(F_1)催化 ATP 的合成反应。

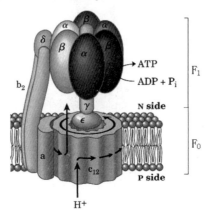

图 11 – 14 F_0F_1 – ATP 合酶结构

(三)氧化磷酸化的解偶联和抑制

正常情况下,电子传递和磷酸化是紧密结合的。在有些情况下,电子传递和磷酸化作用可被解偶联。

1.特殊试剂的解偶联作用

不同的化学试剂对氧化磷酸化作用的影响方式不同,根据它们的不同影响方式可划分为 3 大类,一类称为解偶联剂,另一类称为氧化磷酸化抑制剂,第三类称为离子载体抑制剂。

(1)解偶联剂   解偶联剂(uncouplers)的作用是使电子传递和 ATP 形成的两个过程分离,它只抑制 ATP 的形成过程,不抑制电子传递过程,使电子传递产生的自由能都变为热能。这种试剂使电子传递失去正常的控制,亦即不能形成线粒体膜内外的氢离子梯度,结果造成氧和底物过分地利用而能量得不到贮存。典型的解偶联剂是弱酸性亲脂试剂 2,4 – 二硝基苯酚(2,4 – dinitrophenol,DNP),解偶联剂只抑制氧化磷酸化的 ATP 形成,对底物水平的磷酸化没有影响。

(2)氧化磷酸化抑制剂   氧化磷酸化抑制剂(inhibitors)的作用特点是抑制氧的利用又抑制 ATP 的形成,但不直接抑制电子传递链上载体的作用,这一点和电子传递抑制剂不同。氧化磷酸化抑制剂的作用是直接干扰 ATP 的生成过程,寡霉素(oligomycin)就属于这类抑制剂。

(3)离子载体抑制剂   离子载体抑制剂(ionophore)是一类脂溶性物质,能与某些离子结合并作为它们的载体使这些离子能够穿过膜,它和解偶联试剂的区别在于它是除 H^+ 以外其他一价阳离子的载体。

2.激素控制褐色脂肪线粒体氧化磷酸化解偶联机制

一种褐色脂肪组织(brown adipose tissue)又称褐色脂肪,由大量三酰基甘油和大量线粒体的细胞构成,线粒体内的细胞色素使脂肪呈褐色,褐色脂肪的产热机制是线粒体氧化磷酸化解偶联的结果。褐色脂肪线粒体内含有一种激素称为产热素(thermogenin),是一种由两个亚基形成的二聚体蛋白质,这种激素只存在于褐色脂肪线粒体中,它控制着线粒体内膜对质子的通透性。

(四)线粒体外 NADH 的氧化磷酸化作用

线粒体内 NADH 可以直接进入呼吸链被氧化,但细胞液内的 NADH 无法透过线粒体内膜进入线粒体内氧化,但通过两种"穿梭"途径可以解决胞液内 NADH 氧化的问题:一种称为 α - 磷酸甘油穿梭途径(glycerol α - phosphate shuttle),另一种称为苹果酸 - 天冬氨酸穿梭途径(malate - aspartate shuttle)。

1.α - 磷酸甘油穿梭途径

由糖无氧分解过程产生的 NADH 虽不能穿过线粒体内膜,但是 NADH 上的氢和电子却可以进入到线粒体内膜,在这里起电子载体(carrier)作用的即是 α - 磷酸甘油(glycerol $\ l-\alpha$ - phosphate)。后者可以容易地穿梭于线粒体的内膜,起到穿梭(shuttle)搬运作用,其机制见图 11 - 15。

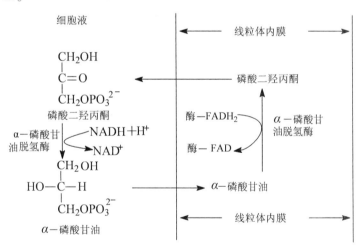

图 11 - 15　α - 磷酸甘油穿梭途径

图 11 - 15 中所示的穿梭作用的第 1 步是氢和电子从 NADH 转移给磷酸二羟丙酮形成 α - 磷酸甘油,催化这一反应的酶称为 α - 磷酸甘油脱氢酶(glycerol - α - phosphate dehydrogenase),该反应是在细胞液中进行的。α - 磷酸甘油借助线粒体内膜上的 α - 磷酸甘油脱氢酶,将电子转移到线粒体内膜上的 α - 磷酸甘油脱氢酶的辅基 FAD 分子上,α - 磷酸甘油转变为磷酸二羟丙酮,FAD 还原为 $FADH_2$(酶 - $FADH_2$),磷酸二羟丙酮能够通过线粒体内膜扩散到细胞液中,这就使 α - 磷酸甘油完成了携带 NADH 氢和电子进入线粒体内的使命。

α－磷酸甘油穿梭途径将 NADH 的氢和电子转移进入电子传递链进行氧化磷酸化所利用的电子传递载体是 FAD 而不是 NAD^+，这就使从 1 分子 NADH 脱下的电子通过氧化磷酸化最后生成 1.5 个 ATP 分子。

2.苹果酸—天冬氨酸穿梭途径

在心脏和肝细胞液内 NADH 的电子进入线粒体是通过苹果酸—天冬氨酸穿梭途径（malate – aspartate shuttle）完成的。在细胞液中 NADH 的电子由苹果酸脱氢酶（cytoplasmic malate dehydrogenase）催化传递给草酰乙酸使之转变为苹果酸，同时 NADH 氧化为 NAD^+。苹果酸通过苹果酸 – α – 酮戊二酸载体（malate – α – ketoglutarate carrier）穿过线粒体内膜并在线粒体基质内由苹果酸脱氢酶催化转变为草酰乙酸，NAD^+ 在线粒体基质内形成了 NADH。线粒体基质内的草酰乙酸并不易透过线粒体内膜，由草酰乙酸经过转氨基作用形成天冬氨酸，通过谷氨酸—天冬氨酸载体透过线粒体膜转移到细胞液，随后再通过转氨基作用又转变为草酰乙酸。这条途径的最终结果是将细胞液中 NADH 所带的氢和电子转移到了线粒体基质内，随后进入电子传递链并产生 2.5 个 ATP 分子。苹果酸 – 天冬氨酸穿梭途径见图 11 – 16。

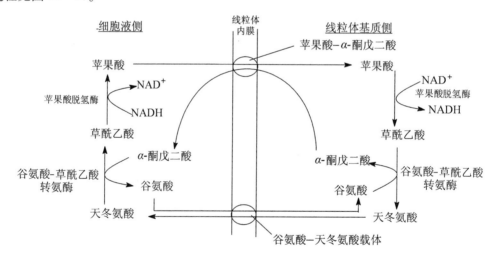

图 11 – 16　苹果酸 – 天冬氨酸穿梭途径

（五）能荷

由于 ATP、ADP 和 AMP 对于许多反应的变构调节都很重要，D. E. Atkinson 曾提出，细胞的能量状态可用能荷（energy charge）来表示。他认为能荷是细胞中高能磷酸化合物状态的一种数量上的衡量，能荷的大小可以说明生物体中 ATP – ADP – AMP 系统的能量状态。能荷的定义可用下式表示：

$$能荷 = \frac{[ATP] + 0.5[ADP]}{[ATP] + [ADP] + [AMP]}$$

从以上方程式可以看出，储存在 ATP – ADP 系统中的能量与 ATP 的摩［尔］数加上 $\frac{1}{2}$

ADP(ADP 相当于半个 ATP)的摩[尔]数成正比,即能荷的大小决定于 ATP 和 ADP 的多少。能荷的数值可以从零(所有的腺苷酸都是 AMP 时)至 1.0(所有腺苷酸都是 ATP 时)。大多数细胞维持的稳态能荷状态在 0.8 ~ 0.95 这一相当狭窄的范围内。

五、其他生物氧化体系

线粒体呼吸链是一切动物、植物和微生物的主要氧化途径,与 ATP 的生成紧密相关。除了线粒体呼吸链之外,还有一些生物氧化体系,又称为非线粒体氧化体系,它们与 ATP 的生成无关。

(一)需氧脱氢酶

需氧脱氢酶可激活代谢物分子中的氢原子,并促进氢与分子氧直接结合产生 H_2O。在无分子氧存在情况下,需氧脱氢酶可利用亚甲蓝(或其他适当物质)作为受氢体。需氧脱氢酶皆是以 FMN 或 FAD 为辅酶。

(二)氧化酶

1. 多酚氧化酶系统

多酚氧化酶系统存在于微粒体中,是含铜的末端氧化酶,也称儿茶酚氧化酶,由脱氢酶、醌还原酶和酚氧化酶组成,催化多酚类物质(对苯二酚、邻苯二酚、邻苯三酚)的氧化。其作用见图 11 – 17。

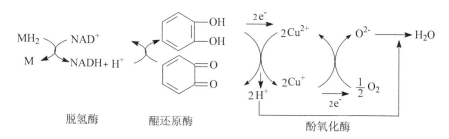

图 11 – 17　多酚氧化酶系统

多酚氧化酶在植物体内普遍存在,马铃薯块茎、苹果的果实以及茶叶中都富含这种酶,块茎、果实及叶片切伤后的褐变都是多酚氧化酶作用的结果。

2. 抗坏血酸氧化酶系统

抗坏血酸氧化酶是一种含铜的氧化酶,广泛分布于植物中(特别是黄瓜、南瓜等),在有氧的条件下催化抗坏血酸的氧化。反应如下:

$$抗坏血酸 + \frac{1}{2}O_2 \xrightarrow{\text{抗坏血酸氧化酶}} 脱氢抗坏血酸 + H_2O$$

这种反应还可以与其他氧化酶相偶联,例如与谷胱甘肽氧化酶和 NADPH 脱氢酶偶联,即抗坏血酸氧化酶系统能够起到末端氧化酶的作用(图 11 – 18)。

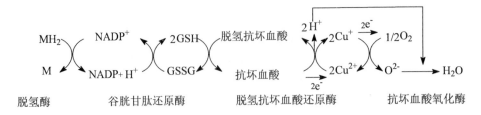

图 11 - 18　抗坏血酸氧化酶系统

抗坏血酸氧化酶系统通过氧化抗坏血酸以消耗 O_2,可以防止 O_2 对含巯基蛋白质的氧化,延缓衰老进程。

3. 植物抗氰氧化酶系统

抗氰氧化酶是一种非血红素铁蛋白,它不受氰或氰化物的抑制,特别容易受氧肟酸(如水杨酰氧肟酸、苯基氧肟酸等)的抑制。在某些高等植物中,如玉米、豌豆、绿豆等的种子和马铃薯的块茎等中都含有抗氰氧化酶。这些植物在用 KCN、NaCN、CO 处理时,呼吸作用并未被完全抑制,仍有一定程度的氧吸收,这是因为电子不经过细胞色素氧化酶系统传递,而是通过对氰化物不敏感的抗氰氧化酶系统传给氧,这种呼吸称为抗氰呼吸。

现在研究证明,抗氰呼吸途径的电子传递是呼吸链中,电子经过细胞色素 b 通过抗氰氧化酶直接传递到氧(图 11 - 19)。

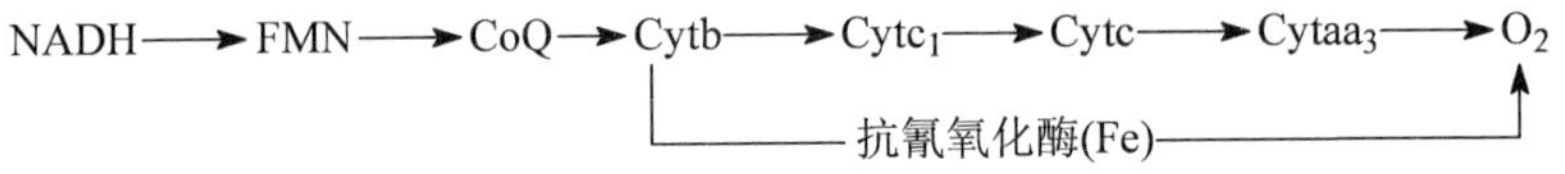

$$NADH \longrightarrow FMN \longrightarrow CoQ \longrightarrow Cytb \longrightarrow Cytc_1 \longrightarrow Cytc \longrightarrow Cytaa_3 \longrightarrow O_2$$
$$\text{抗氰氧化酶(Fe)}$$

图 11 - 19　抗氰氧化酶系统

抗氰呼吸是放热反应,有利于低温沼泽地区植物的开花,也有利于种子早期发芽。

(三)超氧化物歧化酶和过氧化物氧化体系

1. 超氧化物歧化酶

在有些氧化反应中会产生一些部分还原的氧形式。任何来源的电子,如半胱氨酸的巯基(thiol group)或还原型的维生素 C,都很容易使氧发生不完全还原,形成氧自由基(oxygen radical)。$\frac{1}{2}$ 个电子使氧还原形成超氧阴离子(superoxide anion,$\cdot O_2^-$),2 个电子使氧还原形成过氧化氢(hydrogen peroxide,H_2O_2),3 个电子使氧还原形成羟自由基(hydroxy radical,$\cdot OH$)反应式如下:

$$O_2 + e^- \longrightarrow O_2^- \cdot$$
$$O_2 + 2e^- + 2H^+ \longrightarrow H_2O_2$$
$$O_2 + 3e^- + 3H^+ \longrightarrow H_2O + \cdot OH$$

不完全还原形式的氧反应性极强,对机体危害极大,羟自由基是其中最强的氧化剂,也是最活跃的诱变剂(mutagen),当机体受到电离辐射时就会产生羟自由基。生物要存活必须将这些毒性极强的高活性氧转变为活性较小的形式,需氧细胞有几种自我保护机制使机体免受不完全还原氧的侵害,其中最主要的一种方式是通过酶的作用,包括超氧化物歧化酶(super oxide dismutasse)、过氧化氢酶(catalase)和过氧化物酶(peroxidase)。

超氧阴离子消除的主要方式是由超氧化物歧化酶将其转变为过氧化氢(H_2O_2)。该酶催化的是一种歧化反应(dismutation reaction),即两个相同的底物形成两种不同的产物,一个超氧阴离子被氧化,另一个则被还原。

$$O_2^- + \cdot O_2^- + 2H^+ \longrightarrow H_2O_2 + O_2$$

超氧阴离子还可通过第二条途径形成过氧化氢。首先是$\cdot O_2^-$的质子化,生成过氧羟自由基(hydroperoxyl radical,$HO_2 \cdot$),它是超氧阴离子的共轭酸(conjugate acid)。2分子过氧羟自由基可以自发地结合,形成过氧化氢。

$$O_2 + H^+ \longrightarrow HO_2^-$$

$$HO_2^- + HO_2^- \xrightarrow{\quad 自发地 \quad} H_2O_2 + O_2$$

2. 过氧化氢的消除和利用

某些组织产生的H_2O_2具有一定的生理意义,它可以作为某些反应的反应物。在甲状腺中,H_2O_2参与酪氨酸的碘化反应;在粒细胞和巨噬细胞中,H_2O_2可以杀死吞噬的细菌。但对大多数组织来说,H_2O_2是一种毒性物质,它可以氧化某些具有重要生理作用的含巯基的酶和蛋白质,使之丧失活性,还可将细胞膜磷脂分子高度不饱和脂肪酸氧化成脂质过氧化物,对生物膜造成严重损伤。因此在许多情况下,H_2O_2是一种有害物质,必须除去。过氧化体中所含的过氧化氢酶和过氧化物酶可将H_2O_2消除和利用。

(1)过氧化氢酶　过氧化氢酶(catalase)可催化两分子的H_2O_2反应,生成水并放出O_2。

$$2H_2O_2 \xrightarrow{\quad 过氧化氢酶 \quad} 2H_2O + O_2$$

(2)过氧化物酶　过氧化物酶(peroxidase)可催化H_2O_2直接氧化酚类、胺类等底物,催化底物脱氢,脱下的氢将H_2O_2还原成水。

$$RH_2 + H_2O_2 \xrightarrow{\quad 过氧化物酶 \quad} R + 2H_2O$$

第二节　物质代谢的相互联系和调节

在前面章节中,我们分别阐述了糖、脂肪、蛋白质和核酸的代谢,但是这样分类是人为的,只是为了便于问题的叙述。生物体内的代谢过程不是孤立的,各代谢途径之间相互联系、相互制约,构成一个协调统一的整体。如果这些代谢之间的协调关系遭到破坏,便会发生代谢紊乱,甚至引起疾病。机体在正常的情况下,既不会引起某些代谢产物的不足或过剩,也不会造成某些原料的缺乏或积累,这主要是由于机体内有一套精确而有效的代谢调节机制来适应外界的变化。在生物体内,各类物质代谢相互联系、相互制约,在一定条件下,各类物质又可相互转化。

一、糖代谢和脂肪代谢的联系

糖可以转变为脂肪,这一代谢转化过程在植物、动物和微生物中普遍存在。油料作物种子中脂肪的积累;用含糖多的饲料喂养家禽家畜,可以获得育肥的效果;某些酵母,在含糖的培养基中培养,其合成的脂肪可达干重的40%。这都是糖转变成脂肪的典型例子。

二、糖代谢与蛋白质代谢的相互联系

蛋白质由氨基酸组成。某些氨基酸相对应的 α – 酮酸可来自糖代谢的中间产物。如糖分解代谢产生的丙酮酸、草酰乙酸、α – 酮戊二酸经转氨作用可分别转变为丙氨酸、天冬氨酸和谷氨酸。谷氨酸可进一步转变成脯氨酸、羟脯氨酸、组氨酸和精氨酸等其他氨基酸。

三、蛋白质代谢和脂肪代谢的相互联系

组成蛋白质的所有氨基酸均可在动物体内转变成脂肪。生酮氨基酸在代谢中生成乙酰 CoA,然后再生成脂肪酸;生糖氨基酸可直接或间接生成丙酮酸,丙酮酸不但可变成甘油,也可以氧化脱羧生成乙酰 CoA 后生成脂肪酸,进一步合成脂肪。

脂肪水解成甘油和脂肪酸以后,生成丙酮酸和其他一些 α – 酮酸,所以它和糖一样,可以转变成各种非必需氨基酸。脂肪酸经 β – 氧化作用生成乙酰 CoA,乙酰 CoA 经三羧酸循环与草酰乙酸生成 α – 酮戊二酸,α – 酮戊二酸转变成谷氨酸后再转变成其他氨基酸。

由于产生 α – 酮戊二酸的过程需要草酰乙酸,而草酰乙酸是由蛋白质与糖所产生的,所以脂肪转变成氨基酸的数量是有限的。植物种子萌发时,脂肪转变成氨基酸较多。

四、核酸代谢与糖、脂肪和蛋白质代谢的相互联系

核酸是细胞中重要的遗传物质,它通过控制蛋白质的合成,影响细胞的组成成分和代谢类型。核酸不是重要的供能物质,但是许多核苷酸在代谢中起重要作用。

糖代谢中通过磷酸戊糖途径产生的五碳糖核糖是核苷酸生物合成的重要原料,糖异生作用需要 ATP,糖的合成需要 UTP。因此,核苷酸与糖代谢关系密切。

核苷酸碱基合成需要的 CO_2,可由糖和脂肪分解的产物提供。脂肪酸和脂肪的合成需 ATP,磷脂的合成需要 CTP,因此,核苷酸与脂肪代谢也有密切的关系。

甘氨酸、甲酸盐、谷氨酰胺、天冬氨酸和氨等物质,是合成嘌呤碱或嘧啶的原料。反过来,蛋白质是以 DNA 为基因、mRNA 为模板,在 tRNA 和 rRNA 的共同参与下以各种氨基酸为原料合成的,且蛋白质的合成过程必须有 GTP 提供能量。因此,核酸对蛋白质的代谢有重要的作用。

五、代谢的调节

代谢调节在生物界中普遍存在,是生物进化过程中逐渐形成的一种适应能力。进化程度越高的生物,其代谢调节的机制越复杂。

(一)酶水平的调节

酶水平的调节为生物体所共有。因为原核细胞和真核细胞的代谢都有酶参加,而酶是维持正常生命活动的基本因素,所以酶水平的调节是最基本的调节。此部分内容在本书第七章中已有详述。

(二)激素水平的调节

激素是由多细胞生物(植物、无脊椎动物与脊椎动物)的特殊细胞所合成,并经体液输送到其他部位发挥特殊生理活性的微量化学物质。哺乳动物的激素依其化学本质可分为四类:氨基酸及其衍生物、肽及蛋白质、固醇类、脂肪酸衍生物。植物激素可分为五类:生长素、赤霉素类、激动素类、脱落酸、乙烯。

通过激素来控制物质代谢是代谢调节的重要方式。不同的激素可作用于不同的组织,产生不同的生物效应,体现较高的组织特异性和效应特异性,这是激素作用的一个重要特点。激素之所以能对特定的组织或细胞发挥调节作用,就在于靶细胞具有能和激素特异结合的物质,称为激素受体。它和相应的激素结合后,能使激素信号转化成一系列细胞内的化学反应,从而表现出激素的生理效应。每种激素都有相应的特异性受体,根据激素受体在细胞中的定位将激素的作用机理分为两类:通过细胞膜受体起作用和通过细胞内受体蛋白起作用。

(三)神经水平的调节

对于有完整神经系统的人和高等动物,除酶和激素调节外,中枢神经系统对物质的代谢也起着调节控制作用。

中枢神经系统的直接调节是大脑接受某种刺激后直接对有关组织、器官或细胞发出信息,使它们兴奋或抑制以调节代谢。如人在精神紧张或遭意外刺激时,肝糖原即迅速分解使血糖含量升高,这是大脑直接控制的代谢反应。中枢神经系统的间接调控主要是通过对分泌活动的控制来实现的,也就是通过对激素的合成和分泌的调控而发挥其调节作用的。在人和动物的生活过程中,不断遇到某些特殊情况,发生内、外环境的变化,这些变化可通过神经水平的调节途径引起一系列激素分泌的改变而进行整体调节,使物质代谢适应环境的变化,从而维持细胞内环境的稳定。

第三节　新鲜天然食物组织中代谢活动的特点

一、动物屠宰后组织的代谢特点

动物活着时,其代谢保持一定的协调性,但动物被屠宰后,呼吸和血液循环停止,组织内的有氧呼吸逐渐变为无氧呼吸,组织中的合成代谢和分解代谢平衡被破坏,物质代谢主要向分解代谢方向进行。

动物屠宰后的生物化学与物理变化过程大致可划分为三个阶段:

(1)尸僵前期　此阶段特征是 ATP 及磷酸肌酸含量下降,无氧呼吸活跃,肌肉表现为组织柔软、松弛、无味。

(2)尸僵期　此阶段磷酸肌酸消失,ATP 含量下降,肌肉中肌动蛋白及肌球蛋白逐渐结合,形成没有延伸性的肌动球蛋白。肌肉呈僵硬强直状态,持水力小。处于尸僵期的肉类烹调时,肉质坚硬干燥、无肉香气味,且不易烧烂,吃起来不香,也不易消化。

(3)尸僵后期　由于组织中酶的作用,肉中的蛋白质等营养物质发生部分水解,使肉质软化、持水力增加、风味提高,此过程称为肉的成熟。原料肉的成熟温度和时间不同,肉的品质也不同,0 ~ 4℃的低温成熟需要时间较长,但在该条件下成熟的肉质好,耐贮藏。此阶段肉烹调时产生肉香,也容易烧烂和消化。

二、植物采后组织代谢特点

(一)呼吸作用

植物生长发育过程中呼吸作用的主要途径有糖酵解、三羧酸循环、磷酸己糖支路,在未成熟时主要是糖酵解、三羧酸循环,成熟后磷酸己糖支路占的比例增大。各类植物的呼吸强度不同,一般而言,凡是生长快的植物呼吸速率快,生长慢的植物呼吸速率慢。植物采收后呼吸强度下降。不同的组织器官呼吸强度也不同,叶片组织细胞间隙多、气孔大、表面积大,呼吸强度大,所以叶菜类不易在普通条件下保存;肉质的植物组织呼吸强度相对较低,相同条件下较易保存。植物采后保持较低的呼吸强度有利于保鲜,可从环境温度、湿度、调节大气组成、控制机械损伤及微生物感染等方面入手。

(二)物质变化

植物采后的物质代谢主要方向是分解代谢,如多糖、蛋白质、叶绿素、鞣质(多酚类混合物)、果胶等均会在采后逐渐分解成小分子物质。这样的分解代谢对植物采后品质有重要影响,如多糖分解成单糖可使水果变甜、蛋白质分解会产生风味物质、叶绿素降解是水果成熟的重要标志、鞣质分解可使涩味消失、果胶转化为可溶性果胶可让果肉变软。当然,适度的分解代谢可提高果蔬品质,但物质的过度分解也会对果蔬贮藏不利。

参考文献

[1]谢达平.食品生物化学(第二版)[M].北京:中国农业出版社,2017.

[2]李淑琼,李霞,孙宝丰.食品生物化学[M].北京:中国商业出版社,2015.

[3]王淼,吕晓玲.食品生物化学[M].北京:中国轻工业出版社,2014.

[4]胡耀辉.食品生物化学(第二版)[M].北京:化学工业出版社,2014.

[5]宁正祥.食品生物化学(第三版)[M].广州:华南理工大学出版社,2013.

[6]辛嘉英.食品生物化学[M].北京:科学出版社,2013.

[7]张忠,郭巧玲,李凤林.食品生物化学[M].北京:中国轻工业出版社,2009.

[8]李培青.食品生物化学[M].北京:中国轻工业出版社,2006.

[9]刘用成.食品生物化学[M].北京:中国轻工业出版社,2005.

[10]李丽娅.食品生物化学[M].北京:高等教育出版社,2004.

[11]杜克生.食品生物化学[M].北京:化学工业出版社,2001.

[12]张国珍.食品生物化学[M].北京:中国农业出版社,2000.

[13]朱圣庚,徐长法.生物化学(第4版)[M].北京:高等教育出版社,2016.

[14]刘新光,罗德生.生物化学[M].北京:科学出版社,2007.

[15]王建新.生物化学[M].北京:化学工业出版社,2005.

[16]王希成.生物化学[M].北京:清华大学出版社,2005.

[17]吴梧桐.生物化学[M].北京:人民卫生出版社,2005.

[18]贾弘提.生物化学[M].北京:人民卫生出版社,2005.

[19]万福生.生物化学[M].北京:高等教育出版社,2003.

[20]周爱儒.生物化学[M].北京:人民卫生出版社,2002.

[21]王镜岩,米圣庚,徐长法.生物化学[M].北京:高等教育出版社,2002.

[22]张曼夫.生物化学[M].北京:中国农业大学出版社,2002.

[23]黄诒森.生物化学[M].北京:人民卫生出版社,2001.

[24]沈同.生物化学[M].北京:高等教育出版社,1993.

[25]汪东风.食品化学(第二版)[M].北京:化学工业出版社,2014.

[26]阚建全.食品化学[M].北京:中国农业大学出版社,2008.

[27]马永昆,刘晓庚.食品化学[M].南京:东南大学出版社,2007.

[28]赵新淮.食品化学[M].北京:化学工业出版社,2006.

[29]夏延斌.食品化学[M].北京:中国轻工业出版社,2006.

[30]夏红.食品化学[M].北京:中国农业出版社,2002.

[31]刘邻渭.食品化学[M].北京:中国农业出版社,1999.

［32］王璋,许时婴,汤坚.食品化学［M］.北京:人民卫生出版社,1999.

［33］赖雅珊.食品化学［M］.北京:中国农业出版社,1998.

［34］谷亨杰.有机化学［M］.北京:高等教育出版社,1995.

［35］丁耐克.食品风味化学［M］.北京:中国农业出版社,2001.

［36］黄治森,张光毅.生物化学与分子生物学［M］.北京:科学出版社,2003.

［37］金时俊.食品添加剂［M］.上海:华东化工学院出版社,1992.

［38］戴有盛.食品的生化与营养［M］.北京:中国轻工业出版社,1999.

［39］郑集,陈均耀.普通生物化学［M］.北京:高等教育出版社,1998.

［40］曹龙奎,李凤林.淀粉制品生产工艺学［M］.北京:中国轻工出版社,2008.

［41］赵永芳.生物化学技术原理及应用［M］.北京:科学出版社,2008.

［42］曾庆孝.食品加工与保藏原理［M］.北京:化学工业出版社,2002.

［43］王光慈.食品营养学［M］.北京:中国农业出版社,2001.

［44］姚泰.生理学［M］.北京:人民卫生出版社,2003.

［45］马自超.天然食用色素化学及生产工艺学［M］.北京:中国农业科技出版社,1993.

［46］谭景莹,黄志伟.英汉生物化学及分子生物学词典［M］.北京:科学出版社,2000.

［47］郝利平.食品添加剂［M］.北京:中国农业大学出版社,2002.

［48］金世琳.乳品生物化学［M］.北京:中国轻工出版社,1988.

［49］吴东儒.糖类的生物化学［M］.北京:高等教育出版社,1987.

［50］贺福初,孙建中.蛋白质科学［M］.北京:军事医学科学出版社,2002.

［51］周光宏.畜产食品加工学［M］.北京:中国农业大学出版社,2002.

［52］周光炎.免疫学原理［M］.上海:上海科学技术文献出版社,2000.

［53］李景明、马丽艳、温鹏飞.食品营养强化技术［M］.北京:化学工业出版社,2006.

［54］王金胜.植物生物化学［M］.北京:中国林业出版社,1999.

［55］胡永源.粮油加工技术［M］.北京:化学工业出版社,2006.